藍
海
文
化

Blueocean

www.blueocean.com.tw

教學啟航 · 知識藍海

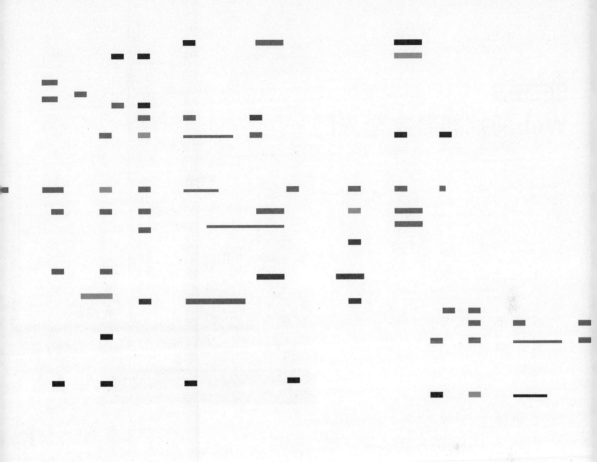

Web

前端開發

完全入門

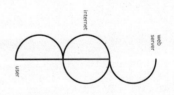

康廷數位　呂高旭＿＿＿＿著

藍海文化

BO6701
Web前端開發完全入門

國家圖書館出版品預行編目(CIP)資料

Web前端開發完全入門 / 呂高旭著.
-- 初版. -- 新北市：藍海文化, 2016.09
面；　公分
ISBN 978-986-6432-38-5(平裝)
1.HTML (文件標記語言) 2.網頁設計 3.全球資訊網
312.1695　　　　　　　　105012743

版次：2016年9月初版一刷

作　　　者	呂高旭
發 行 人	楊宏文
總 編 輯	蔡國彬
責任編輯	林瑜璇
封面設計	Lucas
版面構成	徐慶鐘
出 版 者	藍海文化事業股份有限公司
地　　　址	234新北市永和區秀朗路一段41號
電　　　話	(02)2922-2396
傳　　　真	(02)2922-0464
購書專線	(07)2265267 轉 236
法律顧問	林廷隆 律師
	Tel : (02)2965-8212

藍海文化事業股份有限公司 版權所有·翻印必究
Copyright © 2016 by Blue Ocean Educational Service INC.
本書若有缺頁、破損或裝訂錯誤請寄回更換

序

隨著雲端環境與行動科技普及，Web 技術持續革新，過去單純的 HTML 網頁如今已進化成 Web 應用程式開發平台，而前端開發領域益發受到重視，《Web 前端開發完全入門》針對完全沒有基礎卻想進入前端開發領域者，提供系統性的入門學習內容，從基礎的 HTML 標籤開始，逐步探討前端三大關鍵技術－ HTML、CSS 與 JavaScript，並且透過實作案例，演示入門前端開發必須瞭解的各種基礎知識。

除了核心技術，本書亦針對廣泛使用於前端開發的 JavaScript 函式庫－ jQuery，進行了入門討論，同時進一步在 jQuery 的基礎上，利用 jQuery Mobile 示範現代最重要的前端行動裝置開發。

從我們開發第一版 HTML5 進階書《HTML5 完美風暴》多年後的今天，Web 環境已呈現完全不同的面貌，HTML5 的核心基礎技術被隱藏在層層的技術堆疊中，應用技術的複雜度亦快速提升，開發人員則透過各種函式庫與快速開發框架打造 Web 應用，儘管如此，要成為一名合格的前端開發人員，基礎的 HTML5 駕馭能力依然相當重要，本書以前作《HTML5 從零開始》為基礎進行改版，除了維持 HTML5 內容，更從前端開發領域的入門學習角度闡述 Web 技術，也期許這本書成為讀者進一步深耕 Web 前端技術的全新起點。

康廷數位｜呂高旭

sean@kangting.tw

2016.8

適合對象

想要入門前端開發領域的技術人員，不需任何基礎均適合閱讀本書，網頁設計師
具備的 HTML 與 CSS 知識，在本書的閱讀學習過程中，會有一定的幫助。

支援

本書內容與衍生議題，包含未來的動態消息、勘誤內容，均公開於以下的專屬網
頁，關於本書的想法與任何問題也歡迎在此頁留言。

· Web 前端開發完全入門

　http://www.kangting.tw/2016/08/web.html

也歡迎至我們的網站或是 Facebook 粉絲頁，留下您寶貴的意見。

· 康廷數位

　http://www.kangting.tw

· fb 粉絲頁

　https://www.facebook.com/KTDAcademy/

實體書籍的購買或詢問郵件，請寄到以下的書籍服務信箱：

· 圖書服務信箱：book@kangting.tw

目錄簡表

目錄

第 3 章　網頁介面與版型設計

第 4 章　JavaScript 快速入門

第 5 章 元素存取與網頁結構操作

第 8 章 影音播放

第 9 章 網頁資料儲存

第 10 章　通訊技術

第 11 章　jQuery 入門

範例索引

第一章

網頁設計與 Web 前端開發

Web

前端開發完全入門

本章從 Web 應用程式的發展開始，逐一針對學習 Web 前端開發必須瞭解的技術項目，包含 HTML、CSS 與 JavaScript 進行概觀說明與入門討論，最後一併介紹開發工具與環境建置，方便讀者順利展開學習課程。

1.1　關於 Web 應用程式

應用程式有很多種類，例如 Windows 小算盤或是行動裝置手機內建的計算機，這一類的應用程式有其專屬的執行環境與操作介面，只能於特定平台執行－例如 PC 或手機。

左圖是 Windows 平台的小算盤，右圖則是 Android 手機專屬的計算機應用程式，這些應用程式必須預先安裝於專屬平台才能執行，過去微軟獨佔個人電腦市場、網路尚未成熟的時代，應用程式只需考慮 Windows 平台的相容性即可滿足大部分的需求，近年行動裝置、網路雲端環境普及，傳統應用程式面臨異質平台相容與即時網路連線支援的重大挑戰。

▋ 跨平台

使用者執行應用程式的環境可能是手機、平板或是個人電腦，應用程式如果同時想在這些環境下執行，除了避免安裝程序，還需要支援相同標準的技術平台，一般裝置內建的瀏覽器因為符合這些條件而成為跨裝置的應用程式執行平台，而原來在瀏覽器執行的網頁亦從靜態文件呈現，逐漸發展成支援跨平台應用程式開發技術。

網路作業

除了瀏覽器執行環境,跨平台網頁應用程式必須能夠輕易的支援網路連線作業,提供裝置下載執行的能力,隨時與遠端保持連線並且進行互動,執行資料存取以及訊息溝通等相關作業。網頁的原始設計便是集中儲存於遠端伺服器並透過網路下載至瀏覽器執行,因此可以非常輕易的適應跨平台與網路作業需求。

相較於專屬平台的應用程式,以網頁為基礎而發展的應用程式必須依賴網路環境執行,因此被稱為 Web 應用程式,例如你可以在 Google 搜尋框中輸入「計算機」就會出現網頁版的計算機應用程式,這組計算機程式只需瀏覽器即可在所有的裝置上執行。

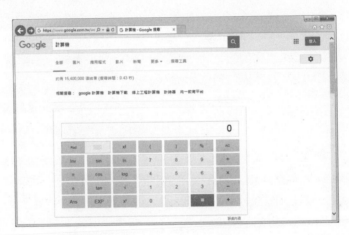

為了適應跨平台並支援網路環境,Web 應用程式開發技術根據架構切割成前端與後端兩個部分,前端的部分是網頁程式,後端則是伺服器應用程式與特定格式資料,而網頁則儲存於伺服器,並下載至使用者的裝置上透過瀏覽器執行,並與後端進行連線溝通作業。

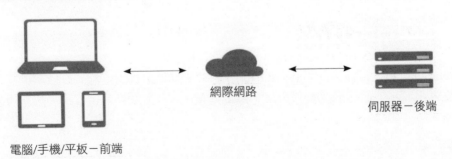

電腦/手機/平板－前端　　　　　　網際網路　　　　　　伺服器－後端

Web 前端開發是發展網頁的過程,也是本書的主題,而其它於伺服器執行、負責回應連線網頁要求,進行資料處理與其它各種邏輯運算的應用程式,則是 Web 後端應用程式,本書將不會涉獵後端議題。

1.2　從 HTML 網頁設計到 Web 前端開發

網頁由 HTML 所定義,早期僅能透過網路下載至使用者電腦,由瀏覽器解譯呈現簡單的靜態文件,隨著科技演進與網路發展的需求,CSS 為了應付更豐富的網頁外觀呈現而被發展出來,另外為了應用程式需求,HTML 定義的靜態文件逐漸朝向動態發展,而 JavaScript 為 HTML 文件嵌入了程式化互動功能。

HTML 標籤於 1990 年前後由英國電腦科學家 Tim Berners-Lee 提出,1999 年升級至 HTML 4.01 即停止更新,後來經由導入大量的 JavaScript API ,完備 HTML 4.01 欠缺的應用程式功能,發展成完整的 Web 前端應用程式開發技術,名稱則大幅跳躍了一個版號成為 HTML5,為本書付梓最新的版本。

HTML5 除了 HTML 標籤的改良,更大量制訂支援 JavaScript 呼叫的 API ,讓 HTML 網頁從單純的靜態文件呈現,進一步升級為應用程式開發技術。

網頁設計在 HTML4.01 時代是一門視覺呈現技術,技術人員專注在網頁的設計工作,並不需要程式設計能力,甚至不需理解 HTML 與 CSS ,藉由 FrontPage、Dreamweaver 這一類的視覺設計工具輔助即可建立網頁內容。如今雲端環境成熟與行動科技的普及,純粹的視覺設計早已不符需求,技術人員除了熟悉 HTML 與 CSS 以建立跨裝置呈現網頁,更需精通 JavaScript 滿足 Web 前端開發需求。

HTML、CSS 與 JavaScript 是構成 Web 前端應用程式最重要的基礎技術,三者均是純文字格式的文字檔,最簡單的文字編輯器即可進行編輯開發,接下來我們從 HTML 標籤開始,逐一說明前端開發的基礎。

1.3　初探 HTML

HTML 為 Hyper Text Markup Language 的縮寫,一種標記式的語言,以標籤描述靜態文件內容,並且透過瀏覽器解譯,最後呈現的 HTML 文件,也就是一般常見的網頁。

HTML 文件由 HTML 標籤組成,每一組 HTML 標籤由角形括弧加上標籤名稱關鍵字所組成,例如 div 是一個典型的 HTML 標籤,而標籤通常是成對的,包含開始標籤 <div> 與結束標籤 </div> ,結束標籤在名稱之前有一個斜線。考慮以下的標籤組成:

```
<div>Hello HTML !</div>
```

<div> 這一組標籤在網頁中定義出一個網頁區塊,其中的文字「Hello HTML!」則會呈現在網頁上。HTML 包含了數量龐大的標籤,即使沒有任何基礎的人,也可以很容易入門 HTML。現在開啟文字編輯器,輸入以下的內容:

```
<!DOCTYPE html>
```

這一行程式碼宣告此為 HTML 網頁檔案。完成後指定一個檔案名稱-例如 hello ,並且以 .html 為副檔名進行儲存,完整的檔案名稱則是 hello.html ,如此一來我們就建立了一個最簡單的 HTML 文件,現在透過瀏覽器將其開啟,結果如下:

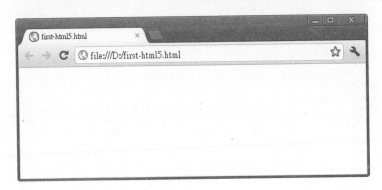

hello.html 檔案只完成了宣告,在瀏覽器並不會呈現任何內容。很快的,我們來看一個具完整結構的 HTML 文件,內容如下:

```
<!DOCTYPE html>
<html>
<head>
    <title>第一個標準的 HTML5 網頁</title>
</head>
<body>
    <p>HELLO HTML5 !</p>
</body>
</html>
```

除了第一行宣告之外,接下來是由幾組標籤構成:

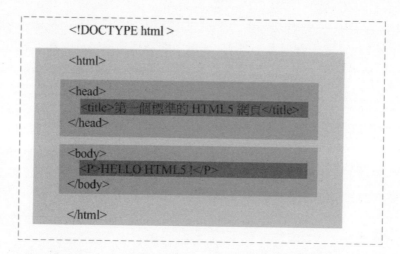

標籤以巢狀架構組織，每一組標籤形成一個封閉的區塊，並且逐一配置形成巢狀的區塊，這些標籤成對出現，<html> 這一組標籤形成的區塊內容表示整個 HTML 網頁，內部有 <head> 與 <body> 這兩組標籤，來看看它們的用途。

- **<head>**

配置與此網頁有關的資訊與描述資料，不會呈現在網頁上。

- **<body>**

構成網頁的內容主題，其中配置網頁上所要呈現的內容，這些內容同樣由特定的標籤所定義。

我們看到了一個典型的 HTML 網頁內容與其組成架構，透過瀏覽器檢視檔案結果如下：

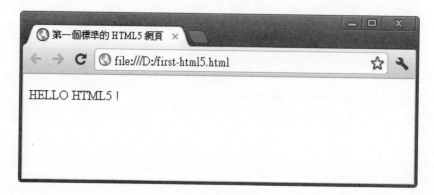

畫面上方的標題「第一個標準的 HTML5 網頁」，是由 <head> 標籤裡面的 <title> 標籤內容所定義，代表網頁的標題。而網頁的內容，也就是「HELLO HTML5！」，由 <p> 這一組標籤所定義，表示網頁中的一段文字。

以下整理列舉幾項關鍵概念：

1. HTML5 網頁的內容由一群特定的標籤所定義。

2. 標籤由兩個角型符號與代表此標籤的元素名稱構成，例如 <body> 標籤，表示一個 body 元素，代表網頁的主體內容。

3. 原則上標籤總是開始與結束標籤成對出現，結束標籤的開始角型符號後方多了一個斜線字元，例如 </body>，某些標籤可以省略結束標籤，而某些標籤只有單一標籤，例如用來表示斷行定義的
。

4. 標籤名稱不區分大小寫，然建議以小寫格式撰寫。

HTML 標籤本身只是簡單的純文字內容，但是背後由一組完整的文件物件模型支撐其運作，我們繼續往下看。

1.4 文件物件模型（Document Object Model）

文件物件模型（簡稱 DOM，取 Document Object Model 三個字的第一個字元縮寫）是一組公開的標準 API，以樹狀結構表示網頁內容組成，支援標籤的程式化控制機制。

網頁內容的異動，包含修改、刪除或是新增均能透過 DOM 進行操作，本書第五章將討論相關的議題。以下來看另外一個比較複雜的網頁：

```
<!DOCTYPE html>
<html>
<head>
    <title>示範 DOM 結構</title>
</head>
<body>
    <h1>Hello, Web</h1>
    <p>Web 前端開發技術泛指 HTML+CSS+JavaScript</p>
</body>
</html>
```

其中 h1 標籤中的內容文字成為網頁的標題，以 DOM 表示此網頁結構如下：

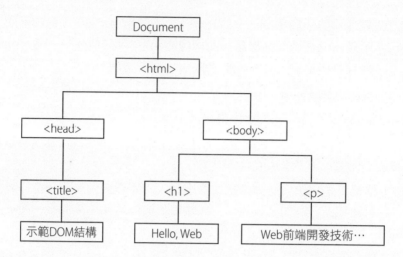

DOM 以節點表示並組織網頁文件的內容，圖中每一個方塊是一個節點（node），對應至網頁內容中的某個特定標籤，或是標籤的內容，而標籤是一個節點，標籤中的文字則是文字節點。

針對每一組網頁標籤，DOM 均提供相對應的物件與物件屬性，並開放特定方法以方便開發人員利用程式語言（JavaScript）對其進行存取操作，因此我們可以經由 DOM 定義的 API 與樹狀結構，以程式化的方式控制網頁的內容。

1.5　HTML 與 JavaScript

雖然建立基本的 HTML 標籤，就可以完成網頁的定義，但即便是最簡單的應用程式，只有 HTML 標籤是不夠的，更進一步的，你還需要 CSS 與 JavaScript 才能建立具真正功能的應用程式。

HTML 標籤負責應用程式的內容定義，CSS 決定最後網頁所要呈現的外觀，也就是使用者應用程式介面。JavaScript 是 Web 應用程式的靈魂，使用者透過 JavaScript 與應用程式進行互動，而應用程式本身依賴 JavaScript 提供程式化控制功能。

JavaScript 是一種非常彈性的語言，具備完整的程式語言功能，也是 Web 前端開發最困難的部分，如果你具備使用任何一種程式言語的經驗，學習 JavaScript 會比較容易上手，否則的話必須從頭開始，瞭解各種程式語法元素，並且訓練運算邏輯能力，這也是本書課程的重點。正式進入 HTML、CSS 與 JavaScript 的個別討論之前，先來看一個範例。

範例 1-1　示範簡單的 JavaScript 應用

```
                                                          Hello-js.html
<!DOCTYPE html>
<html>
<head>
    <title>Say Hello</title>
</head>
<body>
    <button onclick="sayHello();" >SayHello</button>
    <script>
        functionsayHello() {
            alert('Hello !');
        }
    </script>
</body>
</html>
```

相較於單純的 HTML 網頁，這一次多了幾個標籤，其中以灰階標示的是 script 標籤的內容，這段內容即是所謂的 JavaScript 程式碼。當使用者按下畫面上的按鈕，即會執行這段程式碼，顯示 Hello 訊息。

接下來是 body 標籤的部分，其中配置了一組 <button> 標籤，這一組標籤會在網頁上顯示一個按鈕，內容文字 SayHello 將成為你所看到的按鈕表面的提示文字，而在這個標籤中，另外還有一段內容 onclick="sayHello();"，其中的 onclick 是一種屬性，表示當使用者按下這個按鈕時，要求程式找到 sayHello 這個 JavaScript 函式，然後執行其中的內容。

其中 onclick 屬性是固定的，你必須指定這個屬性，button 標籤才會認得，而 sayHello() 則與 script 標籤中的 sayHello() 相對應，這是一個函式，包含所要執行的功能程式碼，sayHello 為自訂名稱，你可以修改這個名稱，如此一來在 <button> 標籤中亦必須調整。

按一下 SayHello，這個應用程式回應使用者按下按鈕的操作，顯示一個 Hello 訊息方塊。

執行範例的過程中，我們看到了一個簡單但是完整的應用程式運作過程，其中還有更多細節需要進一步說明，讀者目前具備相關的概念即可，緊接著下一節討論 CSS。

1.6 關於 CSS

CSS 扮演建構應用程式外觀的關鍵角色，當網頁的內容定義完成，你還必須透過 CSS 調整並建立其外觀，將純粹的 HTML 標籤定義，轉換為使用者可以理解的應用程式介面。CSS 是一種樣式語法，根據所要呈現的外觀作設定，它由一組或一組以上的 key/value 樣式語法進行設定，如下式：

```
key:value
```

這是單一的 CSS 樣式設定，其中的 key 表示所要指定的樣式名稱，value 則是此樣式的值，兩者以「：」連接，而超過一組以上的樣式，必須以「；」隔開。

```
key1:value1;key2:value2;
```

key1/value1 為第一組樣式，key2/value2 則是第二組樣式，最後的「；」可以省略，如果還有更多的項目，依此類推作設定即可，考慮以下的語法：

```
color:white;
```

這一組樣式表示將以白色呈現文字，再來看以下的另外一行設定：

```
color:white;background:black;
```

其中的樣式 background 表示背景以黑色呈現。

決定所要設定的 CSS 項目之後，接下來就是將此樣式套用至指定的標籤，假設畫面上有一個按鈕，我們要將其設定為黑底白字，只要將上述的樣式，設定給按鈕的 style 屬性即可，語法如下：

```
<button style="color:white;background:black;" >
```

這一行設定將兩組樣式字串包裝在兩個雙引號當中，指定給 style 屬性，如此一來按鈕就會以黑底白字的外觀呈現，現在比較設定前後的差異。

未設定 style：

```
<button>
Say Hello
</button>
```

設定 style：

```
<button style="color:white;background:black;" >
Say Hello
</button>
```

如你所見，經過樣式設定便能以指定外觀在網頁上呈現按鈕的外型。HTML 網頁中所有的視覺化元素，均能透過 style 樣式屬性，以 CSS 進行外觀設計。

以前述提及的 div 標籤為例，當你配置一個 div 標籤在網頁文件上，通常是為了在網頁上定義一個區塊以配置特定的內容，在沒有經過任何樣式設定的狀態下，<div> 並不會有任何外觀。

```
<div>

</div>
```

現在於其中配置 style 樣式內容：

```
<div style="width: 520px; height: 220px; background: black;">

</div>
```

其中包含了三組樣式，width 表示區塊的寬度，height 表示區塊高度，background 表示區塊背景顏色，這三組樣式會在網頁以寬 520px、高 220px 與背景顏色為黑色（black）的方塊呈現如下：

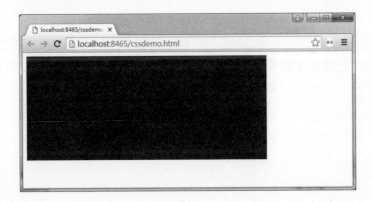

以上僅是最簡單的樣式設定，CSS 的功能相當強大，後續章節將有進一步的討論。

1.7 Web 前端開發學習建議

前端開發學習入門階段最重要的是熟悉 HTML、CSS 與 JavaScript 等三項前端關鍵技術，讀者可以根據白己的經驗以及實際需求擬定學習策略，如果閱讀此書之前沒有任何概念，這一個小節我們提供一些依循建議。

| HTML

HTML 是進入前端開發領域第一項必須瞭解的技術，而 HTML 標籤數量相當龐大，逐一學習各種標籤除了沒有效率之外，過程通常令人難以忍受，建議先對其進行分類，針對基礎的實用標籤預先進行瞭解。

分類	標籤	說明
網頁結構標籤	\<html\> \<head\> \<title\>/\<meta\> \<body\>	定義網頁的整個架構，除了網頁的內容範圍，包含兩組構成網頁的區塊－網頁檔頭與主題。
區塊標籤	\<div\> \<span\> \<p\>	負責定義構成網頁版面的區塊配置，包含空間區塊與文字段落區塊。
表格與清單	\<table\>\<tr\>\<td\>/\<th\> \<ul\>/\<li\>/\<ol\>	定義網頁上呈現的表格架構，以及清單條目的列舉。
標題	\<h1\> to \<h6\>	定義任意範圍區域的標題文字。
超連結	\<a\>	在網頁上建立一組超連結。
多媒體	\<img\>/\<audio\>/\<video\>	在網頁上呈現圖片、影音檔案內容。
輸入	\<form\> \<input\>	在網頁上提供表單與輸入功能。

以上表列為常用標籤，必須先瞭解以具備建立網頁內容的基礎能力，而當你學會這些標籤的用法，便能定義網頁內容，但僅止於定義，網頁要真正公開，接下來就必須套用 CSS。

CSS

CSS 是一種樣式語法,除了語法格式之外,初學者理解各種樣式的用法(例如 width 表示寬度等等)才能將其應用在網頁的設計上面,以下列舉常用的入門樣式。

分類	樣式項目	說明
配置	margin/padding/position/float/clear overflow	元素的配置位置、方塊內容呈現區域調整設定。
尺寸外觀	width/height color background	元素大小、內容文字與背景呈現顏色。
文字呈現	font	文字外觀呈現設定與調整,包含套用字型、大小、粗細等樣式。
框線	border	元素框線呈現設定與調整。
表格	border-collapse vertical-align text-align tr:nth-child(even/odd)	表格外觀,與內容配置的呈現設定。
列舉清單	list-style-type list-style-image list-style-position	列舉清單的外觀設定與調整。

CCS 除了樣式本身,另外還必須瞭解一項關鍵技術-選擇器,搭配選擇器才能將表列的樣式套用至指定的元素當中。

從 HTML 標籤、CSS 樣式開始,徹底瞭解並學習網頁架構設計,是入門 Web 前端開發最重要的事,下圖列舉建議的學習階段。

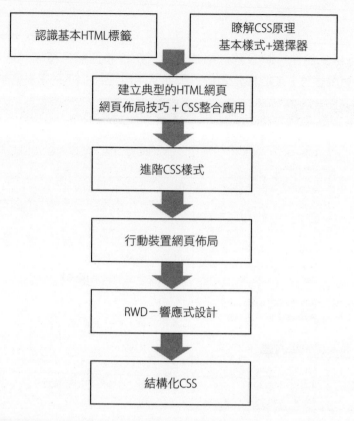

最後一項結構化的 CSS 設計，也可以在具備基本的 HTML 與 CSS 能力之後直接導入，這有助於一開始建立結構化開發的概念，對於實作能力的提升相當有用。

┃ JavaScript

網頁技術經過多年的發展，除了單純的靜態文件呈現，更成為應用程式與使用者溝通最重要的媒介，JavaScript 是前端唯一支援的程式語言，瞭解並熟悉 JavaScript 語言特性，才能具備真正的前端開發能力。

與一般程式語言的學習相同，從基本語法開始，以 console.log 模式輸出體驗並理解各種語法元素與程式流程，然後是進一步的物件資料表示與函式的應用，當然最重要的還有支援各種功能的 API。

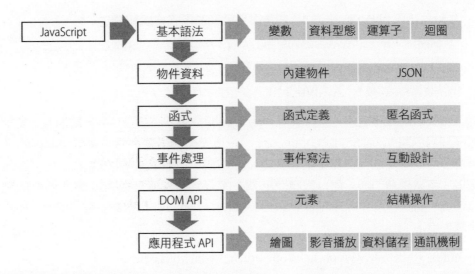

熟悉 JavaScript 語言特性，並逐步理解各種 API，才能有效的將 JavaScript 運用在各種網路應用的開發上面。

1.8　開發環境

Web 前端開發並不需要特定的工具軟體，任何具備基本文字編輯功能的編輯器即可進行編寫，而為了提升學習效率，採用合適的工具還是必要的，以下介紹幾款受歡迎的編輯器，均可免費下載自由使用。

- Notepad++：2003 年釋出第一版以來，是目前為止最受歡迎的程式編輯器之一，支援完善的程式編輯功能。

  下載網址：https://notepad-plus-plus.org/zh/

- Visual Studio Community：微軟提供的開發工具，是目前功能最強大且最完整的商業開發工具，可直接利用其整合式開發環境發展橫跨伺服器的 Web 應用服務。

  下載網址：https://www.visualstudio.com/zh-tw/products/visual-studio-community-vs.aspx

- Visual Studio Code：2016 年推出的 Visual Studio 輕量級跨平台版本。

  下載網址：https://code.visualstudio.com/

- Sublime：專注程式快速開發的程式碼編輯器，支援大量的外掛工具，與

Notepad++ 以及 Visual Studio 同是最受歡迎的程式碼編輯器之一。

下載網址：https://www.sublimetext.com/3

▎伺服器環境－XAMPP

除了程式碼編輯器之外，完整學習 Web 前端開發另外必須設定伺服器環境，如果
選擇使用的是 Visual Studio Community ，一旦安裝完成便內建支援開發測試的 IIS
環境，可以直接進行編寫測試，至於其它的工具，則需進一步安裝獨立的伺服器
環境，考量學習門檻，可以嘗試使用 XAMPP ，這是一個集成 Apache ＋ PHP 的開
發環境，同時包含了 Apache ＋ MariaDB ＋ PHP ＋ Perl ，非常容易安裝，很適合作為
測試之用。

下載網址：https://www.apachefriends.org/zh_tw/download.html

至官方下載網頁將其下載並且完成安裝之後，開啟如下的控制台設定畫面：

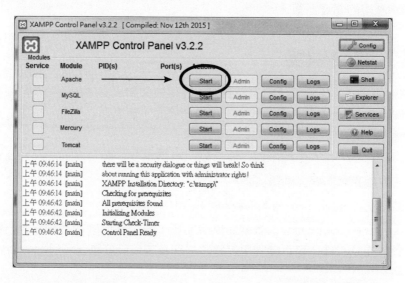

在 Module 分類找到其中第一項 Apache ，按下 Start 按鈕啟動伺服器即可。

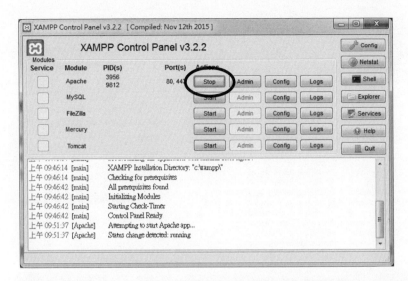

此時，Start 按鈕變成 Stop，表示啟動完成，緊接著開啟瀏覽器，於其中輸入 http://localhost，出現如下的畫面：

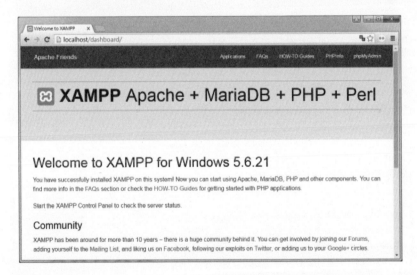

當這個畫面出現之後，表示你的 Apache 伺服器已經完成設定。回到 XAMPP 控制台設定畫面，按一下 Apache 的 Config 按鈕，展開功能選單。

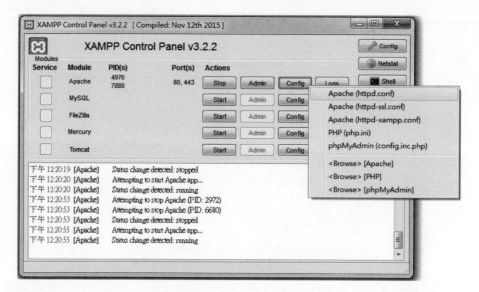

點擊 Apache (httpd.conf)，開啟組態檔，這是一個純文字檔，於其中找到 DocumentRoot 關鍵字設定：

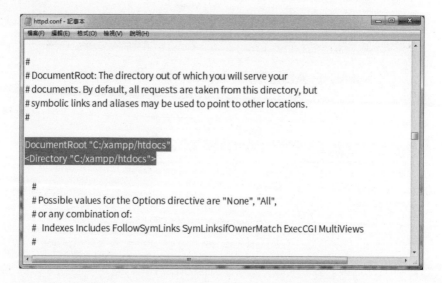

其中反白區域的路徑為伺服器的網頁根目錄，當你在瀏覽器輸入 http://localhost 出現的網頁，即是導向至這個路徑下的預設檔案呈現的執行結果。

現在建立一個資料夾作為學習前端開發的實作範例儲存位置，例如 "D:\Lesson\feweb"，然後以這個路徑取代上述的 "C:/xampp/htdocs"，修改之後記得儲存文字檔。回到 XAMPP Control Panel，於 Apache 模組按下 Stop 按鈕將伺服器停止，再按一下 Start 按鈕重新啟動。

接下來測試伺服器設定，於先前建立的資料夾 D:\Lesson\feweb 裡面，建立一個新的資料夾 ch01 作為本章範例檔案專屬的儲存位置，於其中配置一個 index.html 檔案，將其命名為 index.html，內容如下：

```html
<!DOCTYPE html>
<html>
<head>
        <meta charset="UTF-8">
</head>
<body>
        <p   style="font-size:4em;">
                    Hello, XAMPP
        </p>
</body>
</html>
```

現在開啟瀏覽器瀏覽 http://localhost/ch01 網址，出現以下的畫面：

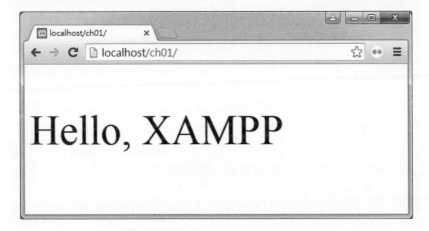

經過設定之後，url 字串 http://localhost 會自動對應至 D:\Lesson\feweb，然後是 ch01 資料夾，由於接下來沒有指定檔案，因此會以這個路徑下的 index.html 為預設檔案，以上的截圖即為最後的瀏覽結果。

現在我們有了支援範例測試的伺服器環境，當你將 html 檔案配置於組態檔指定的路徑，並透過 localhost 網址進行瀏覽，網頁會經由伺服器執行之後再傳送至瀏覽

器進行解譯，這是一般使用者瀏覽網路時，網頁檔案被執行的過程，你也可以嘗
試利用瀏覽器直接開啟。

比較兩者顯示的網址如下：

- XAMPP：http://localhost/ch01/
- 瀏覽器開啟：file:///D:/Lesson/feweb/ch01/index.html

讀者必須注意的是，後續當你進一步學習其它前端課題，某些網頁功能若是直接
透過瀏覽器開啟，會因為安全性與後端程式的問題導致網頁執行失敗，因此在下
一章開始之前，請務必根據這一節的說明，準備好伺服器環境。

Summary

本章針對 Web 前端開發的三項關鍵技術 － HTML、JavaScript 以及 CSS 進行了初步
的說明，同時建立前端與後端架構的知識概念，經過其中的說明，相信讀者已經
具備初步的 Web 前端開發概念，下一章從 HTML 標籤開始，整合 CSS，透過實作
示範與原理解說，針對網頁設計實作進行詳細的討論。

評量

1. 請簡述建立 Web 前端應用程式的三項核心技術，並且描述三者之間的關係。

2. 請寫下 HTML5 文件的宣告。

3. 請說明以下樣式的意義：

   background width height color

4. 請簡要說明標籤中 style 屬性語法，如何將一組樣式配置於其中。

5. 請簡述 script 標籤的意義。

6. 請簡述 head 標籤的意義。

7. 請簡述 body 標籤的意義。

8. 何謂文件物件模型（DOM），請簡要說明之。

9. 請說明 Web 前端應用程式是何種格式的檔案。

10. 簡述開發 Web 前端應用程式需要何種開發工具。

11. 簡述伺服器環境與瀏覽器直接執行網頁的差異。

第二章

HTML 標籤與 CSS 語法

Web

前端開發完全入門

前一章為讀者建立了 Web 前端開發的基礎概念，這一章開始我們要針對 HTML 與 CSS 兩項技術，進行更進一步的討論。

2.1　設定網頁描述資訊

網頁的內容由各種標籤組成，你必須瞭解如何定義 HTML 標籤才能建立網頁內容，就如同第一章所討論的，我們已經看到最基本的網頁標籤配置如下：

```
<!DOCTYPE html>
<html>
<head>
      <title></title>
</head>
<body>

</body>
</html>
```

而在你正式將網頁公開至網路之前，通常我們還會進行網頁語系等其它相關設定，首先是 html 標籤，這個標籤表示接下來的內容為 HTML 網頁，是網頁的根節點，並包含網頁其它的所有內容，通常我們會在這個標籤設定 lang 屬性如下：

```
<html lang="en">
```

這表示網頁所使用的語系，en 表示 English 語系，指定 zh 為中文語系，繁體中文可以指定為 zh-Hant ，如果要特別指定臺灣用的繁體中文，需進一步指定為 zh-Hant-TW。

HTML5 另外導入了 manifest 屬性，支援網頁快取的設定，第九章針對快取議題有進一步的說明。

接下來是在 head 元素中配置 meta 標籤，以設定描述網頁所需的中繼資料，meta 標籤通常配置於 head 標籤內，以下是典型的 meta 標籤設定：

```
<head>
     <meta charset="UTF-8">
     <meta name="description" content="HTML5 從零開始 HTML 簡介 ">
     <meta name="keywords" content="HTML,CSS">
     <meta name="author" content="sean lu">
</head>
```

你可以設定多組 meta 元素，每一組 meta 標籤透過 name/value 格式設定網頁描述資料，以第一行為例，其中的 charset 表示此網頁所使用的字元集，HTML5 網頁預設為 UTF-8 格式編碼,這裡透過 meta 明確指定。而接下來 meta 元素中的 name 屬性表示要描述的網頁特性項目,後續的 content 表示此項目的內容說明。

meta 元素的資料並非為了人類閱讀而設計,它提供瀏覽器需要理解的資訊,包含如何呈現網頁的內容,或是網頁的載入方式,亦有助於搜尋引擎剖析網頁內容。

另外針對 charset 屬性,在 HTML 4.01 的設定格式如下:

```
<meta http-equiv="content-type" content="text/html; charset=UTF-8">
```

由於 HTML5 導入了 charset ,因此如上述直接設定即可。meta 另外一種常見的設定如下:

```
<meta http-equiv="refresh" content="30">
```

其中要求每 30 秒更新網頁一次。這一節最後,我們來看一個典型的實際網頁內容設定。

範例 2-1 示範網頁中繼資料設定

```
<!DOCTYPE html>                                              bpage.html
<html lang="zh-Hant-TW">
<head>
      <meta charset="UTF-8">
      <title></title>
      <meta name="description" content="HTML5 從零開始 HTML 簡介 ">
      <meta name="keywords" content="HTML,CSS">
      <meta name="author" content="sean lu">
</head>
<body>

      //  網頁內容  …

</body>
</html>
```

其中的內容均已說明,請讀者自行檢視此範例提供完整的內容以方便參考。

2.2 共同屬性

當你在網頁上配置了 HTML 標籤,必須進一步為其設定各種屬性,例如:

```
<div id="area">
</div>
```

此配置將 div 標籤的 id 屬性設定為 area ，作為此標籤的識別名稱，在同一份網頁文件中，不可以存在兩個相同 id 屬性的標籤。

不同的標籤有其專屬的元素屬性，但所有的 HTML 標籤有一組共用的屬性，除了 id 屬性，其它幾個常用的屬性列舉如下表：

屬性	說明
id	指定元素於網頁文件中的唯一識別名稱。
title	指定元素的額外資訊。
class	指定樣式的套用類別名稱。
style	標籤行內樣式。

若要讓元素在游標通過時顯示提示說明，可設定 title 屬性，考慮以下的配置：

```
<div title=" 示範 div 標籤 "  style="width:400px; height: 88px;…">
        Hello HTML5
</div>
```

這段標籤在網頁上呈現一個黑色方塊，由於設定了 title 屬性，當滑鼠游標移過畫面上的黑色方塊時，會顯示提示訊息內容，如下圖：

你可以同時設定一個以上的屬性，如果是超過一個以上的屬性，只要以空白隔開即可，例如以下的設定：

```
<div id="area" class="style">
</div>
```

關於 class 與 style ，後文討論 CSS 樣式時會有進一步的說明，除了這四個常用的屬性，其它還有更多共用屬性，列舉於下表：

屬性	說明
accesskey	指定元素的駐點快速鍵。
tabindex	指定元素的 tab 順序。
dir	指定元素內容文字的呈現方向。
lang	指定元素內容所使用的語言。

• accesskey 與 tabindex

accesskey 與 tabindex 兩個屬性與所謂的駐點有關，當一份網頁文件中存在多個不同的標籤，只有目前獲得駐點的元素可以作用。

範例 2-2　　標籤駐點

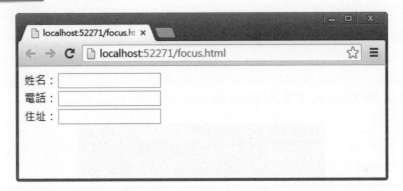

畫面上的三個文字方塊，點擊任何一個文字方塊時可獲得駐點，並且於其中輸入文字；按 Tab 鍵會根據 tabindex 屬性值的大小順序，調整目前擁有駐點的文字方塊；按下 Alt+n 可以將駐點移至「姓名」文字方塊；按下 Alt+t 可以將駐點移至「電話」文字方塊；按下 Alt+n 可以將駐點移至「地址」文字方塊。

```html
                                                              focus.html
<!DOCTYPE html>
<html>
<head>
    <title></title>
</head>
<body>
    姓名：<input type="text" accesskey="n" tabindex="3" /><br />
    電話：<input type="text" accesskey="t" tabindex="1" /><br />
    住址：<input type="text" accesskey="a" tabindex="2" />
</body>
</html>
```

其中配置三個 input 標籤,並且設定了 type="text",因此在畫面上顯示三個文字方塊以提供文字輸入操作,分別設定了快速鍵 accesskey 以及 tabindex,以方便切換輸入方塊。

- **dir**

標籤設定 dir 屬性可以控制其中文字呈現的方向,可能的值如下表:

屬性	說明
ltr	由左到右(Left-to-right)呈現文字,這是預設值。
rtl	由右到左(Right-to-left)呈現文字。
auto	由瀏覽器自行決定文字的呈現方向。

配置一個 div 標籤,指定屬性如下:

```
<div dir="rtl" style="…">
        ABDEFGHIJK
</div>
```

其中的 dir 屬性設定為 rtl,如此文字會從右到左呈現:

讀者請自行嘗試其它屬性值,檢視呈現的效果。

- **lang**

lang 屬性指定元素中的內容所使用的語言,例如:

```
<div lang="zh-Hant-TW"> 台灣 - 繁體中文 </div>
```

指定為 lang 的屬性值必須為相關語系的對應值,例如 fr 為法文,ja 為日文等等。這個屬性常見於網頁一開始的 html 元素設定,如本章一開始的說明。

HTML5 屬性

HTML5 亦另外新增了數個新的屬性,強化 HTML 標籤設計,下表列舉說明。

屬性	說明
contenteditable	指定元素的內容是否為可編輯。
draggable	指定元素是否為可拖曳。
dropzone	指定拖曳資料被置放時，是否複製、移動或連結。
hidden	隱藏元素。
spellcheck	指定元素內容是否進行拼字檢查。

以下說明表列的屬性效果。

- **contenteditable**

若是將 contenteditable 設定為 true ，此標籤會在網頁上形成一個可編輯的元素，例如以下的設定：

```
<div contenteditable="true"
     style="width: 300px; height: 180px; background: black;
         font-size:36px;color:silver;    ">

</div>
```

其中設定了 width 與 height 樣式，這會在畫面上形成一個寬 300px、高 180px 的可編輯區域，如下截圖：

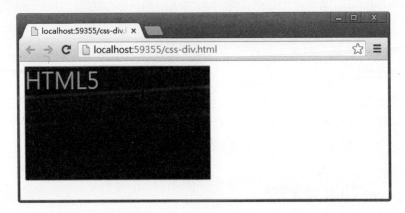

點擊黑色區塊，即可在上面進行文字的輸入編輯。

- **hidden**

設定 hidden 屬性會直接隱藏此元素的內容，例如以下的配置：

```
<div hidden>
        // 這裡的內容被隱藏
</div>
```

在這個 div 元素中的內容，將會被隱藏。hidden 屬性直接指定名稱即可，不需要 true/false ，你也可以設定為 hidden="hidden"。

- **spellcheck**

當編輯內容需要拼字檢查時可以指定此屬性如下：

```
<div spellcheck="true" contenteditable="true">
</div>
```

由於 spellcheck 屬性設定為 true ，因此會進行拼字檢查，如果輸入不正確的字，則文字下方會出現提示符號。

左截圖輸入的是正確文字，右截圖輸入的則是錯誤文字，因此出現拼字檢查的提示底線。

以上為 HTML5 規格全新導入的屬性，各種瀏覽器對這些屬性的支援度不一，使用時請特別注意相容性。

本節到目前為止完成了 HTML 標籤的介紹，其它未介紹的屬性，包含 draggable 、dropzone 與拖曳互動事件有關，於第六章進行討論。除此之外 HTML5 另外還有如 contextmenu 等屬性，由於還未有明確相關的實作，這裡不作討論。

2.3　HTML 標籤

HTML 標籤數量眾多，除了 div 標籤，其它如 p 標籤定義一個文句段落，br 定義一個斷行等等，這一節開始，我們從最常用的幾種標籤開始作說明。

▌群組標籤－ div

當你設計一個網頁的時候，首先必須分析所要呈現的內容，分類配置於不同的群組，然後在網頁上切割出特定區塊以配置這些群組內容。

考慮一個 HTML5 教學網站，我們打算將其分成四個學習區塊，包含 HTML、CSS、JavaScript 與 API ，內容列舉如下表：

分類群組	說明
HTML	各種 HTML 標籤說明。
CSS	樣式設計原理與各種樣式說明。
JavaScrtipt	JavaScript 語法與程式設計教學。
API	DOM 與各種 JavaScript API 討論。

為了配置表列的四組內容，因此必須在網頁上切割出四個群組，要達到這個目的可以使用 div 標籤，在網頁上配置如下：

```
<div> HTML －各種 HTML 標籤說明。</div>
<div> CSS －樣式設計原理與各種樣式說明。</div>
<div> JavaScript － JavaScript 語法與程式設計教學。</div>
<div> API － DOM 與各種 JavaScript API 討論。</div>
```

完成配置的網頁畫面呈現如下：

群組標籤 — span

除了 div ，群組網頁內容另外一個標籤是 span ，例如我們可以將前述分組內容以 span 標籤修改如下：

```
<span> HTML —各種 HTML 標籤說明。</span>
<span> CSS —樣式設計原理與各種樣式說明。</span>
<span> JavaScript — JavaScript 語法與程式設計教學。</span>
<span> API — DOM 與各種 JavaScript API 討論。</span>
```

這四行配置會出現如下的結果：

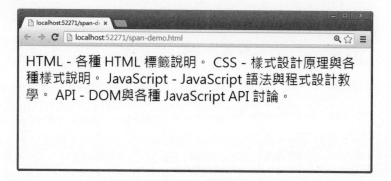

同樣是提供群組功能，比較上述的輸出內容截圖，<div> 與 <span> 兩者呈現差異在於前者是塊級元素，每一組 div 標籤的內容會以新行呈現；而 span 標籤是一種行級元素，每一組 <span> 標籤的內容，與前後文內容之間會接續呈現，不會產生新行。

要特別注意的是，塊級元素通常可以作為其它元素的容器，形成巢狀結構，但行級元素則不允許。

段落與斷行

如果要在網頁上切割出一個段落，例如一段文句，可以使用 <p> 標籤，考慮以下的兩組 <p> 的配置：

```
<p>HTML 為 Hyper Text Markup Language 的縮寫 …</p>
<p>HTML 文件由 HTML 標籤組成 …</p>
```

這段配置會出現以下的結果畫面：

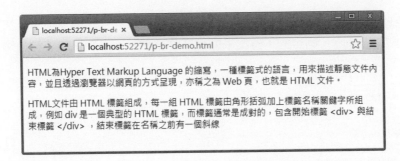

由於文句段落長度不一，<p> 包含的內容，隨著網頁寬度自動折行，調整上述畫面寬度，會看到以下的結果：

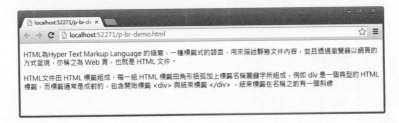

如果要強制在某個位置將文句斷行，可以使用
 ，某些文體，例如唐詩，要在網頁中呈現詩的內容，
 便相當合適，例如以下的片段：

詩體內容的每一行通常都很短，一般的情形下，讓每一行詩自成一個段落並不合理，但為了方便閱讀，我們需要強制其斷行，因此透過
 配置可以達到我們要的效果，最後呈現的畫面如下：

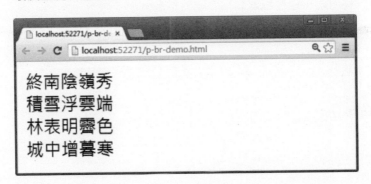

要特別注意是，段落與斷行中的空白或是斷行中出現的空白只會顯示一次，多餘的空白則會被移除，同樣的，多出來的行亦會被移除。以前述的詩詞為例，調整寫法如下：

```
終南陰 嶺秀 <br/>
積雪浮
      雲端 <br/>
林表明霽色 <br/>
城中增暮寒 <br/>
```

這會呈現以下的畫面：

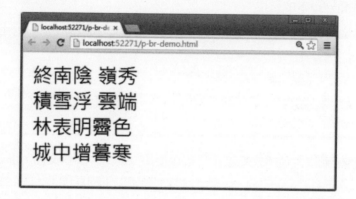

標題

當你要在網頁上定義標題的時候，可以使用 h1 ～ h6 這一組標籤，例如：

```
<h1>HTML5 完全入門課程內容大綱 </h1>
```

這會以 h1 預設樣式呈現單行的標題文字。無論整份網頁文件或是特定區塊內容，都可以利用這一組標籤建立其專屬的標題列。

考慮以下的內容配置，現在於其中加入標題，針對四個 div 區塊各配置一組 h1 標籤如下：

```
<h1>HTML5 課程內容 </h1>
<div>
        <h1>HTML</h1>
        各種 HTML 標籤說明。
</div>
<div>
```

(續)

```
    <h1>CSS</h1>
    樣式設計原理與各種樣式說明。
</div>
<div>
    <h1>JavaScript</h1>
    JavaScript 語法與程式設計教學。
</div>
<div>
    <h1>API</h1>
    DOM 與各種 JavaScript API 討論。
</div>
```

第一行是整組內容的標題，接下每一個 <div> 區塊內的巢狀 <h1> 則代表此區塊
專屬的標題。

超連結

超連結標籤於網頁提供一塊點擊區域，使用者透過滑鼠點擊，可以切換至不同的
內容，跳離目前的位置至超連結所指向的目標位置，<a> 支援超連結的功能，它
的寫法如下：

```
<a href="url"> destination </a>
```

其中的 href 屬性表示使用者點擊 destination 這一段文字後的連結目標網址。考慮

以下的 a 元素配置：

```
<a href="http://www.kangting.tw" >康廷數位 </a>
```

這段配置在頁面呈現一個預設的超連結文字「康廷數位」，點擊此文字將連結至筆者工作室網站。要特別注意 a 的內容不一定是文字，其它的 HTML 元素，或是圖片等均能作為連結內容。

元素 a 有另外一個屬性 target ，表示使用者點擊連結時的行為，列舉如下表：

target 屬性值	說明
_blank	在一個新的視窗或是分頁中開啟連結文件。
_parent	於目前頁面的上層框架中開啟連結文件。
_self	預設值，於目前視窗架構中開啟連結文件。
_top	開啟連結文件，並移除目前所有的框架以完整頁面主體呈現。
framename	在一個指定名稱的框架中開啟連結文件。

其中 _self 是預設值，新的連結文件會在目前的視窗框架中顯示，並取代原來的網頁內容，而 _blank 則會開啟一個新的分頁。其它三個與內嵌的框架區塊有關，本章後文討論 iframe 標籤時作說明。

▍表格

在網頁上呈現表格必須使用 table 元素，以下是一個典型的表格：

```
<table border="1">
    <tr>
        <td> 第 1 列、第 1 欄 </td>
        <td> 第 1 列、第 2 欄 </td>
    </tr>
    <tr>
        <td> 第 2 列、第 1 欄 </td>
        <td> 第 2 列、第 2 欄 </td>
    </tr>
</table>
```

其中一組 tr 表示組成表格的單行，而 td 則是表格中的欄，於 tr 元素中巢狀配置，這段配置將呈現以下的結果。

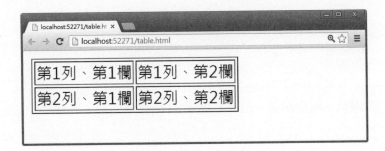

而針對每一個欄位可以設定一個標題，例如：

```
<table border="1">
    <tr>
        <th> 標題 1 </th>
        <th> 標題 2 </th>
    </tr>
    <tr>
        <td> 第 1 列、第 1 欄 </td>
        <td> 第 1 列、第 2 欄 </td>
    </tr>
    ...
</table>
```

其中設定 th 元素，呈現如下的結果：

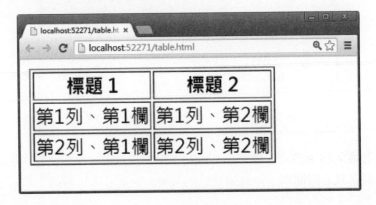

如你所見，此次表格的第一行是 th 元素定義的標題，在幾個主流瀏覽器中，標題預設以粗體字型呈現。

▎清單

網頁上如果要列舉一系列的清單項目，可以選擇使用 ul 元素，語法如下：

```
<ul>
    <li>HTML</li>
    <li>JavaScript</li>
    <li>CSS</li>
</ul>
```

清單內容項目以 li 標籤定義，並巢狀配置於 ul 標籤內部，在網頁中輸出結果如下：

每一個 li 元素項目預設以圓點符號標示。如果清單項目必須以數字作標示，選擇以 ol 取代 ul 即可，如此會得到如下的效果：

清單標籤的應用相當廣泛，你可以在 li 元素中配置其它非文字內容，例如圖片、超連結，甚至其它的清單，形成巢狀式的清單，搭配 CSS，我們可以利用 ul 元素製作功能選單之類的操作介面。

▌格式化標籤

HTML 只負責定義文件，顯示則交由 CSS 處理，不過還是有少數的標籤提供格式化的支援，例如 b 標籤即是一例，考慮以下的配置：

```
<b>HTML5=HTML+CSS+JavaScript</b>
```

在 b 標籤中的文字將會以粗體格式呈現，除此以外還有其它用於格式化文字呈現的標籤，列舉如下：

target 屬性值	說明
\<b>	以粗體格式呈現文字。
\<em>	以強調的格式呈現文字。
\<i>	以替代格式表現一個段落中的某一小段文字。
\<small>	以較小的字型呈現文字。
\<strong>	以粗體強調重要的文字。
\<sub>	以下標格式呈現文字。
\<sup>	以上標格式呈現文字。
\<ins>	為文字加上底線。
\<del>	為文字加上刪除線。

以上表列的標籤相當簡單，將要格式化的文字以指定的標籤包夾即可，例如以下的配置：

```
120<sup>cm</sup>
```

這一行會在網頁上以上標字型呈現 120^{cm}，另外你也可以針對特定的字型使用專屬的標籤，下表列舉這些可用的標籤：

target 屬性值	說明
\<code>	以程式碼格式字型呈現文字。
\<kbd>	以鍵盤格式字型呈現文字。
\<samp>	以程式輸出格式字型呈現文字。
\<var>	以一個變數字型呈現。
\<pre>	預先格式化字型呈現。

表列的標籤以特定字型呈現文字，最後一個 pre 標籤以預先定義的格式呈現文字的內容，考慮以下的配置：

```
<p>
<pre>
HTML5 將於 2014 年成為標準

        HTML5 是        HTML+CSS+JavaScript
</pre>
</p>
```

在預設的情形下，若是沒有配置 pre 標籤，則其中多餘的空白與新行均會被移除，透過 <pre> 標籤可以保持原來的格式，輸出如下：

除了 pre 標籤，其它的標籤只是單純的改變字型，請讀者自行測試。

▍影像圖片

要在網頁上呈現一張圖片，可以使用 <img> 語法如下：

```
<img src="images/html.jpg" />
```

其中的 src 屬性為圖片檔案的 url 位址，這可以是相對或絕對位址，這一行會將圖片 html.jpg 顯示在網頁上。你還可以透過 width 與 height 屬性調整圖片呈現的大小，例如以下的設定：

```
<img src="images/html.jpg"   width="400" height="360"   />
```

這一行設定會將圖片以寬 400 像素、高 360 像素的尺寸呈現，而除了文字之外，圖片也經常加上超連結功能如下：

```
<a href="http://www.kangting.tw" ><img src="images/html5book.jpg" /></a>
```

這會在圖片上建立超連結，使用者按一下圖片即可連結至 href 屬性對應的網頁，這裡指向的是 "http://www.kangting.tw"。

影音檔案播放

如果要在網頁上播放影片，可以使用 video 與 audio 兩個標籤，前者支援視訊檔案的播放，後者支援音訊檔案的播放，考慮以下設定：

```
<video src="darray-ds.mp4" ></video>
```

其中指定了 src 屬性為所要播放的檔案來源，這段標籤會在網頁上嵌入影片檔案，透過進一步的設定可以提供使用者操作介面。video 與 audio 標籤於本書的第八章討論影音播放技術時會有完整的入門討論。

2.4 輸入標籤

接下來這一節我們要討論一組專門提供輸入功能的 input 標籤。考慮以下的標籤配置：

```
<input  type="text" />
```

這一行會在網頁上建立一個矩形的輸入文字方塊，通常稱為控制項，input 標籤的 type 屬性表示所要配置的輸入控制項內容，透過 type 屬性的調整，你可以指定數種不同型式的輸入控制項，可用的 type 屬性如下表：

type	控制項	說明
button	按鈕	一個可按下的按鈕，設定 value 屬性顯示按鈕文字。
checkbox	核取方塊	一個可勾選的矩形方塊，支援多重選取。
file	檔案選取	一個檔案選取按鈕，按一下會開啟檔案選取對話方塊。
hidden	隱藏欄位	無任何外觀，可用以儲存隱藏性資料。
image	影像按鈕	設定 src 屬性，指定一張圖片檔案作為按鈕。
password	密碼輸入欄位	一個提供密碼輸入的文字方塊，以密碼符號顯示輸入文字。
radio	選項按鈕	一個可選取的圓形鈕，支援單一選項選取。
reset	重設按鈕	重設表單內容按鈕。
submit	傳送按鈕	傳送表單內容至伺服器。
text	文字輸入方塊	一個矩形文字方塊。

配置好 <input> ，指定所需的 type ，即會在網頁上呈現對應的輸入功能，以下利用實作範例進行示範說明。

範例 2-3　示範 input 標籤

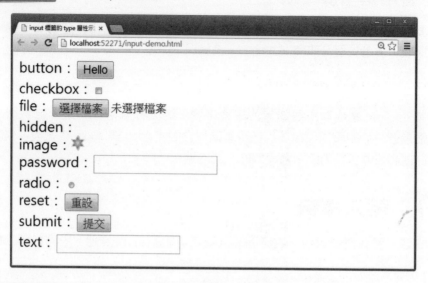

這個範例單純的示範上述表列的 input 標籤，透過指定不同的 type 屬性，顯示最後的輸出結果。

```
<!DOCTYPE html>                                          input-demo.html
<html>
<head>
        <title>input 標籤的 type 屬性示範 </title>
</head>
<body>
        <div>button：<input type="button" value="Hello"/></div>
        <div>checkbox：<input type="checkbox" /></div>
        <div>file：<input type="file" /></div>
        <div>hidden：<input type="hidden" /></div>
        <div>image：<input type="image" src="images/star0.png" /></div>
        <div>password：<input type="password" /></div>
        <div>radio：<input type="radio" /></div>
        <div>reset：<input type="reset" /></div>
        <div>submit：<input type="submit" /></div>
        <div>text：<input type="text" /></div>
</body>
</html>
```

其中列舉數個不同的 input 標籤，請讀者自行比對，比較特別的是 image 型態，指定 src 為圖片的來源，以星號圖形作為按鈕。

HTML5 的 input 標籤改良

HTML5 規格針對 input 標籤作了進一步的改良，新增了數個 type 屬性樣式以支援多樣數值的輸入，包含日期、數字，甚至顏色等各種資料的輸入等等。

• 數字

type	控制項	說明
number	數字輸入	提供數值資料輸入功能。
range	特定範圍數字輸入	提供數值資料輸入功能，並限制一定的範圍。

• 日期 / 時間

type	控制項	說明
date	日期資料輸入	提供日期格式資料輸入。
datetime	日期時間資料輸入	提供日期時間格式資料輸入。
datetime-local	日期時間資料輸入	提供日期時間格式資料輸入。
month	日期 / 月資料輸入	提供日期格式月份資料輸入。
week	日期 / 星期資料輸入	提供日期格式星期資料輸入。
time	時間資料輸入	提供時間格式資料輸入。

• 其它

type	控制項	說明
color	顏色選取	提供顏色值資料輸入。
search	搜尋框	提供搜尋框資料輸入。
tel	電話	提供電話資料輸入。
url	網址資料	提供網址格式資料輸入。
email	電子郵件	提供電子郵件格式資料輸入。

範例 2-4　示範 input 標籤 / HTML5 新增 type

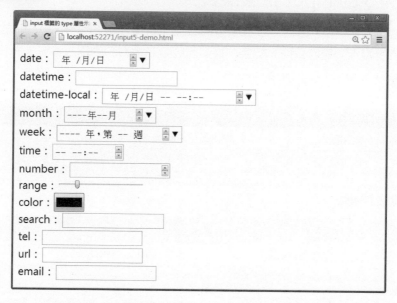

列舉前述表列各種 type 的輸入控制項,瀏覽器根據所要輸入的資料類型提供操作介面以方便使用者操作。以第一個 date 為例,按一下右邊的箭頭,出現一個日期選單,只要點選任一個日期便可完成所需的日期資料輸入。以下左圖是開啟輸入面板,以下右圖是點選任何一個日期的輸入狀況。

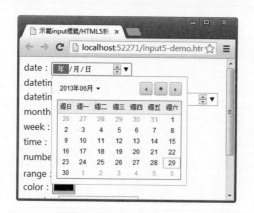 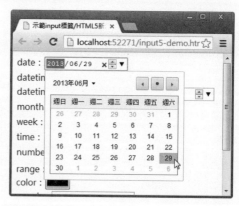

另外,如果設定 range 則會提供滑桿操作控制項,而 color 則是一個顏色選取面板,按下黑色方塊會展開色彩選取面板,點選任一顏色即可將其顯示於畫面上。

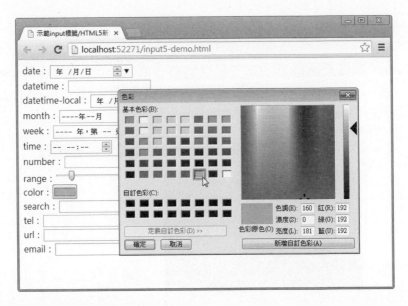

讀者要注意的是，不同的瀏覽器對於控制項的支援不盡相同，例如以 Firefox 與 IE9 檢視此範例結果如下：

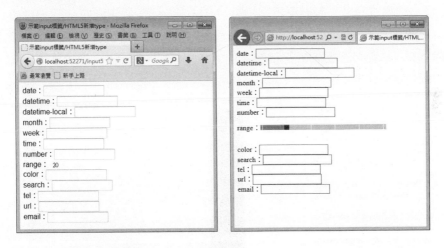

如你所見，大部分僅支援空白文字方塊的輸入。

2.5 導入 CSS

HTML 標籤定義文件格式與內容結構，而外觀的呈現則必須透過 CSS 進行設定，以 div 標籤為例，網頁配置一個 div 標籤，並不會呈現任何內容，透過樣式設定如下：

```
<div style="width:600px;height:360px;background:black;">
</div>
```

其中的 style 屬性支援樣式設定，此樣式內容將 div 元素設定為寬（width）
600px、高（height）360px 的矩形，並且將其背景顏色（background）設定為
black，如此一來會得到如下的結果畫面：

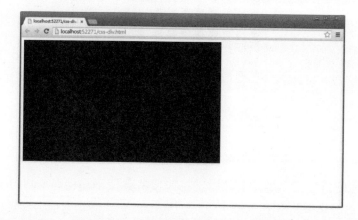

CSS 是一種樣式語法，有數種不同的設定方法，上述於標籤內的 style 屬性設定是
其中一種方式，比較普遍的作法是將樣式內容集中於外部的獨立檔案集中管理。
而除了單一標籤的外觀設定，更重要的，CSS 負責整體網頁介面的排版設計，它
們之間的關係如下：

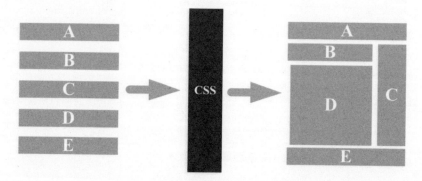

配置於網頁中的內容，在預設的情形下會根據原始檔中的位置，由上往下排列，
然後設計人員根據所要呈現的視覺外觀，設計對應的 CSS 樣式表，將其套用至
HTML 原始檔，最後呈現上述右圖的結果。

語法

CSS 樣式由一組或以上的屬性與值組成，屬性與值由冒號（:）區隔，一組以上的樣式彼此之間則由分號（;）區隔，以下是一組樣式範例：

```
width:600px
```

其中 width 是屬性，600px 則是屬性值，表示將套用此樣式的元素寬度設定 600px。如果超過一組樣式可以設定如下：

```
width:600px;height:360px;background:black;
```

其中每一組樣式以分號（;）作區隔，而為了方便閱讀，一組以上的樣式亦習慣分行列舉如下：

```
width:600px;
height:360px;
background:black;
```

標籤經由樣式的套用，以特定的外觀於網頁上呈現，而要將一段設定好的樣式套用至元素有兩種方式，一種是利用元素的 style 屬性以內嵌的方式指定給元素，例如稍早的 div 標籤範例：

```
<div style="width:600px;height:360px;background:black;">
</div>
```

這一段設定利用 style 屬性將樣式內嵌至 div 元素，成為其專屬的樣式，這是最直接的方式，但並不適合實際的網頁設計作業，比較好的作法是透過選擇器，經由 style 元素進行設定，考慮以下的語法：

```
<style>
    div {
        width: 600px;
        height: 360px;
        background: black;
    }
</style>
```

大括弧的內容為樣式語法，而 div 為選擇器，表示樣式要套用的元素，而所有的內容必須寫在 style 標籤內部，並且於網頁文件完成其它元素的載入前進行配置。

範例 2-5   示範 style 元素

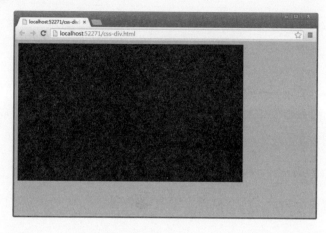

透過 style 元素的設定，網頁的背景設定為灰色，而 div 區域方塊則是黑色。

```
<!DOCTYPE html>
<html>
<head>
    <title></title>
    <style>
        div {
            width:600px;height:360px;background:black;
        }
        body {
            background:silver;
        }
    </style>
</head>
<body>
    <div></div>
</body>
</html>
```
css-div.html

於 head 標籤當中，嵌入 style 元素，並分別設定了 body 與 div 元素的樣式。在這個範例中，body 與 div 均是選擇器，針對網頁文件中對應的元素－ body 與 div 進行樣式套用，因此得到上述的結果畫面。

選擇器是讓 CSS 樣式套用標籤的根據，元素名稱是最簡單的選擇器，其它還有大量不同型式的選擇器以支援各種元素套用需求，後文將有進一步的說明與討論。

如此範例所示，style 標籤允許配置一組以上的樣式，只要依序排列即可，而一旦設定了選擇器，網頁文件中所有選擇器對應的元素均會套用此樣式。

範例 2-6　　示範選擇器

畫面上呈現三組套用相同樣式的 div 矩形方塊。

```
<!DOCTYPE html>                                          selector.html
<html>
<head>
     <title></title>
     <style>
         div {
             width: 600px;
             height: 86px;
             background: black;
             margin: 10px;
         }
     </style>
</head>
<body>
     <div></div>
     <div></div>
     <div></div>
</body>
</html>
```

其中設定了 div 選擇器樣式，而網頁中配置的三個 div 標籤均套用了此樣式。

實際的網頁開發經常會有大量的網頁檔案需要處理，這些網頁通常會有共用的樣式，為了方便維護管理，我們會進一步將這些樣式配置於獨立的樣式檔案，然後透過 link 標籤，將其引用進所要套用的網頁。

獨立樣式檔是純文字檔，以 .css 為副檔名，以此範例作示範，將其中 style 元素中的內容全部移至一個新建立的文字檔如下：

將其命名為 selector-css.css 之後存檔。接下來於原來網頁中的 head 元素內插入以下的 link 標籤配置：

```
<link href="selector-css.css" rel="stylesheet" />
```

其中的 href 屬性為所要連結的樣式檔案名稱，rel 中的 stylesheet 表示這個連結的外部檔案為此文件所要使用的樣式檔。

完成設定之後，我們就不需要在網頁內撰寫樣式，請讀者自行參考 selector-css. html 這個網頁檔案。

▌常見的選擇器－類別、id 與萬用選擇器

最簡單的選擇器有三種，分別是針對特定元素（element）、特定類別（class）屬性以及特定識別編號（id）屬性的選取，考慮以下的設定：

```
div
{
      /* 套用所有的 div 元素 */
}
div#idname
{
      /* 套用的 div 元素其 id 屬性等於 idname  */
}
div.classname
{
      /* 套用的 div 元素其 class 屬性等於 classname  */
}
```

第一組指定 div 標籤名稱，因此套用此樣式的網頁當中，所有的 div 標籤都將套用其中所設定的樣式屬性。第二組選擇器名稱 div#idname 中的 div 表示這一組屬性

將套用至 div 標籤，而緊接著 # 表示尋找 id 屬性等於 idname 的元素，套用其中設定的樣式屬性。最後一組選擇器以「.」表示要套用此樣式的元素，必須是 div 元素中，class 屬性值等於 classname 的 div 元素。

範例 2-7 示範選擇器

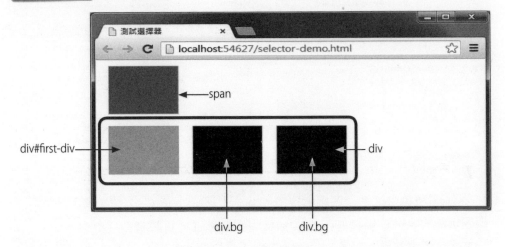

畫面中包含四個方塊，每一個方塊均根據選擇器設定其樣式外觀，左上方的第一個是 span 元素，而接下來的三個則是 div 元素。

```
selector-demo.html
<!DOCTYPE html>
<html>
<head>
    <title>測試選擇器</title>
    <style>
        span
        {
            width: 100px;
            height: 80px;
            border: 1px solid silver;
            margin: 10px;
            display: block;
            background: gray;
        }
        div
        {
            width: 100px;
            height: 80px;
            border: 1px solid silver;
            margin: 10px;
            float: left;
```

(續)

```
            }
            div#first-div
            {
                background: silver;
            }
            div.bg
            {
                background: black;
            }
        </style>
</head>
<body>
        <span></span>
        <div id="first-div">
        </div>
        <div id="second-div" class="bg">
        </div>
        <div id="third-div" class="bg">
        </div>
</body>
</html>
```

在 <style> 標籤中配置了四組選擇器，分別設定 span 與 div 元素的樣式，因此出現在這個網頁中的 span 元素均套用第一組樣式；而所有的 div 元素則會套用第二組元素；接下來第三組樣式選取器表示 id 屬性設定為 first-div 的元素，將會套用 div#first-div，其背景顏色被設定為 silver；而最後一組樣式選取器表示 class 屬性設定為 bg 的 div 元素，背景將被設定為 black。

近年 jQuery 的崛起，讓選擇器的使用更為普及，幾乎成為 JavaScript 的元素標準選取方法，也因此 HTML5 開始針對選擇器導入了對應的 API，透過相關的方法，我們可以經由指定的選擇器來取得任何網頁上的元素，另外一方面，因為選擇器的樣式語法相當彈性，也讓元素的操作更為方便。

註解

樣式語法亦支援註解，這對於大型樣式檔的設計相當有用，讓樣式的內容更易於理解。註解語法由「/*」開始，並以「*/」結束，在這兩個標記符號裡面的內容都會被忽略，可以是單行或是整個段落，例如以下的設定：

```
/* 這裡面的文字是註解說明… */
/*
    …
    這裡面的也是註解說明,
    不會影響樣式
    …
*/
```

屬性值

樣式由屬性以及屬性值所組成,每一種屬性代表一種樣式設定,例如 font-size 用來設定標籤中文字的字型大小,屬性值則根據屬性項目的特性,可能是單純的數字、關鍵字或是特定單位的數值等等。

關鍵字於底下討論各種屬性設定時作說明,除此之外,屬性值可以分成兩大類,分別是以特定單位表示的長度數值,以及表示特定顏色的值。

- **長度值**

任何元素或是文字內容均能透過特定的屬性指定其大小,下表列舉網頁設計常用的單位:

單位	說明
px	像素,表示螢幕顯示單位 pixel。
pt	點,一個點(point)表示 1/72 英寸。
em	以 1 為單位,表示相對大小。

其它還有英寸,以 in 表示,公分則是以 cm 表示,公厘則是 mm。除此之外,也可以透過百分比(%)進行設定,讓大小依比例縮放。

最後要注意的是,如果指的數值是 0,則單位值可以省略,例如 0px 與 0 的意義相同。

- **顏色值**

如果要為文字或是元素設定顏色,以顏色的對應值指定為屬性值即可。針對顏色的定義,CSS 支援數種不同格式的字串表示式,分別有「名稱」、「十六進位」以及「十進位」的 RGB 數值,以標準顏色為例,考慮以下的列表:

名稱	十六進位	十進位
black	#000000	0,0,0
silver	#C0C0C0	192,192,192
gray	#808080	128,128,128
white	#FFFFFF	255,255,255
maroon	#800000	128,0,0
red	#FF0000	255,0,0
purple	#800080	128,0,128
fuchsia	#FF00FF	255,0,255
green	#008000	0,128,0
lime	#00FF00	0,255,0
olive	#808000	128,128,0
yellow	#FFFF00	255,255,0
navy	#000080	0,0,128
blue	#0000FF	0,0,255
teal	#008080	0,128,128
aqua	#00FFFF	0,255,255

CSS 規格書中，提供了 CSS 基礎顏色的三種表示式對照表圖表，你可以利用其中任何一種格式表示所要定義的顏色，它們都是字串，以紅色為例，在 CSS 當中可以如以下設定：

```
{ color: red }
{ color: #ff0000 }
{ color: rgb(255,0,0) }
```

此三行設定同樣都代表紅色，其中第一行是代表此顏色的關鍵字，第二行則是十六進位表示式，注意符號「 # 」是必要的，最後一行則是以三組十進位數字格式作表示，這三組數字以「 , 」分隔，並且必須包在 rgb() 構成的小括弧中。

十進位表示式中，每一組數字的範圍是 0 ~ 255，你不可以指定超出這個範圍的值，超出的值會自動被調整為邊界值，小於 0 的值一律被視為 0，大於 255 的值則一律被視為 255。十六進位表示式中，由左至右，每兩個字元對應至十進位表示式中的一組數字，因此上面表示紅色的式子中，ff 等於 rgb 表示式中的 255，接下來的兩組 00 則分別表示 0。

如果是相同的字元，十六進位表示式可以進一步簡化成為三個數字，例如 #ff0000 與 #f00 完全相同，如果是白色，則可以將 #ffffff 表示為 #fff ，其它類推。另外還有一種 RGBA 表示式，它的格式如下：

```
color: rgba(255,0,0,1)
```

其中以 rgba() 包含四組數字，相較於 RGB 的設定，最後多出來的一組數字，用來表示顏色的透明度，數字範圍是 0.0 ~ 1.0，同樣的，超出範圍的值將被限縮至允許的數值範圍內，而 1 相當於 RGB 的預設值。

除了這裡的基礎顏色對照表，CSS 規格書中同時還附上更豐富的擴充顏色對照表，請自行參考網址如下：

```
http://www.w3.org/TR/css3-color/
```

進入這個網頁，你會看到完整的顏色值定義，例如以下的截圖：

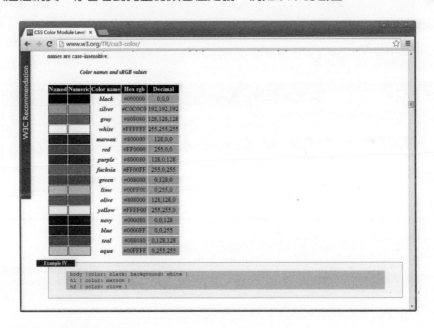

2.6　文字樣式

CSS 支援完整的網頁排版與外觀設計需求，內容相當龐大，這一節從文字格式開始，針對其中比較常用的部分，逐一列舉說明。

文字字型

CSS 樣式可以輕易的改變文字於網頁中的呈現，包含字型與段落的配置等，下表列舉說明：

屬性	說明
font-family	字型種類，serif、fantasy 等等，可一次設定多個字型名稱，並以逗點分隔。
font-size	字型大小，以長度、百分比（%）或是關鍵字 small、medium、large，表示，另外還有 xx-small、x-small 與 x-large、xx-larger 等級別。
font-style	字型樣式，包含 normal、italic、oblique。
font-weight	字型粗細，以 normal 或是 bold、bolder、lighter 等關鍵字作表示，也可以是 100～900 的數字。
font	完整字型設定，結合上述各種單一屬性。

其中最後一個 font 屬性，可以合併其它四個屬性一次進行設定，不過這將導致樣式設定的複雜化，不建議使用。

範例 2-8 字型設定

透過屬性設定，以指定的字型樣式輸出文字。

```
<!DOCTYPE html>                                          font-demo.html
<html>
<head>
    <title> 字型樣式 </title>
    <style>
        body {
            font-size:24pt;
            font-family:cursive;
            font-weight:bold;
            font-style:italic;
```

(續)

```
        }
      </style>
</head>
<body>
      HTML5 是 HTML+CSS+JavaScript 的整合應用
</body>
</html>
```

在 body 標籤中配置了一段文字，並且指定 body 選擇器進行樣式設定，在網頁上以樣式呈現，讀者可以自行修改樣式設定以檢視不同的字型效果。

文字段落配置

網頁上的文字段落的呈現，可以透過數種樣式屬性控制，列舉如下表：

屬性	說明
text-align	文字段落水平對齊方式，有 left、right、center、justify。
text-indent	文字段落開頭的縮排，以長度或是 % 表示。
text-decoration	文字段落特定樣式，包含 underline、line-through、none。
text-transform	文字段落中的大小寫轉換，可能的值有 capitalize、uppercase 與 lowercase。
letter-spacing	文字段落中文字與字母間的間隔，以長度值表示，也可以是 normal。
word-spacing	文字段落中的單字間隔，

表列的樣式逐一設定即可達到其中所描述的效果。要注意的是，其中的 text-align 對非文字元素亦有同樣的效果。

範例 2-9 文字段落配置

其中配置了兩個 div 標籤，內容分別為一段書名與書的封面圖片，除了設定特定
的文字外觀，text-align 屬性則設定為 center，圖片因此置中呈現。

```html
<!DOCTYPE html>                                          text-demo.html
<html>
<head>
    <title></title>
    <style>
        div {
            text-align:center ;
            text-transform:lowercase;
            text-decoration:underline ;
            font-size:32px;
        }
    </style>
</head>
<body>
    <div>《HTML5 完全風暴》</div>
    <div><img src="images/html5book.jpg" width="240" /></div>
</body>
</html>
```

其中透過 div 選擇器，設定 text-align 樣式為 center，以呈現圖片置中的效果。

行高

屬性 line-height 支援行高的設定，接受長度或是百分比（%）等單位，一般以數
字作指定，例如 1 或是 2 等等，表示 1 或是 2 倍高度，設定如下：

QWERTY | qwerty　　　　　QWERTY | qwerty

line-height:2;　　　　　　　**line-height:1;**

文字顏色

如果要為文字外觀設定顏色，必須指定 color 屬性，如下式：

```css
div {color:red; }
div {color:#ff0000;}
div {color:rgb(255, 0, 0);}
```

以上三行的設定效果完全相同，而你也可以進一步指定透明度，例如：

```css
div {color:rgba(255, 0, 0, 0.6);}
```

經過這一行設定，配置於 div 標籤中的內容，將以 0.6 的透明度呈現。

2.7 清單與表格樣式

有一些樣式是針對某些特定元素設計的，例如表格或是清單樣式，這一節很快的來看看這些樣式。

▌表格樣式

在預設的情形下，配置於畫面上的 table 並不會顯示格線，例如下方的配置：

```
<table>
    <tr>
        <th> 項目 </th>
        <th> 說明 </th>
    </tr>
    <tr>
        <td>HTML</td>
        <td> 以標籤形式呈現，定義網頁內容 </td>
    </tr>
    <tr>
        <td>CSS</td>
        <td> 一種 key/value 語法，定義網頁內容呈現外觀樣式 </td>
    </tr>
    <tr>
        <td>JavaScript</td>
        <td> 定義網頁執行邏輯的程式語言 </td>
    </tr>
</table>
```

這是一個包含兩行三列的表格，在瀏覽器上的檢視結果如下：

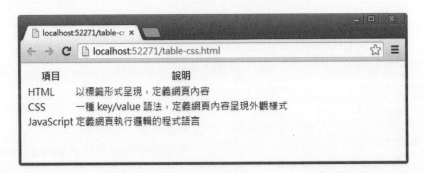

本章稍早介紹 table 標籤時預先設定了屬性 border="1"，經過此屬性的設定表格會顯示格線如下：

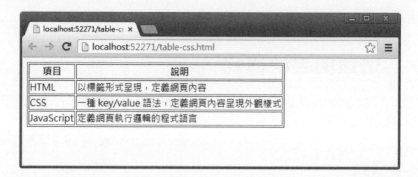

table 標籤的 border 屬性值可能是 "" 或 "1"；如果設定為 "1" 表示這個 table 作為表格用途；如果設為空白，表示作為配置內容用途，因此不會顯示格線。我們可以透過樣式設定進一步改變所要呈現的表格外觀，以下為最基礎的設定：

```
table, td, th {
    border:1px solid black;
}
```

這會顯示以下的格線樣式，每一個方格與表格本身均顯示了格線。

項目	說明
HTML	以標籤形式呈現，定義網頁內容
CSS	一種 key/value 語法，定義網頁內容呈現外觀樣式
JavaScript	定義網頁執行邏輯的程式語言

如果要合併其中的格線，則針對其中的 table 進行以下的樣式設定：

```
table {
    border-collapse: collapse;
}
```

如此一來會消除格線之間的空間，可以得到實線表格如下：

項目	說明
HTML	以標籤形式呈現，定義網頁內容
CSS	一種 key/value 語法，定義網頁內容呈現外觀樣式
JavaScript	定義網頁執行邏輯的程式語言

你也可以調整表格高度，例如以下的設定：

```
th {
     height:60px ;
}
td {
     height:80px;
     width:360px;
}
```

如此一來 table 中的方格會根據樣式進行長寬調整。你可以進一步調整方格中文
字的配置，水平設定需指定 text-align 屬性，可能的值有 left、center、right ，如
果是垂直配置則為 vertical-align ，可能的值有 top、middle、bottom ，讀者可以
針對 td 或是 th 自行設定這些樣式以檢視輸出結果。

▎清單樣式

以下為典型的清單項目配置：

```
<ul>
     <li>HTML5</li>
     <li>CSS</li>
     <li>JavaScript</li>
</ul>
```

如果沒有特別的設定，預設的清單外觀如下：

我們可以設定 ul 的 list-style 樣式，如果設定為 none ，則所有的清單標題符號會
被移除，你也可以設定其它樣式，例如 circle、disc、square 等等。

清單項目預設是垂直配置，你也可以將 li 樣式設定為 float:left ，如此一來清單項
目會往左靠水平配置如下圖：

接下來進一步設定每個項目的邊距離，完成樣式設定如下：

```
li {
    float:left  ;
    margin-left:60px;
}
```

其中的 margin-left 要求每個項目與左邊隔開 60 px 的距離，結果如下：

如你所見，完成樣式設定即可以水平方向進行配置。

2.8　視覺格式與排版樣式

除了上述針對文字或是特定元素外觀設計所提供的樣式，CSS 另外一項最重要的功能在於支援網頁內容的排版作業與顏色、框線等視覺格式相關設定，這一節針對相關的議題進一步作說明。

▎背景顏色

如果要為元素設定背景顏色，可以指定 background 屬性，如下式：

```
body{ background:red;}
```

這一行會將整個網頁主體內容的背景顏色設定為紅色，當然，你也可以透過其它的格式進行背景顏色的設定，請參考上述說明。

方塊模型

CSS 主要透過方塊模型進行排版，一個方塊模型包含四個區域，分別是內容（content）、邊距（padding）、邊框（border）以及邊界（margin），而當我們透過 width 以及 height 屬性設定其寬度與高度，所調整的是內容這個區塊：

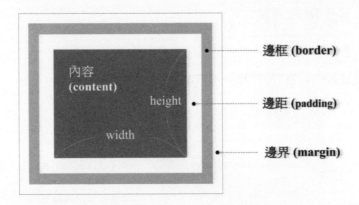

先不考慮邊距（padding）、邊框（border）以及邊界（margin），其中的 width 與 height 表示元素所要呈現的寬度與高度，例如你可以設定一個寬 200px 與高 180px 的元素如下：

```
div {
    width: 200px;
    height: 180px;
}
```

在預設的情形下，這在網頁上並不會呈現方塊內容，接下來加上邊框（border）樣式即可呈現一矩形框，可供設定的邊框樣式屬性如下表：

屬性	說明
border-width	邊框粗細。
border-style	邊框樣式，例如實線或是虛線，可供設定的屬性值包含 solid、dotted、dashed、none 等等。
border-color	邊框的顏色。
border	前述三項屬性的統一設定，依序以空白分隔。

border 屬性會一次完成方塊上下左右四個邊框的設定，如果要針對每個邊框個別作設定，可以使用 border-top、border-right、border-bottom、border-left。

另外，你可以設定 margin 分別指定方塊元素與上下左右四個邊界的距離，設定 padding 以指定內容與四個邊框的距離，原理同上述的邊框設定，以 margin 為例，考慮以下設定：

```
margin:5px 10px 6px 2px;
```

由左到右，這四個數字意義如下：

```
margin:top right bottom left;
```

分別表示方塊與四個邊界的距離，如下圖：

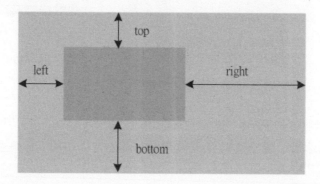

padding 的設定與 margin 原理相同，只是它表示內容與邊框的距離。而無論是 margin 或是 padding，同樣的，你也可以個別指定四個方向的值；如果是 margin，有 margin-top、margin-right、margin-bottom、margin-left，而 padding 則是 padding-top、padding-right、padding-bottom、padding-left。

當你調整 width 與 height，方塊的內容區域會根據新的 width 與 height 重設，而其它三個區域則依據內容區域作調整。如果想要指定的 width 與 height 同時包含整個方塊，可以透過 box-sizing 的設定來達到目的。

box-sizing 兩個主要的屬性值分別是 content-box 與 border-box，前者是預設值，後者會同時將邊距（padding）與邊框（border）包含在 width 與 height 指定的長度中，如此一來，真正內容區域的寬度與高度則是減掉邊距與邊框的結果。

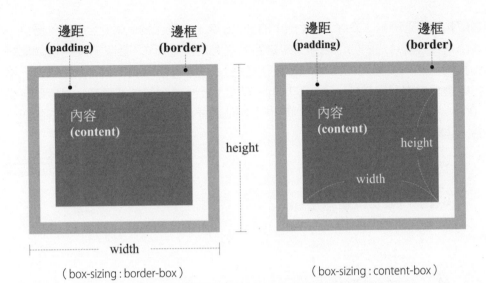

（ box-sizing : border-box ）　　　　　　　（ box-sizing : content-box ）

右圖是預設模式，width 與 height 僅表示內容區域的長寬，左圖則是 border-box 模式，width 與 height 涵蓋整個邊距與邊框，這會影響方塊內容的配置，因為邊距與邊框均被納入，導致配置面積縮小，原來的內容可能會超出邊界。

範例 2-10　　示範 box-sizing

這個範例配置兩組 220 × 300（px）的 div 方塊，分別容納一張完全相同的圖片，灰色框線與圖片之間的白色部分是邊距。左邊是預設模式，因此其內容區域剛好完整的容納所要呈現的圖片，右邊則是將 box-sizing 設定為 border-box 模式，邊距與邊框均屬於指定的 width 與 height 範圍。此時內容區域被縮減，不足以容納 200p × 300（px）的圖片，從內容左上角位置開始配置的圖片往右與往下的部分超出了範圍。

```
<!DOCTYPE html />                              box-sizing-demo.html
<html>
<head>
    <title>示範 box-sizing</title>
    <style type="text/css">
        div#abox
        {
            width:220px ;
            height:300px;
            padding:10px;
            border:20px solid silver;
            margin:10px;
            float:left; /* 方塊左靠 */
        }
        div#bbox
        {
            box-sizing : border-box;
            width:220px ;
            height:300px;
            padding:10px;
            border:20px solid silver;
            margin:10px;
            float:left; /* 方塊左靠 */
        }
    </style>
</head>
<body>
    <div id="abox">
        <img src="images/html5book.jpg" height="300"/>
    </div>
    <div id="bbox">
        <img src="images/html5book.jpg"  height="300"  />
    </div>
</body>
</html>
```

div#abox 與 div#bbox 兩組樣式內容完全相同，而 div#bbox 樣式屬性進一步設定了 box-sizing：border-box，因此圖片內容超出框線顯示。

移動方塊－ float 與 clear

上一個範例中，針對 div 套用了 float 樣式如下：

```
float:left; /* 方塊左靠 */
```

此設定強迫方塊往畫面的左邊靠齊，而接下來的方塊同樣會往左靠，當你需要移動方塊時，float 是個相當有用的屬性，嘗試將範例中 float 屬性移除，則兩個方塊的將恢復上下配置。

float 可以設定為 left 或是 right ，而一旦設定了 float ，後續的下一個方塊便會以同樣的方式配置。為了避免不必要的移動，你必須明確指定接下來的方塊 clear 屬性，表示要清除移動設定，clear 的屬性值有 left、right、both ，表示要取消左邊、右邊或兩邊的移動。

考慮以下的配置，其中包含了兩個 div 標籤，在預設的情形下，div 方塊會根據出現的順序，由上往下排列，如下左截圖：

第一個標籤設定了 float 屬性為 left ，但是第二個 div 標籤沒有設定，它會被往上推移，如上方的右截圖，第二個標籤若設定 left 則同樣會往左靠如下圖：

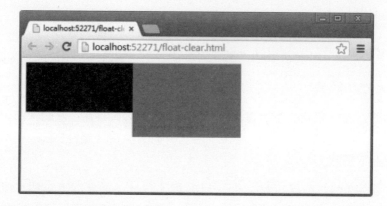

如果要避免受第一個標籤的 float 屬性影響，則必須將第二個標籤的 clear 設定為 left ，如此一來就可以維持正常的配置。

由於網頁的排版是由方塊進行設定，因此經常藉由 float 的設定實現版塊的移動以完成排版作業。

▌ 定位

方塊的配置有許多方式，你可以透過 position 屬性進行設定，在預設的情形下，position 屬性值為 static ，方塊會以原位配置，其它還有數種不同的屬性值，列舉如下表：

屬性	說明
static	預設原始位置。
relative	相對位置，以元素本身的原本位置為基礎。
absolute	絕對位置，根據父元素的位置來配置方塊。
fixed	固定位置，根據父元素的位置來配置方塊，針對捲軸的滾動固定其位置。

其中除了 static 之外，設定為其它三種屬性的方塊，還可以透過 top 、right 、bottom 、left 等四個屬性，進行更進一步的定位，如下圖：

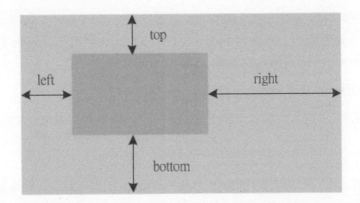

其中淺灰色方塊表示螢幕，而深灰色方塊為配置於畫面中的元素，absolute 與 fixed 均是以螢幕的左上角為參考原點，設定圖中的四個屬性可以重新精確的定位，而 relative 則是以方塊元素作為目前所在位置為參考點。

另外，對於非 static 的方塊元素，你可以進一步設定 z-index 屬性，這一個純數值的屬性，用來決定元素的垂直位置，兩個設定了 z-index 屬性的元素會重疊配置，屬性值比較大的會疊在上方。

方塊呈現樣式

當一個以上的方塊存在，可以透過 display 屬性進行塊級（block）與行內（inline）樣式的轉換，假設有三個 div 方塊，在預設的情形下，會以塊級格式依序從上往下排列，如下左圖：

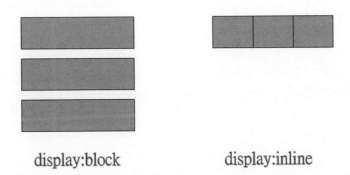

display:block　　　　　　　display:inline

你可以將其 display 屬性設定為 inline，則會如右圖並排呈現。另外，你可以嘗試將 display 設定為 none，如此一來此方塊會被隱藏此來，其位置則由其它方塊填補。

另外還有一個很容易與 display 屬性產生混淆的是 visibility 屬性，用來調整元素的可視狀態，屬性值包含 visible、hidden、collapse，如果設定為 visible 則此元素將正常顯示，hidden 則會將元素隱藏，但保留元素佔據的空間。

collapse 只對 table 元素有效，它會移走一個欄位，或是一整行的內容。

對於行內元素，如果設定 width 並沒有效果，以 span 為例，考慮以下的配置：

```
<span style="border:1px solid black;width:100px; ">a</span>
```

雖然其中的 width 屬性設為 100px，但對 span 元素並沒有影響，你會看到一個包圍著 a 的方框，現在進一步將其 display 屬性設定為 block 如下：

```
<span style="border:1px solid black;width:100px; display:block; ">a</span>
```

完成設定之後，你會看到 span 如同 div 標籤一般正確的顯示 width 寬度。

| overflow

最後我們討論 overflow 屬性，當一個容器無法完整容納其中的物件時，可以透過 overflow 屬性的設定，調整呈現的方式，先來看一個範例。

範例 2-11　示範 overflow

配置一個內容網頁如下：

```
                                                    overflow-demo.html
<body>
    <div style="width:620px;height:360px;border:4px solid black; ">
        <img src="images/html5book.jpg" />
    </div>
</body>
```

由於圖片長寬並不符合 div 元素設定的 width 與 height，因此在預設的情形下，顯示如下的內容：

其中黑色框線的部分是 div ，圖片容納不下的地方則超出框線，現在我們可以透過調整 overflow 屬性改善這種狀況，可以設定的值如下表：

屬性	說明
hidden	隱藏超出的部分。
visible	顯示超出的部分。
scroll	隱藏超出的部分，並提供捲軸。
auto	由瀏覽器自行判斷。

於 div 配置 overflow 設定如下：

```
<div style="…;overflow:hidden;">
```

出現以下的效果：

讀者可以嘗試其它的屬性值，自行檢視結果畫面。

2.9 再探 CSS 選擇器

本章稍早針對選擇器作了初步的說明，這一節進行比較完整的討論。

▍屬性選擇器

選擇器	說明
E[foo]	包含 foo 屬性的元素 E。
E[foo="bar"]	包含 foo 屬性的元素 E，而其屬性值設為 bar。
E[foo~="bar"]	包含 foo 屬性的元素 E，而其屬性值是一連串以空白分隔的清單，其中包含 bar 這個項目。
E[foo^="bar"]	包含 foo 屬性的元素 E，而其屬性值以 bar 開始。
E[foo$="bar"]	包含 foo 屬性的元素 E，而其屬性值以 bar 結束。
E[foo*="bar"]	包含 foo 屬性的元素 E，而其屬性值中含有 bar 字串。
E[foo|="en"]	包含 foo 屬性的元素 E，而其屬性值是一連串以連線字元分隔的清單，以 en 開始。

這一類的選擇器可根據元素屬性值，取得要套用樣式的元素進行樣式設定，例如網頁中有不同 type 的 input 元素，你可以針對其中某種 type 元素進行樣式設定，例如以下這一行程式碼：

```
input[type="text"]
{
    background :black ;
}
```

此組樣式將會針對 input 元素中，type 屬性等於 text 的文字方塊套用樣式。

範例 2-12　示範屬性選擇器

文字方塊根據屬性選擇器 type="text" 的樣式進行設定，而按鈕的選擇器則是
type="submit"。

```
<!DOCTYPE html>                                    selector-att.html
<html>
<head>
     <title> 示範屬性選擇器 </title>
     <style>
     input[type="text"]
     {
         background :black ;
         color:Silver;
         padding:10px;
         font-size:xx-large;
         font-weight:900;
     }
      input[type="submit"]
     {
         background :silver ;
         color:black;
         font-size:x-large;
         font-weight:900;
     }
     </style>
</head>
<body>
<input type="text"    />
<input type="submit"  />
</body>
</html>
```

其中設定了兩組選擇器，分別針對 type 屬性等於 text 或是 submit 的輸入控制
項，提供樣式的設定。其它還有幾組選擇器，可以針對屬性值，進行更精確的比
對，原理相同，請讀者自行測試。

虛擬類別

選擇器	說明
E:link E:visited	連結虛擬類別。 超連結經過拜訪（visited）或是未拜訪（link）的狀態。
E:active E:hover E:focus	使用者行為虛擬類別（The user action pseudo-classes）。

虛擬類別針對元素狀態進行樣式的動態套用，例如已點擊過的連結，或使用者游標的移動操作等等。

範例 2-13 示範虛擬類別

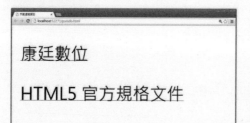 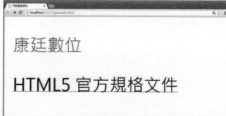

畫面上有兩個連結，在未點擊前，連結是黑色字型，而當使用者點擊連結並拜訪連結網站，則會變成灰色。

```
<!DOCTYPE html>                                           pseufo.html
<html>
<head>
    <title> 示範虛擬類別 </title>
    <style>
        a:link {
            color:black;

        }
        a:visited {
            color:gray;
        }
    </style>
</head>
<body>
    <p><a href="http://www.kangting.tw"> 康廷數位 </a></p>
    <p><a href="http://www.w3.org/TR/html5/">HTML5 官方規格文件 </a></p>
</body>
</html>
```

其中針對 a 元素設定了 link 與 visited 兩個虛擬類別樣式，並且根據其狀態設定不同的文字顏色。

緊接著另外一個範例說明其它幾個虛擬類別。

範例 2-14　示範虛擬類別

左截圖為網頁初次載入的狀態，當使用者滑鼠游標移至任何一個文字方塊時，背景會呈現灰色，如中間的截圖。而點擊任何一個文字方塊，此時文字方塊變成 focus 狀態，因此以 black 背景顏色呈現，如右截圖。

```
pseudo-a.html
<!DOCTYPE html>
<html>
<head>
    <title></title>
    <style>
        input:focus {
            background:black;
        }
        input:hover {

            background:silver;
        }
    </style>
</head>
<body>
    <div><input type="text"/></div>
    <div><input type="text"/></div>
</body>
</html>
```

針對 input 進行樣式設定，包含 focus 與 hover，動態反應使用者的操作結果。

到目前為止，本章將 CSS 的基礎作了完整的介紹，接下來討論一個重要的議題－樣式重置。

2 HTML 標籤與 CSS 語法

2.10　消除預設樣式

瀏覽器一般均會有預設樣式，例如元素與瀏覽器之間的邊界留白，或是 h1~h6 等標題元素的大小等等，而不同瀏覽器預設樣式的差異，導致同樣的網頁在不同瀏覽器呈現出現差異，為了避免預設樣式的干擾，我們必須針對瀏覽器進行樣式的初始化，消除這些預設樣式，也就是所謂的重置樣式，讓設計的網頁能夠在所有的瀏覽器以統一的外觀呈現。

重置樣式比較簡單的作法可以透過萬用選擇器，重置如邊界與字型的樣式，或是針對塊級元素，例如 div 或是 h1~h6 等比較常見的元素進行重置。考慮以下的樣式設定：

```
* {
      margin: 0;
      padding: 0;
      font-family: serif;
      line-height: 1.0;
}
```

其中針對所有的元素進行樣式重置，如此一來，任何元素邊框與外部容器邊界的距離，還有字型與行高，都會以指定的樣式重設。

範例 2-15　示範重置樣式

利用三種不同的瀏覽器檢視此範例內容，可以看到所套用的樣式不盡相同，除了邊界距離，字型與字體大小亦不相同，經過重置樣式之後，可以得到以下的結果：

讀者可以嘗試透過不同的瀏覽器檢視重置後的結果，畫面內容將完全相同。

```
<!DOCTYPE html>                                        reset-demo.html
<html>
<head>
      <title></title>
      <style>
          * {
              margin:0;
              padding:0;
              font-family:serif;

              line-height:1.0;
          }
          section h1 {
              font-size:14pt;
          }
      </style>
</head>
<body>
      <div style="width: 400px; height: 260px;
          background: black; color: white;">
          <h1>HTML5</h1>
          <section>
              <h1>HTML+CSS+JavaScript</h1>
          </section>
      </div>
</body>
</html>
```

為了顯示預設樣式外觀，因此配置 div 並將其 background 設定為 black ，其中配
置了另外一個方塊元素 section ，並利用 h1 元素呈現不同區塊的標題，這些內容
在不同的瀏覽器中，均會呈現不同的效果。

style 元素當中，重置了 margin 等樣式，因此最後我們可以得到一致的結果。

上述的範例僅示範了最簡單的樣式重置設計，而完整的重置是相當繁雜的工作，我們可以藉由現成的重置樣式檔案來協助處理相關作業，例如 YUI Reset CSS ，而 Normalize（normalize.css）是不錯的選擇。

Normalize 並非完全消除預設樣式，它選擇性的保留某些預設樣式，同時針對各種樣式建立必要的標準預設樣式，消除跨瀏覽器的樣式設計問題，簡化開發時的樣式設計，並受到廣泛的支持，包含下一章我們將提及的 Bootstrap 均使用此樣式檔作為重置樣式。

首先至 http://necolas.github.io/normalize.css/ 下載此檔案，進入網站會看到如下的畫面：

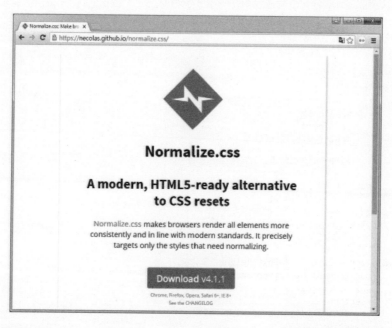

點擊其中的 Download ，即會得到一個 normalize.css ，將其儲存至目前專案，並且建立一個 css 資料夾儲存於其中，於網頁將其含入即可。現在回到上述的重置樣式範例，將其中的樣式移除，加入以下這一行：

```
<link href="css/normalize.css" rel="stylesheet" />
```

重新瀏覽網頁會得到以下的效果：

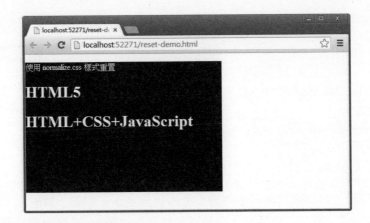

讀者可以自行比較其它瀏覽器的結果。

2.11　使用 iframe

本章最後討論一個特別的標籤 iframe，透過這個標籤，你可以將另外一個網頁嵌入目前的網頁中，考慮以下的配置：

```
<iframe src=url ></iframe>
```

iframe 表示要將外部網頁嵌入目前的網頁裡面，它的 src 屬性表示所要嵌入的網頁 url 網址，接下來我們利用一個簡單的範例作說明。

範例 2-16　示範 iframe

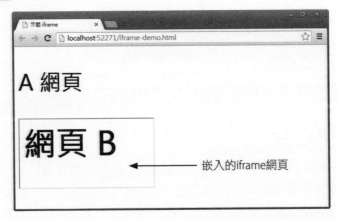

網頁中間標示為「網頁 B」的方框，是外部網頁透過 iframe 嵌入進入。

```
<!DOCTYPE html>                                        iframe-demo.html
<html>
<head>
        <title>示範 iframe</title>
</head>
<body>
        <p style="font-size: 48px; font-weight: 600;">A 網頁</p>
        <iframe src="iframeB.html"></iframe>
</body>
</html>
```

訊息「A 網頁」為此範例網頁的內容，緊接著是 iframe 標籤，其嵌入另外一個網頁 iframeB.html，顯示在網頁上。在預設的情形下，iframe 會顯示框線還有預設大小，你可以透過屬性樣式重新進行外觀設定，考慮以下的設定：

```
<iframe src="iframeB.html"
    style="background-color:silver;
        border:0px;
        width:600px;height:120px;" ></iframe>
```

透過 style 屬性設定 iframe 屬性，包含背景顏色、去除邊框與重設長寬等等，最後得到的結果畫面如下：

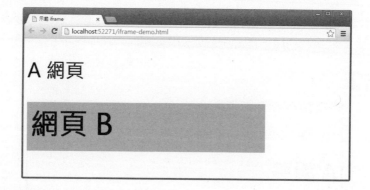

Summary

本章針對 HTML 與 CSS 進行了快速的入門討論，為讀者建立進行網頁設計必須具備的基礎，除了各種標籤的定義與用法，CSS 樣式的效果之外，最重要的，其中討論了選擇器以及預設樣式的觀念，在這些基礎上，下一章將針對實作網頁內容的第一步，也就是版型設計進行討論。

評量

1. 請簡要說明如何透過 id 屬性,設定一個標籤元素的識別名稱。

2. 請簡要說明 id 與 title 兩個屬性的差別。

3. 請簡要說明如何透過 style 屬性將樣式嵌入標籤中。

4. dir 屬性的屬性值,分別有 ltr 與 rtl,請說明這兩個屬性值的效果差異。

5. 簡述 p 標籤與 br 標籤的斷行效果差異。

6. span 與 div 這兩個標籤在網頁上均能呈現群組的效果,它們的差異為何。

7. 簡述 h1~h6 這一組標籤的用途為何?

8. 超連結標籤 target 屬性中,包含 _blank、_parent、_self、_top 以及 framename,請說明這些屬性值的意義。

9. 假設有一張圖片 aaa.jpg,請說明必須利用何種標籤將其顯示在畫面上。

10. 承上題,請說明必須利用何種標籤將一個指定的影片檔案 aaa.mp4 配置於網頁。

11. HTML5 規格針對 input 標籤的改良,請說明大致上有幾種新增的型態,並且分別列舉其中一種 type。

12. 假設有一個外部 CSS 檔案 style.css,請說明如何將其配置於目前的網頁中。

13. 考慮以下的配置:

```
<div id="area" class="asection">
```

請說明如果要透過選擇器配置樣式,分別列舉標籤、類別與 id 選擇器所需的語法。

14. 請說明 CSS 的註解語法。

15. 請說明 CSS 樣式關於長度的單位,px、pt 與 em 的差別。

16. CSS 的方塊模型中,請說明 border、padding 與 margin 屬性的意義。

17. 請說明樣式 float:left 與 float:right 的意義。

18. 承上題，一旦元素設定了 float 屬性，則會影響其後續元素的位置配置，請說明如何清除 float 造成的影響。

19. 請簡述樣式 overflow 的效果，並說明可能的屬性值。

20. 瀏覽器均有預設的樣式，請說明它的影響與如何處理。

第三章

網頁介面與版型設計

Web

本章從網頁設計的第一步－版型的切割與配置開始，討論網頁版面的設計原理，並進一步說明 HTML5 導入的語意標籤，示範如何透過 HTML5 的新標籤，取代傳統的區塊切割。

3.1　版型與網頁區塊化

網路存在數以億計的網頁，這些網頁依其所要展示的內容有各種不同的配置，簡單的有單欄式的配置，比較普遍的則是兩欄式的，更複雜的則有三欄式版面設計，甚至彈性版面配置。無論何種型式的版面設計，均可透過區塊配置的方式進行實作。

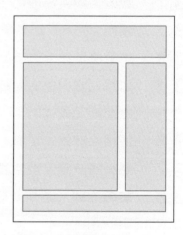

單欄式　　　　　　　　　　　　　　　　　兩欄式

網頁版面的區塊一般是由 div 元素搭配 CSS 進行實作，如果是單欄式的版面，只需調整 div 高度作並排配置即可，如左截圖，而比較常見的還有側邊欄，如右截圖，以下先就最簡單的單欄配置作說明。

範例 3-1   單欄版面配置

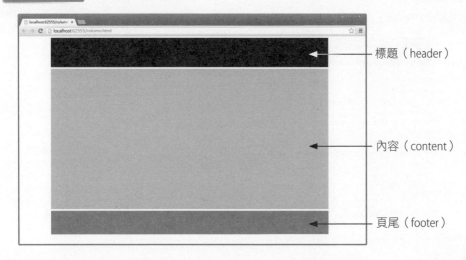

標題（header）

內容（content）

頁尾（footer）

畫面內容由三個 div 元素切割出所需的版面，以下為配置內容：

```
<!DOCTYPE html>                                              column.html
<html>
<head>
      <title></title>
      <style>

          body { margin:0 auto ; width:1010px ;}
          div {margin:6px; }
          div#container {width:960px ; }
          div#header {height:100px; background:black; }
          div#content {height:480px; background:silver;}
          div#footer {height:80px; background:gray;}
      </style>
</head>
<body>
      <div id="container">
          <div id="header"></div>
          <div id="content"></div>
          <div id="footer"></div>
      </div>
</body>
</html>
```

其中針對 div 元素的功能配置，設定所要佔據的高度，然後最外部以一個 div 包
覆，並設定其寬度為 960px ，以呈現適當的寬度。若是兩欄式的版面設計，同樣
以 div 元素進行切割，來看另外一個範例。

範例 3-2　　兩欄式版面配置

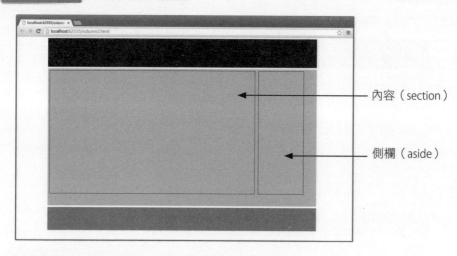

　內容（section）

　側欄（aside）

這個版面於中間的內區域，再切割出兩個並排欄位，左邊是網頁的主體內容，右邊則是側邊欄。

```
<!DOCTYPE html>
<html>
<head>
    <title></title>
    <style>
        body { margin:0 auto ; width:1010px ; }
        div { margin:6px;}
        div#container {width:960px ; }
        div#header {height:100px; background:black; }
        div#content {height:480px;background:silver;}
            div#content #section {
                width:740px;
                height: 430px;
                border:1px solid black;
                float:left ;
            }
            div#content #aside {
                 width:160px;
                height: 430px;
                border:1px solid black;
                float:left ;
            }
        div#footer {height:80px; background:gray; clear:left;}
    </style>
</head>
<body>
    <div id="container">
```
column2.html

(續)

```
        <div id="header"></div>
        <div id="content">
            <div id="section"></div>
            <div id="aside" ></div>
        </div>
        <div id="footer"></div>
    </div>
</body>
</html>
```

相較於前一個範例，於網頁主體內容 div#content 中再插入兩組 div 元素，由於 div 會垂直排列，因此設定 float 屬性為 left ，如此一來，這兩組 div 元素便會左靠並排對齊，最後 div#footer 再設定 clear 屬性為 left ，以維持正常的配置。

3.2 使用 HTML5 語意標籤

HTML5 時代，網路已蛻變為應用程式開發平台，而網頁則成為應用程式與使用者溝通的介面，應用程式介面的優劣直接影響使用者的體驗，因此一個應用程式開發人員，必須小心設計網頁所要呈現的內容，而第一步要學習的便是網頁區塊的切割，本章一開始介紹了 div 運用於版塊切割的實作，而這一節開始，我們利用全新的 HTML5 標籤，重新進行網頁的版面配置設計。

如前述示範的，網頁最上方是標題區塊，此區塊配置的通常是應用程式標題資訊，中間是應用程式的主體內容，下方則是網頁的尾部，內容通常是版權或是聯絡資訊等等。在你將內容填入這些區域，然後以理想的外觀呈現之前，必須思考兩件事，首先是選擇合適的標籤，然後針對這些標籤進行樣式設定。

HTML5 提供一組專門用於建立網頁內容架構的區塊標籤，完整的介紹後續再談，這裡我們會用到的有 header 標籤以及 footer 標籤，header 用來配置標題等相關內容資訊，footer 則配置於網頁尾部，提供如版權宣告之類的資訊展示，至於網頁主體內容，根據版面功能有數個不同的標籤，包含 section、article 與 aside 等等。

▌ 樣式設定

考慮以下的網頁標籤配置內容：

```html
<!DOCTYPE html>
<html>
<head>
    <title> 切割版面 </title>
</head>
<body>
    <header>
    康廷數位學院
    </header>
    <div>
    </div>
    <footer>
    康廷數位 版權所有 © 2012
    </footer>
</body>
</html>
```

請特別注意其中配置的結構，<header>、<div> 與 <footer> 依序由上往下配置，
這三個標籤是相同層級的，同時屬於 <body> 的巢狀內容，現在於瀏覽器檢視內
容會得到以下的結果：

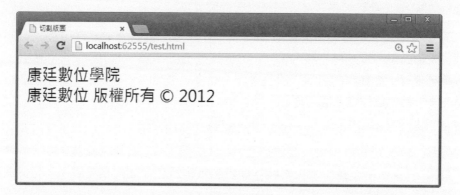

由於未經過任何樣式設計，因此瀏覽器只是忠實的呈現 HTML 標籤的配置，而中
間 <div> 在預設的狀況下，會隨著內容延展，由於沒有於其中配置任何內容，因
此看不到這個標籤，接下來我們套用樣式來改變網頁的外觀。

首先於網頁開始的 <header> 標籤裡面配置以下的 <style> 內容：

```
<style>
    header
    {
        height: 100px;
    }
    div
    {
        height: 400px;
    }
    footer
    {
        height: 60px;
    }
</style>
```

針對網頁中的三個標籤進行 height 項目的設定，分別設定不同的高度，現在重新
在瀏覽器檢視網頁會出現以下的畫面：

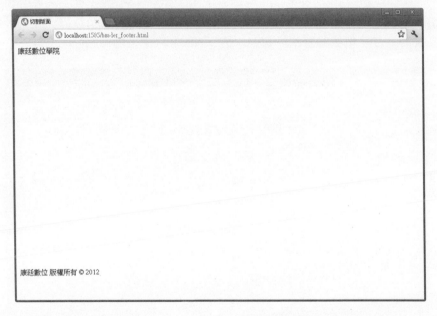

標題與網頁的尾部區塊現在被分開了，因為樣式設定中將 div 高度設定為
400px，現在我們針對上下兩個區塊加入邊界分隔線條以更清楚的呈現區塊的切
割。

```
<style>
    header
    {
        height: 100px;
        border:1px solid silver ;
    }
    div
    {
        height: 400px;
        border:1px solid silver ;
    }
    footer
    {
        height: 60px;
        border:1px solid silver ;
    }
</style>
```

border 會為每個區塊加上邊框，它可以設定一組以上的樣式值，以空白字元分隔，這裡所示範的是三項最基本的設定，第一項 1px 表示作為框線的線條寬度，第二項 solid 表示框線的型式是實線，第三項設定則是框線的顏色。

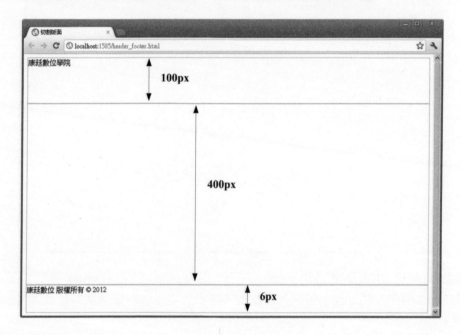

如你所見，三個區塊透過框線很清楚的標示了出來，為了方便理解，在這張截圖中，標上了 height 樣式項目的設定值，你可以看到這個設定與版面配置的關聯。

調整內容配置

完成基本的區塊切割，大致上我們就決定了網頁所要配置的內容區域，緊接著要作的便是調整內容在這些區塊裡面呈現的位置，在預設的情形下，配置於區塊中的內容會切齊左上角，回頭看前一節的範例畫面，以 <header> 中的標題「康廷數位學院」為例，原始的配置如下：

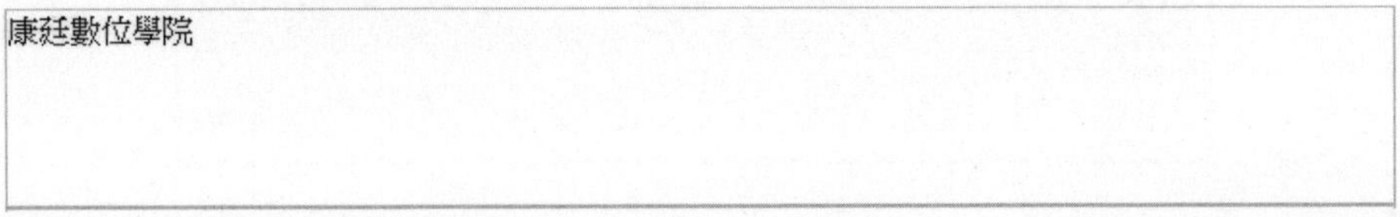

```
康廷數位學院
```

標題緊貼著左上角呈現，footer 區塊中的內容配置亦同，現在我們要設定區塊標籤的 padding 樣式改善這種情形，回到前述的範例來看看實際的作法，為了方便說明，首先重設 style 標籤中的樣式如下：

```
<style>
    header
    {
        height: 100px;
        background:black;
        color:silver;
    }
    div
    {
        height: 300px;
        background:gray;
    }
    footer
    {
        height: 60px;
        background:silver;
    }
</style>
```

相較於一開始範例的設計，這裡分別針對三個區塊設定其 background 樣式以不同的色塊區隔，移除 border 不再顯示框線，header 選擇器中的 color 設定為 silver，如此才能在黑色背景中顯示標題，所呈現的結果如下：

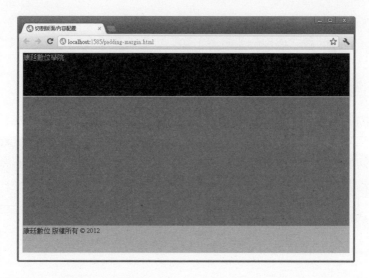

現在專注在 header 選擇器中的樣式設定，於其中進一步設定 padding 樣式如下：

```
header
{
    height:100px;
    background:black;
    color:silver;
    padding:20px;
}
```

其中設定了 padding 樣式項目值為 20px，重新檢視網頁得到以下的結果：

如你所見,其中的「康廷數位學院」已經不再緊貼著左上角,它與周圍隔出了 20px 的距離,如下圖:

讀者應該發現了,padding 屬性同時讓 <header> 的 height 總共多了 40px 的高度,這將破壞原來的區塊設計尺寸,因此我們通常不會直接配置 header,而是再將其包裝於 div 標籤中進行樣式設計,這一部分後續再談。

為容器配置樣式 padding,將導致其中的內容與上下左右四個邊界出現指定寬度的距離,而在設計實務上,這通常不符我們的需求,例如在這個配置中,右邊界與下邊界的距離完全不需要,因為原來的配置空間已經足夠了,我們只需要配置左邊界與上邊界的寬度即可,針對不同寬度的彈性配置可以利用以下的語法:

```
padding: 20px 0px 0px 20px ;
```

其中四組數字,從左到右依序表示上、右、下、左四個距離,因此這一次你會得到這樣的效果:

如此一來將移除右邊與下邊兩個不需要的距離設定，當然，整個 <header> 的高度亦只擴張了 20px。你也可以針對這四個數字進行獨立樣式的配置，padding 的四個數值設定與下方的設定相同：

```
padding-top:20px;        // 上邊界
padding-right:0px;       // 右邊界
padding-bottom:0px;      // 下邊界
padding-left:20px;       // 左邊界
```

這四組樣式代表的意義如其名稱，分別是與邊界上、右、下、左等四個邊界的距離，同樣的原理適用其它類型的區塊配置，例如以下的 footer 配置：

```
footer
{
        height: 60px;
        background:silver;
        padding-top:30px;
}
```

以下將指定 padding-top 樣式前後的畫面一併列舉，得到以下比較的結果：

左圖是 footer 標籤未套用 padding-top 樣式的外觀，其中版權所有的字樣緊貼著左上角；右圖則是設定了 padding-top，因此與上邊界推開了 30px 的距離，同樣的，整個 footer 標籤亦多出了此距離高度。

footer 還有另外一個問題是,內容的配置通常為置中,要達到這個目的,只要指定 text-align 樣式值為 center 即可,因此進一步擴充 footer 樣式如下:

```
footer
{
    height: 60px;
    background:silver;
    padding-top:30px;
    text-align:center;
}
```

其中最後一行完成了 text-align 樣式的設定,因此得到以下的輸出結果:

3.3　語意標籤與大綱輸出

當你打算建立一個網站服務,可能需要設計更複雜的版面,因此只有 header 與 footer 是不夠的,必須再導入支援側邊欄的標籤 aside 以及導覽列 nav,如此才能建立所需的網頁功能介面。

從前一節設計的頁面繼續擴充,我們打算建立的頁面結構如下:

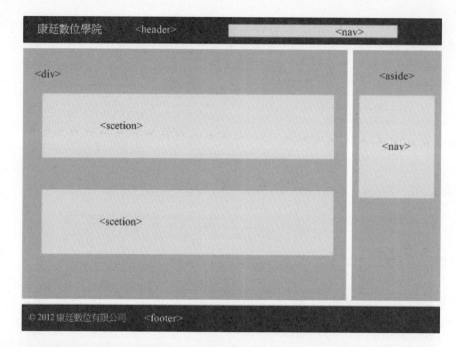

讀者在這個畫面中看到了數個不同的標籤,它們的意義很簡單,列舉如下表:

標籤	說明
<header>	區塊首。
<footer>	區塊尾。
<aside>	區塊邊欄。
<div>	區塊定義與樣式設定。
<section>	區塊配置大綱輸出。
<nav>	區塊導覽功能區域。

header 與 footer 標籤前面已經討論過了,基本上當你切割出區塊時,在某個區塊中需要配置專屬標題或是尾部資訊時,可以利用這兩個標籤設定,而一般最常見的是整個網頁的頁首與頁尾配置,除此之外,它們也可以配置在其它標籤內部形成巢狀結構。

aside 則是用來配置側邊欄之類的區塊,通常是連結清單內容,或其它與主體內容無關的說明資訊,以此範例來說,它形成畫面右部的邊欄,其中將配置最新上架課程與課程分類等相關連結資訊。

<div> 是一個通用性的標籤，當你配置的區塊沒有特定的意義時，純粹只是為了切割出一個區塊就可以考慮使用這個標籤，而在一般的應用上，<div> 經常被用來包裝其它的標籤，提供樣式的套用，例如這個頁面中，以 div 包裝呈現頁面中央主體內容的數個 section。

section 同樣作為配置區塊的用途，不過它有一個很重要的任務－建立網頁文件的大綱結構，這一部分稍後再談。

nav 是一個專門提供導覽區塊配置的標籤，通常網站必須配置連結資訊以方便使用者瀏覽網頁內容，而這些連結需要進行配置管理才能提供良好的使用體驗，nav 標籤即負責處理相關的設計。

當你打算提供某種特定網站服務的時候，呈現的內容通常相當龐大，開發人員可以將自己想像成寫書的作者，在某種程度上，設計網站的內容架構，與寫書相當類似，通常一本書總是包含了書名、章、節與主要的內容，這些元素構成了書的大綱並且可以輸出成所謂的目錄，網站內容也是一樣的，畫面中的標題、導覽列與所要呈現的內容，同樣可以編撰成大綱。

大綱的編撰直接影響網站內容的組織，section 是支援大綱輸出最重要的標籤之一，瞭解它在這一方面的用途相當重要。初學者經常混淆 section 與 div 標籤的用途，這兩者使用場合的差異在於，當你必須在網頁上切割出一個非特定功能的區塊，如果需要輸出大綱，選擇 section，如果只是要套用樣式，選擇 div。當然你可以利用 div 對 section 進行包裝，而 section 區塊中當然也能配置其它複雜的內容，甚至配置子 <div> 設定其內部特定範圍的內容樣式。

3.4 語意標籤與區塊配置實作

一旦切割的區塊愈多，設計上就會變得愈複雜，因此必須透過更多的 CSS 樣式項目來達到所需的版面配置，假設我們希望最後的結果畫面如下：

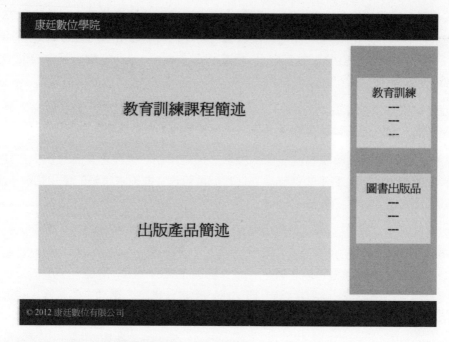

首先第一步,先建立必要的標籤,內容如下:

```
<body>
    <div id="container">
        <header> 康廷數位學院 </header>
        <div class="content">
            <aside>
                // 側邊欄內容
            <section>
                // 主內容
            </section>
        </div>
        <footer>
            康廷數位 版權所有 © 2012
        </footer>
    </div>
</body>
```

在頁首與頁尾的部分,分別配置 header 與 footer ,然後是中間的部分,配置側邊
欄 aside ,主內容的部分則是 section。

• **aside**

```
<aside>
    <nav>
        <h1>
            教育訓練課程 </h1>
        <ul>
            <li>HTML5</li>
            <li>C#</li>
            <li>LINQ</li>
            <li>ASP.NET</li>
        </ul>
    </nav>
    <nav>
        <h1>
            圖書出版品 </h1>
        <ul>
            <li>HTML5 入門精要 </li>
            <li>HTML5 完美風暴 </li>
            <li>C# 入門精要 </li>
            <li>LINQ 專業剖析 </li>
            <li> 程式設計入門 </li>
        </ul>
    </nav>
</aside>
```

側邊欄內含兩組連結，包含工作室所提供的教育訓練課程與相關的圖書出版品等兩組連結，分別以 ul 標籤進行配置，每一個 ul 標籤代表一組清單，而每一項清單項目則以 li 表示配置於其中成為 ul 子標籤，而 ul 本身則配置於 nav 形成的區塊，表示這是一個導覽區域，其中還有一個必須特別注意的是，每一個 nav 的內容，預先配置一個 h1 作為標題，而此標題也就形成了這個區塊的大綱條目之一。

• **section**

```
<section>
    <section>
        <h1>
            康廷數位學院－各種主題教育訓練課程
        </h1>
        <p>
            HTML5：入門與特定領域進階課程…<br />
            C#/LINQ：從 C# 入門…<br />
            ASP.NET：入門 ASP.NET 網站設計…<br />
        </p>
    </section>
    <section>
        <h1>
            康廷出版圖書
```

(續)

```
        </h1>
        <p>
            HTML5：入門與進階…<br />
            C#/LINQ：C# 入門…<br />
            ASP.NET：入門 ASP.NET …<br />
        </p>
    </section>
</section>
```

由於這一部分有兩個區塊，分別再配置子 section 標籤來包裝，如此一來，每一個標籤都可以配置 h1 作為標題，這個標題也就形成了區塊的大綱條目之一。好了，現在於瀏覽器檢視配置的內容，得到以下的輸出畫面：

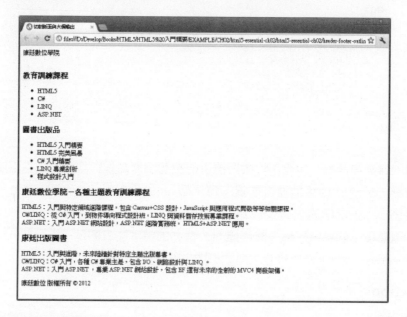

此畫面未經過 CSS 樣式套用，因此忠實的輸出 HTML 配置，現在進一步配置 <style>加入以下的 CSS 樣式：

```
<style>
    header
    {
        background: black;
        color: Silver;
        height: 80px;
    }
    aside
    {
```

(續)

```
        background: silver;
        float: right;
    }
    footer
    {
        background: black;
        color: Silver;
        height: 60px;
    }
    div#container
    {
        width: 1010px;
    }
    div.content
    {
        overflow: hidden;
    }
</style>
```

除了設定不同區塊的背景顏色以分隔區塊的內容，必須特別注意的是，其中的
aside 配置了 float 屬性，這會讓整個區塊往右移，形成右側邊欄，不過這會破壞
接下來的區塊位置，例如 footer 以及 section，因此請回到稍早的 HTML 配置，中
間區域的 section 與 aside 內容，全部配置於一個 div 標籤當中，並且設定其 class
屬性值為 content，表示用來包裝某些特定的內容，並套用專屬樣式，也就是 div.
content 這組樣式，將其 overflow 屬性值設定為 hidden，如此一來 aside 之後的
float 樣式便不會影響之後的其它標籤配置，重新瀏覽網頁得到如下的結果：

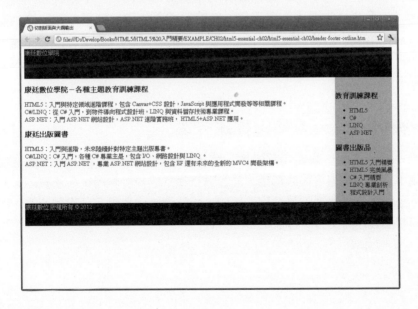

3.5　標題與大綱條目

HTML5 從根本改變了整個網頁的設計模式，導入了大綱的概念，讓設計人員能夠以大綱組織網頁內容的配置，回到上述「康廷數位學院」的頁面配置，現在以大綱描述內容的配置將是以下的結果：

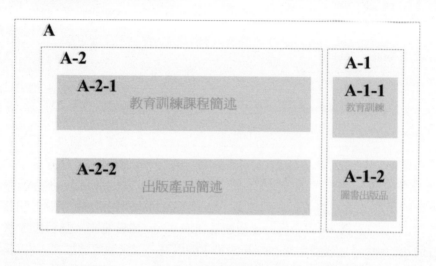

如你所見，有了大綱條目，網頁的內容架構就能變得更有條理，另外一項更重要的好處是，除了作者本身，其它設計師拿到這個網頁時，不需要額外的說明文件，同樣可以直接辨識出大綱條目，並瞭解網頁的設計結構，因為其中使用了HTML5 的大綱輸出語意標籤如 section 等等，瞭解 HTML5 標準的搜尋引擎或是相關剖析程式將能夠很容易剖析你的網頁內容，這意謂著你所建立的網頁將更容易被理解。

▌區塊切割與大綱輸出標籤元素

要設計一個網頁時，會先切割區塊，然後輸出內容大綱條目，而這個過程的實作，基本上就是配置合適的標籤，並且進行樣式的設計套用，在瀏覽器上將內容適當的呈現出來。經過前述課程的說明，相信讀者已具備了足夠的概念，而現在我們將相關實作需要的標籤簡要列表說明。

標籤		說明
	\<div\>	一般性的區塊切割，套用樣式的相關用途。
大綱	\<section\>	一般性的區塊切割，必須輸出大綱條目。
	\<article\>	定義文章內容或是特定文句區塊，必須輸出大綱條目。
	\<aside\>	側邊欄區塊定義，必須輸出大綱條目。
	\<nav\>	導覽連結內容配置區塊，必須輸出大綱條目。
\<header\>		區塊開始的區域，無論整個網頁或是某個區塊一開始的地方。
\<footer\>		區塊結束的區域，無論整個網頁或是某個區塊結束的地方。

表列的七組標籤，是切割區塊所需最基礎的元素，它們的用途很容易理解，而初學者比較容易混淆的是 div 與 section ，基本上以大綱輸出與樣式套用的目的來區隔兩者的用途即可。

大綱輸出還牽涉 \<h1\>~\<h6\> 這一組標籤的配置，這一部分下一節進行討論。

h1~h6 標籤與大綱輸出

以大綱條目組織內容，是 HTML5 網頁設計過程必須僅記在心的，而關於大綱，另外一個最重要的議題在於大綱條目名稱的輸出，而這與標題有關，先來看這一部分的討論。

通常針對網頁上的每個特定的區塊，會指定其專屬的標題，整個網頁有自己的大標題，而標題的設計，則由 h1~h6 總共六個標籤，數字愈小，表示標題愈重要，反之則是比較不重要的副標題，考慮以下的配置：

```
<body>
      <h1> 康廷數位學院 </h1>
      HTML5 教育訓練課程與圖書出版
</body>
```

其中配置了一個 \<h1\> ，表示網頁的標題，當你在瀏覽器中檢視這個網頁，會發現代表網頁大標題 \<h1\> 標籤配置中的字體大很多，如下圖：

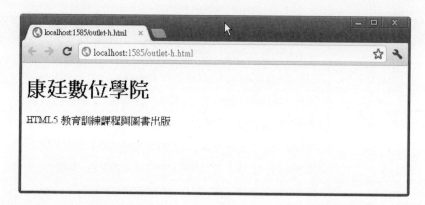

這個網頁很簡單，只有一個 <h1> ，因此其輸出大綱為「康廷數位學院」，緊接著進一步擴充其內容，調整如下：

```
<body>
<h1> 康廷數位學院 </h1>
HTML5 教育訓練課程與圖書出版
<section>
      <section>
            <h1>
                各種程式設計主題教育訓練課程
            </h1>
            <p>
                HTML5：入門與特定領域進階課程 …
                C#/LINQ：從 C# 入門 …
                ASP.NET：入門 ASP.NET 網站設計 …
            </p>
      </section>
      <section>
            <h1>
                各種程式設計技術圖書出版
            </h1>
            <p>
                HTML5：入門與進階 …
                C#/LINQ：C# 入門 …
                ASP.NET：入門 ASP …
            </p>
      </section>
</section>
</body>
```

這段設計已經在稍早討論語意標籤時作過說明，現在將重點放在其中配置的三組 <h1> ，除了表示整個網頁標題的 <body> 內部的 <h1> ，在 <body> 標籤內部的巢狀 section 中，另外配置了其專屬的 <h1> ，建立所需的區塊標題，而這些標題輸出的畫面如下：

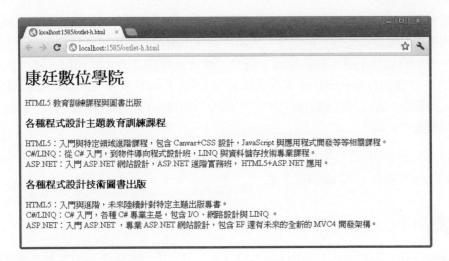

以上的畫面截圖有兩個重點：

1. 理論上 section 未配置標題時，內容架構中會有一個未定義的隱含標題。

2. 每一個 h1 配置的內容都將輸出一個對應其區塊的標題，並根據其在巢狀結構的位置，以不同大小粗細的字體呈現，形成結構化的層次關係，當然，這不是所有的瀏覽器都支援，因此請明確套用樣式以顯示層次關係。

瞭解標題之後，進一步來看看 h1~h6 這一組標籤與大綱輸出的關聯，它的意義很簡單，基本上就是當你在大綱類型的語意標籤中，以 h 級別元素配置了標題，則這個標題就會成為其大綱條目進行輸出，否則的話，這個區塊所屬的大綱輸出條目就會變成未定義。考慮上述說明中所舉的例子，我們可以對這個網頁的內容組織大綱條目輸出如下：

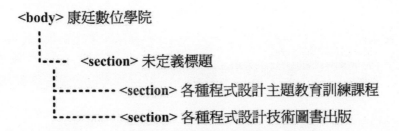

除了 body 所屬的標題是最外層的大綱，接下來的子標籤 section 並未配置 h1，因此有一個未定義標題的大綱條目，然後是 section 的子標籤，同樣是 section 標籤，其內部各配置一個 h1 形成兩個相同層級的大綱條目。

在網頁中，大綱是一種特殊的元素，就如同一本書的目錄，可以讓讀者更有效的理解書內容的組織架構。同樣的，大綱條目可以讓程式更容易理解網頁的內容組織架構，而當你配置相關的標籤，就可以輸出所要建立的大綱條目，除了 body 內的 h1，就只有稍早曾經提及的 section、article、aside 以及 nav 中配置 h1 會輸出大綱條目，因此這幾個標籤代表一個網頁的區塊架構，就如同書的章、節等內容架構元素。

設計人員通常不會直接配置 h1~h6 標籤進行標題的輸出，而是將其配置於 header 標籤成為主標籤，我們繼續往下看。

▌使用 header 標籤組織標題

標題的內容，往往不會只是單純的一行文字，其中還有數種不同的元素，包含副標題，或是超連結等等，當一個網頁或是區塊要建立此種類型的標題，直接配置 <h1> 之類的級別元素是不夠的，這種情形下必須以 header 組織所有的標題內容。

現在配置另外一個網頁進行說明，內容列舉如下：

```
<!DOCTYPE html>
<html>
<head>
        <title> 康廷數位學院 </title>
        <style>
                header
                {
                        background: black;
                        color: silver;
                        padding: 6px;
                }
        </style>
</head>
<body>
        <header>
                <h1> 康廷數位學院 </h1>
                HTML5 教育訓練課程與圖書出版
        </header>
</body>
</html>
```

其中透過 <header> 組織這個網頁的標題內容，在 <header> 標籤區域的內容，均是標題的一部分，另外，我們可以透過 header 樣式設計，進一步針對整個標題區域進行調整。

要特別注意的是，即便使用了 <header> 標籤，其中的內容也只有 h1~h6 等級別標籤會輸出大綱，因此在這個網頁的配置中，大綱是「康廷數位學院」，而不包含「HTML5 教育訓練課程與圖書出版」，同理，在 header 中配置的任何其它元素，除非以級別元素標示，否則無法輸出成為大綱的一部分。

3.6　檢視大綱輸出工具

語意標籤對應大綱輸出是 HTML5 網頁版面設計相當重要的概念，而對於網頁內容大綱的輸出，網路亦有免費工具可以協助相關的解析作業，例如點擊以下的網址：

```
http://gsnedders.html5.org/outliner/
```

進入 HTML5 Outliner 功能網頁如下：

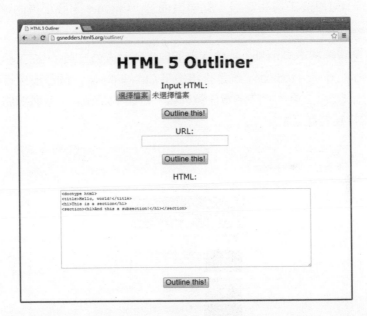

由上而下，其中提供了三組大綱解析功能。首先是 HTML 檔案，瀏覽所要解析的 HTML 檔案，按一下其下方的「Outline this!」按鈕，即可輸出此檔案 HTML 內容的大綱結構。或是於 URL 文字方塊中，輸入欲解析的網址列字串，按一下此文字方塊下方的「Outline this!」按鈕，亦將輸出對應此 URL 網頁內容的大綱結構。最後一個是 HTML 文字方塊，於其中輸入欲解析的 HTML 網頁結構，按一下最後一個「Outline this!」按鈕即可輸出對應的大綱。

3.7　網頁跨裝置呈現測試

瞭解網頁的版型設計原理與基礎實作之後，接下來這一節持續從基礎延伸，討論更實務的設計議題。

早年使用者主要透過 Windows 個人電腦瀏覽網頁，隨著科技的演進，螢幕解析度從 800px×600px 提升至 1024px×768px，有很長的一段時間電腦螢幕均是以 1024px 為標準寬度，因此設計師以此作為網頁的參考尺寸，近年因為手機等行動裝置開始流行，同時電腦螢幕尺寸不斷提升，固定寬度的設計風格早已不符現代網頁設計潮流，由於無法預測使用者瀏覽網頁的裝置，因此現代網頁導入響應式設計技術，讓網頁內容可以根據使用者瀏覽的裝置自動調整以最佳的配置呈現。

準備大量實體裝置測試網頁的呈現效果並不實際，我們通常是藉由工具來達到測試的目的，可用的工具相當多，就學習而言，Chrome 開發工具內建的 device toolbar 就相當足夠了。

於 Chrome 瀏覽器按下 Ctrl+Shift+I 快速鍵開啟「開發人員工具」，在工具列左下角按一下「toggle device toolbar」或是直接按下 Ctrl+Shift+M，開啟支援行動裝置檢視的 device toolbar 工具，此時瀏覽任意網頁－例如 YouTube，瀏覽器將直接切換至此網站的行動裝置版本。

你可以透過上方尺寸切換功能，根據測試需求切換至指定的裝置或是尺寸呈現，最左邊是 Responsive 選單，將其展開可以看到目前流行的行動裝置，點選任一選項則是切換至其對應的螢幕呈現。

除此之外，在尺寸標示下方是常見尺寸的尺規，直接點擊可以切換至對應的螢幕尺寸，例如以下是點擊常見平板尺寸（768px）的呈現結果。

瞭解網頁尺寸的檢視工具，接下來我們從一個簡短的網頁設計歷史開始，逐步討論網頁佈局、尺寸與響應式設計等相關議題。

3.8　網頁佈局－從 960 到 RWD

當大部分電腦螢幕具相同的 1024px 寬度時，將網頁版型寬度固定在 960px 是常見的設計，一直到今天，這個寬度依然可見於傳統網站設計。至於 960px 普遍被接受的原因，在於 960 這個數字可以很容易的被 3、4、5、6、8、10、12 等多達 26 個數字整除，提供了網頁佈局最大的彈性，因此設計師可以輕易的掌控網頁內容配置，在一個 960px 的空間裡輸出任何理想的版面。

早期以 1024px 為螢幕標準寬度的 Windows 個人電腦時代，將網頁寬度設定為 960px 可以很方便的呈現出完美的網頁外觀，以下列舉 960px 為寬度的網頁版型配置範例：

```
<body>
      <div id="container" style="height:700px;width:960px;
                                    margin:auto;background-color:black; ">
         <div style="text-align:center;height:100%;
                       margin-left:5px;float:left;width:635px;
                       background-color:silver;">
            <p style="font-size:2em;">Web 前端開發完全入門 </p>
         </div>
         <div style="height:100%;
                          margin-right:5px; float:right;width:315px;
                          background-color:gray;">
         </div>
      </div>
</body>
```

在 1024px 寬的螢幕呈現上述的內容如下：

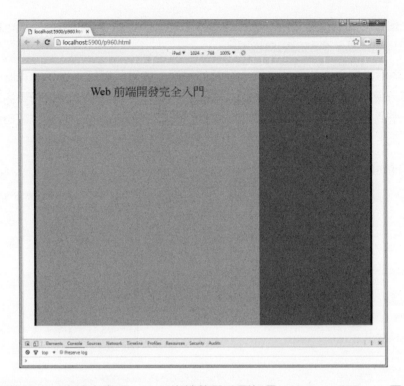

這是切換至 iPad 的輸出畫面，iPad 的螢幕尺寸剛好是 1024px×768px，因此可以呈現非常完美的效果，這也是早年 Windows 電腦上網頁設計常見的設定。近年隨著螢幕解析度的提升，960px 在大螢幕尺寸下會出現大面積的空白，漸漸的不再適合用來作為佈局的寬度。

基本上這個問題並不是太糟，過寬的螢幕事實上也不適合人的眼睛閱讀，將寬度限制在 960px 甚至有利於網頁檢視。

960px 固定佈局真正的問題在於小螢幕的呈現，如果試著縮小螢幕的寬度，你會看到部分網頁內容被隱藏了，在過去使用者透過標準寬度螢幕瀏覽網頁的情形下不是什麼問題，此一固定佈局的缺陷，直到近年 iPhone 帶來了行動裝置革命才顯露了出來。

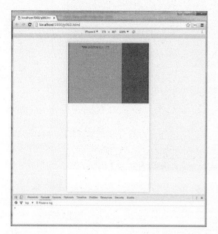 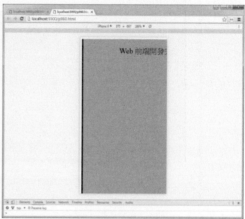

左截圖是切換至 iPhone6 檢視的結果，在預設的情形下，由於螢幕很小，因此原來適中的內容變得難以閱讀，如果以實體裝置的螢幕尺寸為基準呈現，因為寬度不足必須滑動螢幕才能看到其它被遮蔽的內容。

為了讓使用者能夠檢視超出螢幕範圍的內容，無論行動裝置或是個人電腦，瀏覽器會自動在呈現畫面寬度小於 960px 時顯示水平捲軸，這導致了非常糟糕的視覺體驗，而避免橫條出現正是適應多重裝置呈現最重要的網頁設計原則之一，我們希望在任何尺寸的裝置螢幕上，使用者不需要透過水平捲軸的捲動，就能在有限的空間寬度內呈現完整的網頁內容，要解決這樣的問題，可以嘗試導入流動佈局，而繼續往下談之前，還有另外一個議題必須說明－網格佈局設計。

▍網格佈局

網格佈局的關鍵在於利用直欄切割網頁內容，然後將網頁內容分類配置直欄中，早期主流裝置還是 Windows 電腦的年代，網格佈局不約而同的採用 960px 作為固定寬度尺寸，並且通常以 12 列直欄進行設計。

另外還要注意欄位配置間隔以及整體頁面與左右邊界的距離設定。間隔與邊距的設計並沒有一套準則，完全根據內容需求而定，以 12 個直欄為例，一個直欄可以分配到 960/12 = 80px 的寬度，如果讓直欄彼此間隔 10px，則每一個直欄可以配置的內容為 70px，而 12 個直欄只需要 11 個間隔，如此一來多出來的單一間隔剛好切割成兩個 5px 寬度空間，可以分別填入左右邊界。

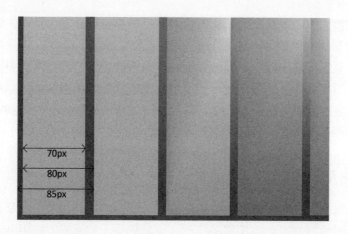

從這個結果我們可以發現，扣除邊距之後，實際內容只佔據 950px 寬度，至於為何採用 10px 作為間隔寬度，需要依內容需求而定。一般的網頁設計並不需要切割到 12 欄，這對於大部分的網站而言太過複雜，根據內容適當的合併其中的列數可以單純化頁面的設計，例如以四欄為一個單位合併成三個直欄是不錯的選擇。由於 960/3 = 320，這個寬度剛好等於 4 吋手機螢幕的寬度，非常適合小螢幕行動裝置檢視，非常適合採用行動優先設計原則進行雛形開發。

實際的設計過程中，可以根據內容需求進一步合併，例如右圖合併左邊兩欄可以得到兩欄設計，亦是相當常見的佈局。使用這種佈局建立側邊欄的好處之一，是可以很方便的插入寬度等於 300px 的廣告，而 300px 是被廣泛使用的廣告內容寬度之一。

流動佈局

流動佈局利用百分比取代絕對寬度，讓網格能夠根據裝置螢幕尺寸縮放，螢幕尺寸改變時，網頁內容將如同液體般自動適應容器形狀。

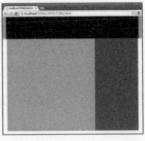

除了以百分比為單位，流動佈局基本上還是透過相同的比例切割網格，先預留網頁主體內容與視窗左右邊界距離的寬度，將裝填網頁的有效容器寬度設定為95%，左右各分配 2.5%，接下來其中的內容再以此為 100% 的相對比例進行設計。側邊欄佔據整體有效寬度（95%）的比例定為 1/3，左邊主體內容則是 2/3，為了方便計算，我們再取出 1% 分配給左右兩個邊界各 0.5% 的內容，如此一來側邊欄便能以 33% 作為配置比例，主體內容則是 66%。

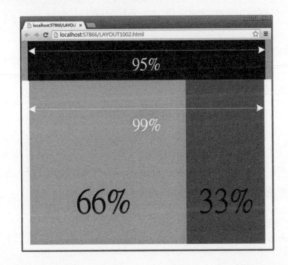

同樣的，流動佈局的比例設計並沒有一定的規範，最重要的設計原則是根據內容而定，如果願意的話，精確的計算比例，利用如 33.33333% 之類的數值亦無不可，以下列舉配置的範例：

```
<div id="container" style="margin:auto ;width:100%;…">
    <header style="margin:auto ; width:95%;… ">
    </header>
    <div id="content" style="margin:auto ; width:95%;" >
        <div style=" margin-left:0.5%;float:left;width:66%;…">
        </div>
        <div style="margin-right:0.5%;float:right;width:33%;…" >

        </div>
    </div>
</div>
```

▍跨裝置顯示－媒體查詢

在一般尺寸的螢幕下，流動佈局透過自動縮放可以適當的呈現網頁內容，然而當使用者透過手機之類的小尺寸裝置瀏覽時，流動佈局的設計明顯變得不合適了，這個時候我們可以導入媒體查詢進一步作調整，讓畫面在比較小的螢幕上重新調整為單欄呈現。以前述示範的網頁為例，假設當螢幕寬度小於等於 600px 時，套用滿版的樣式，否則的話，維持原來的樣式。

```
<body>
    <div id="container"
            style="margin:auto ;width:100%;background-color:#EBF4FA;">
        <header style="margin:auto ;width:95%;height:120px;
                                background-color:black;">
        </header>
        <div id="content" style="margin:auto ; width:95%;">
            <div id="main">
            </div>
            <div id="aside">
            </div>
        </div>
    </div>
</body>
```

其中表示主要內容的 div 標籤設定為 id="main"，側邊欄則是設定為 id="aside"。接下來建立預設基本樣式如下：

```
#main {
    background-color: silver;
    height: 420px;
}
#aside {
    background-color: gray;
    height: 420px;
}
```

最後就是媒體查詢的設定了，以 600px 為斷點，分別於不同的螢幕寬度下，設定
區塊的寬度如下：

```
@media screen and (min-width:601px) {
    #main {
        margin: 0 0 0 0.5%;
        width: 66%;
        float: left;
    }
    #aside {
        margin: 0 0.5% 0 0;
        width: 33%;
        float: right;
    }
}
@media screen and (max-width:600px) {
    #main, #aside {
        width: 100%;
        float: none;
        margin: 0px;
    }
}
```

如果大於 600px，採用第一段的樣式設計，否則採用第二段最大寬度 600px 的設
計，瀏覽器會自動根據使用者瀏覽網頁所使用的裝置螢幕寬度，決定採用合適的
設計，而這也是響應式設計最重要的入門關鍵。

如你所見，現在我們有一個響應式設計網頁，左邊截圖畫面是大於 600px 寬度呈
現的結果，右邊截圖畫面則是小於等於 600px，此時側邊欄與主體內容區塊呈現
相同的寬度並且垂直配置。

Summary

經過本章課程討論，讀者對於如何運用適當的標籤與 CSS 樣式配置來建立網頁介面，已經有了初步的概念，最後我們更進一步討論網頁設計的發展，以及從固定尺寸版型到初步的響應式設計過程。有了足夠的基礎，下一章開始，我們要進入 JavaScript 程式設計課程，讀者將瞭解如何為網頁導入程式化功能，建立真正的 Web 前端應用程式。

評量

1. 請試著以 div 標籤配置出以下的版型。

2. 承上題，嘗試以 header、footer、aside、section 標籤配置出相同的版型。

3. 請簡要的說明，section 與 div 標籤用途的差異。

4. 考慮以下的版型配置，請於各區塊上填入建構此區塊的合適標籤。

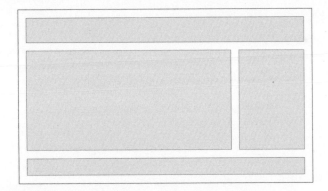

5. 請列舉支援大綱輸出的四個標籤，並說明它們的用途。

6. 說明 h1 標題定義標籤與大綱輸出的關係。

7. 參考第 4 題，若是於每個區塊配置 h1 標籤，請說明這些標題與大綱的輸出關係。

8 早期電腦螢幕的標準寬度是 1024px ，網頁習慣以 960px 為設計寬度，請簡述
其原因。

9. 請說明 "@media screen and (min-width:601px)" 這段設定的意義。

第四章
JavaScript 快速入門

前端開發完全入門

JavaScript 是 HTML5 應用程式的靈魂，無論 API 的調用或是應用程式的功能，都必須透過撰寫 JavaScript 程式碼來完成，而這一章便針對 JavaScript 程式語法作快速的入門介紹。

4.1 撰寫 JavaScript

網頁文件以 script 元素將所要執行的 JavaScript 程式碼嵌入其中，例如：

```
<!DOCTYPE html>
<html>
<head>
     <title></title>
     <script>
         console.log('Hello JavaScript!');
     </script>
</head>
<body>
      // 網頁內容…
</body>
</html>
```

其中 script 標籤的內容是一行簡單的 JavaScript，當網頁載入到 script 標籤的位置，會執行其中的程式碼，並且於控制台輸出指定的訊息，也就是單引號的內容「Hello JavaScript!」。

JavaScript 可以配置於網頁的其它地方，例如網頁的尾部 body 結束標籤之前，由於瀏覽器會由上往下逐步解譯網頁的內容，若是嵌入的 JavaScript 需要比較長的執行時間或是耗用大量的運算資源，甚至於載入時發生問題，將導致網頁停頓無法繼續往下執行，直到程式執行完畢。為了避免網頁載入的問題，通常建議將 script 元素配置於 body 結束標籤之前，讓網頁標籤完全載入之後，再執行 JavaScript 程式內容，配置如下：

```
<!DOCTYPE html>
<html>
<head>
     <title></title>
</head>
<body>
     // 網頁內容…
     <script>
         console.log('Hello JavaScript!');
     </script>
</body>
</html>
```

以上兩組程式配置最後都將於控制台輸出指定的訊息，第一組 JavaScript 於網頁載入前執行，第二組則於網頁載入完成後執行。

如同第二章所討論的 CSS 樣式設定，JavaScript 可以撰寫在獨立的 js 檔案裡面，再從網頁外部引用進來，以上述示範的網頁內容為例，建立一個純文字檔，將 script 標籤的內容移至文字檔，並以 .js 為副檔名進行儲存。

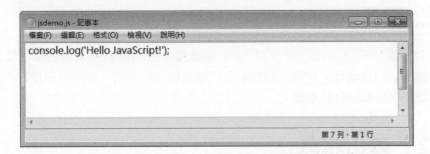

接下來在原來的網頁中，透過 <script> 標籤連結這個檔案。

```
<!DOCTYPE html>
<html>
<head>
      <title></title>
      <script src="jsdemo.js"></script>
</head>
<body>
      // 網頁內容…
</body>
</html>
```

script 標籤的屬性 src 為所要引用的檔案來源，如此一來 jsdemo.js 檔案的內容就會被載入目前的網頁當中，請參考本章範例資料夾中的 jsdemo.js 與 jsdemo.html 兩個檔案。

同樣的，如果並非一開始載入需要的資料，script 標籤的引用內容建議還是配置於 body 標籤結束之前。

```
<!DOCTYPE html>
<html>
<head>
      <title></title>
</head>
<body>
```

(續)

```
    // 網頁內容…

    <script src="jsdemo.js"></script>
</body>
</html>
```

JavaScript 亦支援註解語法如下：

```
// 以下的程式碼輸出訊息文字 …
console.log('Hello JavaScript!');
```

當瀏覽器開始執行 JavaScript ，以「//」符號標示的內容會被視為註解而直接略過，當程式日益複雜，註解可以協助我們釐清程式的內容，善用註解是一名程式設計師必須具備的良好習慣。

4.2　輸出訊息

這一節我們從如何輸出指定的訊息文字開始討論 JavaScript。以前一節示範的程式碼為例：

```
console.log('Hello JavaScript!');
```

其中的 console 表示控制台物件，而接下來以「.」緊接著連接 log ，表示調用控制台物件的 log 方法，將其中小括弧裡面的訊息文字輸出於控制台。當這一行程式碼被執行時，會在控制台輸出以下的內容：

```
Hello JavaScript!
```

文字內容必須以單引號（'）或是雙引號（"）包覆，如此 JavaScript 會將其視為一般的字串來處理。包覆字串無論使用單引號或雙引號都合法。

瀏覽器均提供了控制台視窗以方便開發者觀察程式的輸出內容，以 Chrome 為例，按下 Ctrl + Shift + I 組合鍵（或是 F12）開啟控制台畫面如下：

畫面下方為控制台區域，其中顯示前一節範例輸出的文字訊息，而右方則顯示輸出此訊息的網頁檔案與程式碼行號。於控制台輸出訊息是常見的技巧，可以讓我們很方便理解程式的運作狀況，對於除錯亦相當有用。

除了控制台，你也可以將訊息直接輸出於網頁上，所需的程式碼如下：

```
document.writeln('Hello JavaScript!');
```

其中 document 表示網頁文件，writeln 表示將指定的訊息文字寫入網頁。當這一行程式碼執行完畢，其中的訊息文字「Hello JavaScript!」會顯示在網頁上。另外還有一個類似的方法 write 寫法如下：

```
document.write('Hello JavaScript!');
```

此方法同樣將其中單引號包覆的文字訊息寫入網頁，與上述 writeln 方法的差異，在於其寫入之後不會斷行，接下來若有其它資料會接續寫入，而 writeln 則以新行重新寫入，不過由於網頁會忽略斷行的輸出，因此呈現的結果並沒有太大的差異。

4.3　變數

電腦程式是一連串運算式的組合，而這些運算式主要用來進行特定的資料操作，包含數字、字串或是日期等等，而資料值本身在運算之前通常會預先儲存在一個變數中，所需的語法如下：

```
x=100 ;
```

此行程式將 100 這個數值儲存至名稱為 x 的變數中，這個過程稱為變數的設值，等號右邊的值被儲存至左邊的變數，接下來就可以在程式中透過 x 對 100 這個數值進行運算，考慮以下的運算式：

```
x=100 ;
y=200 ;
z=x+y ;
```

第一行將 100 儲存至 x 變數，第二行將 200 儲存至 y 變數，第三行將 x 與 y 這兩個變數所儲存的值相加，最後再將結果值 300 儲存至 z，經過這三行程式碼的運算得到三個變數與其所儲存的值如下：

變數	儲存值
x	100
y	200
z	300

從這個小範例中我們可以看到，設值作業不僅允許你將一個簡單的值儲存至變數，也接受一段運算式的結果。

以上是變數的基本原理與用法，不過，我們通常不會在程式中直接這樣使用變數，如此將導致一些程式上的問題，為了避免這些問題，變數使用前最好預先對其進行宣告。

▌變數宣告

關鍵字 var 支援變數的宣告作業，考慮以下這一行程式碼：

```
var x ;
x=100 ;
```

第一行宣告了一個 x 變數，然後第二行將一個 100 的數值儲存至這個變數，接下來就可以比照前述的說明，進行 x 的各種運算了。針對一個以上的變數，重複利用 var 變數宣告即可，例如以下的程式片段：

```
var x ;
var y ;
var z ;
x=100 ;
y=200 ;
z=x+y ;
```

這一段程式碼先完成 x、y、z 等三個變數的宣告，然後再進行所需的運算。超過一個以上的變數宣告也可以利用逗點將變數隔開，在一行程式裡面完成，回到上述的程式碼將前三行修改如下，結果相同。

```
var x,y,z ;
```

如果變數本身需要在一開始指定特定的值，可以在宣告時這麼作，這與先完成宣告再設值結果相同。

```
var x=100 ;
var y=200 ;
```

結合初始值與合併行的寫法，可以進一步縮短程式的長度，修改如下：

```
var x=100,y=200,z  ;
```

改寫後整段程式碼重新列舉如下：

```
var x=100,y=200,z ;
z=x+y ;
```

如你所見，程式碼縮短很多，由於 JavaScript 必須透過網路傳送至前端瀏覽器，這種寫法可以降低 JavaScript 檔案大小，無論是對程式本身的執行或應用程式傳送的效率，均有正面的影響。

4.4　資料型別

變數用以儲存資料，而資料有各種型別，包含數字、字串等等，JavaScript 將資料區分成兩種主要的格式：基礎型別與物件型別。基礎型別只有三種，分別是數字、字串以及布林值（boolean），除了這三種型別之外，JavaScript 所有的資料型別均是物件，一種來自 Object 型態的物件。

基礎型別比較單純，這一節先作討論，至於物件型別後文作討論。

數字

JavaScript 以帶小數點的 64 位元浮點數格式表示所有的數字資料，接受數種不同格式的數字表示法，例如以下均是合法的數值寫法。

```
100
0.25
.123
1.23E6
```

以指數符號（e 或是 E）來表示一個數值亦合法。JavaScript 中可表示的數值範圍最大值為 1.7976931348623157e+308，最小值則是 5e-324，你可以透過 Number 物件的屬性來取得這兩個值，列舉如下表：

最大與最小值	語法	數字
最大值	Number.MAX_VALUE	1.7976931348623157e+308
最小值	Number.MIN_VALUE	5e-324

以下利用一個範例列舉各種不同格式的數值，同時檢視最大與最小值。

範例 4-1　數字型別資料

```
<script>                                        number-demo.html
    var x = 100;
    var y = 1.02;
    var z = 0.12;
    var a = .135246;
    var b = 2.123e6;
    var c = 2.123E6;
    var d = 4.1e-6;
    //
    console.log(x);
    console.log(y);
    console.log(z);
    console.log(a);
    console.log(b);
    console.log(c);
    //
    console.log('最大可能值：' + Number.MAX_VALUE);
    console.log('最小可能值：' + Number.MIN_VALUE);
</script>
```

其中的程式碼宣告了數個變數，並且設定了數種不同格式的數值，最後輸出指定的值，讀者請自行比對以下的結果：

```
100
1.02
0.12
0.135246
2123000
0.0000041
最大可能值：1.7976931348623157e+308
最小可能值：5e-324
```

最大與最小值透過 Number 物件引用 MAN_VALUE 與 MIN_VALUE 取得，後續會有進一步的討論。

關於數值資料，另外有兩個相關的屬性必須說明，首先 NaN 表示「不是一個數字」的意思，可以用函式 isNaN() 判斷一個值是否為數字，以下的範例進行相關的說明。

範例 4-2 示範 isNaN

```
<script>                                          nan-demo.html
    var s = 'HTML5';
    var x = 100;
    console.log(isNaN(s));
    console.log(isNaN(x));
</script>
```

第一行與第二行定義字串與數值資料變數，緊接著調用 isNaN() 判斷是否這些變數「不是一個數字」。針對 s 變數，由於它是一個字串，所以回傳 true ，而 x 是數值，因此回傳 false。

另外一個變數是 Infinity ，這個變數表示一個正無限值的結果，如果是負無限值，則以負號表示為 –Infinity。以上述的 x 為例，它是一個 100 的值，如果將其除以 0，如以下的運算式：

```
x/0
```

這一行運算式將回傳 Infinity。

▍字串

字串型別用以表示文字資料，以 UTF-16 編碼 Unicode 字元表示，在 JavaScript 中表示字串必須以單引號或是雙引號包含所要表示的字元，例如以下均表示字串：

```
var s0 = "HTML5";
var s1 = 'JavaScript';
var s2 = '';
```

無論單引號或是雙引號都必須成對,若其中沒有任何字元則為空字串。但是你可以將成對的單引號包在成對的雙引號裡面,形成巢狀式的結構,反之亦同,例如以下的字串:

```
var a ="HTML5='JavaScript'+'HTML'+'CSS'" ;
var b ='HTML5="JavaScript"+"HTML"+"CSS"' ;
```

這兩行均是合法的字串,依序將 a 與 b 輸出會得到以下的結果:

```
HTML5='JavaScript'+'HTML'+'CSS'
HTML5="JavaScript"+"HTML"+"CSS"
```

使用字串資料必須特別注意特定的字元,例如斷行,或是必須將引號視為單純的字元時,可以使用跳脫字元作表示,這是一個倒斜線(\),例如以下這一行:

```
var s ='HTML5=\nJavaScript+HTML+CSS'
```

其中的 s 變數儲存等號後方的字串,此字串內包夾的 \n 表示一個斷行符號,如果於控制台輸出 s 會得到以下的結果:

```
HTML5=
JavaScript+HTML+CSS
```

考慮以下另外一個字串宣告:

```
var a ='HTML5='JavaScript'+'HTML'+'CSS''
```

其中的子字串,包含 'JavaScript'+'HTML'+'CSS' 與外部字串同樣使用單引號,如此一來將導致衝突,可以使用跳脫字元標示如下:

```
var a ='HTML5=\'JavaScript\'+\'HTML\'+\'CSS\''
```

將其中的 a 輸出,會得到以下的結果:

```
HTML5='JavaScript'+'HTML'+'CSS'
```

其它有數個特定的字元可以透過跳脫序列作表示。

跳脫序列	表示字元
\0	NUL (\u0000)
\b	後退鍵 (\u0008)
\t	水平 Tab (\u0009)
\n	換行 (\u000A)
\v	垂直 Tab (\u000B)
\f	換頁 (\u000C)
\r	返回 (\u000D)
\"	雙引號 (\u0022)
\'	單引號 (\u0027)
\\	倒斜線 (\u005C)
\x XX	Latin-1 字元（由兩個十六進位數字指定）
\u XXXX	Unicode 字元（由四個十六進位數字指定）

除了跳脫序列，一旦以單引號或是雙引號包覆便會被視為字串，即使其中包含了數字亦同，例如以下這一行程式碼：

```
var a = '100';
```

其中 a 所儲存的 100 是字串，會以字串格式進行程式運算。

布林值

布林型態只有兩個可能的值，由關鍵字 true 與 false 表示，通常運用於比較運算，例如以下這一行程式碼：

```
x==12
```

其中的 x 變數如果是 12，則這一行程式碼將回傳 true，否則為 false。你可以將任何值轉換成布林值，例如 0 或 null 轉換為布林值為 false，而其它的數值轉換為布林值則為 true。最常使用布林值的場合是各種敘述控制句，例如 if/else，這一部分後續作說明。

typeof()

你可以透過 typeof 檢視資料型別,例如 typeof(100) 將回傳 number ,以下的範例分別測試數種不同型別的資料。

範例 4-3　示範 typeof()

```
<script>                                          typeof-demo.html
    var n0 = typeof (101);
    var n1 = typeof (1.01);
    var n2 = typeof ('101');
    var n3 = typeof (true);
    console.log(n0);
    console.log(n1);
    console.log(n2);
    console.log(n3);
</script>
```

其中透過調用 typeof() 檢視數種資料型別,並回傳結果。

```
number http://localhost:57407/typeof-demo.html
number http://localhost:57407/typeof-demo.html
string
boolean
```

讀者可以自行嘗試,傳入不同型別的資料並輸出其型別結果值。

特殊值－ null 與 undefined

null 與 undefined 都表示值不存在,考慮以下的程式碼:

```
console.log(typeof(null));
console.log(typeof(undefined));
```

如果調用 typeof() 直接輸出兩者結果如下:

```
object
undefined
```

null 是一個物件(object),而 undefined 則是一個值。但這兩者在意義上並沒有太大的差別,通常在程式當中如果需要指定一個不存在的空值,使用 null 即可。

```
var a = null ;
```

至於 undefined ,通常會在程式執行過程中發生非預期或空值錯誤時出現。

4.5　運算式以及運算子

前一節討論變數時提及程式是一連串運算式的組合，我們也看到了最簡單的變數設值運算式如下：

```
x=100 ;
```

如你所見，一段運算式除了變數 x，另外還有一個要素便是運算子，其中的「＝」即是一種運算子，它的功能是將右邊的值設定給左邊的變數，而這段運算式是一種設值運算式。

根據套用的運算子，JavaScript 有數種不同的運算式，包含算術運算式、比較運算式與運算式等等，以下從最基本的算術運算子開始說明。

▌基本算術運算子

數學四則運算加（＋）、減（－）、乘（＊）、除（／）為四個最基本的運算子，另外還有一個模數（％）運算子，這個運算子取回兩個數字相除的餘數。

範例 4-4　　四則算術運算子

```
<script>                                              op-math.html
     var a = 100;
     var b = 16;
     console.log(a + b);
     console.log(a - b);
     console.log(a * b);
     console.log(a / b);
     console.log(a % b);
</script>
```

首先宣告兩個變數，進行四則運算，輸出結果如下：

```
116
84
1600
6.25
4
```

四則運算很容易理解，最後一個值要特別注意，運算子「％」回傳的是兩個數字相除的餘數，因此 100/16 的最後結果是 4，除此之外，運算子「＋」在字串的場合會進行合併運算，如果是數字則會進行加總。

範例 4-5　數值字串合併

```
<script>
                                          string-number.html
    var a = '100';
    var b = '200';
    var x = 100;
    var y = 200;
    console.log(a + b);
    console.log(x + y);
    console.log(a + x);
</script>
```

此範例針對四個變數進行「+」運算，輸出結果如下：

```
100200
300
100100
```

除了第二行的輸出是將兩個數值加總之外，其它第一行與第三行的輸出由於包含了字串，因此將以合併的方式進行輸出。

如果在運算式中包含了布林值（true/false），true 被當作 1 處理，而 false 則被當作 0 處理，例如以下的程式片段：

```
true + true       // 輸出 2
false + true      // 輸出 1
false + false     // 輸出 0
true + 100        // 輸出 101
false + 100       // 輸出 100
```

除非兩個運算元均是數值，否則會出現非數字相加的結果。

▌運算後設值

四則與模數運算子，可以進一步結合設值運算子，執行設值後運算，考慮以下的運算式：

```
var a=200 ;
a=a+100 ;
```

其中將 a 變數的值加上 100，然後再設定給 a，因此 a 最後的結果為自己本身的值加上 100，所以最後 a 的值是 300。現在利用設值後運算子進行相同的運算如下：

```
a += 100 ;
```

這一行執行完畢之後，a 的結果同樣是 300，其它數個運算子，包含減（-）、乘（*）、除（/）與模數（%）意義相同。

一元運算子

加（+）與減（-）同時可作為一元運算子，針對單一運算元，進行數值的轉換，考慮以下的運算式：

```
var x = '100';
var y = +x ;     // y 是數值 100
var y = -y ;     // z 是數值 -100
```

如果運算元可以轉換為數值，則「+」將完成正數值轉換，而「-」則完成負數值轉換。運算元若是無法轉成字串，則回傳一個 NaN ，例如將 x 調整如下：

```
var x = 'Hello';
```

則接下來的「+」與「-」輸出結果均是 NaN。

另外還有遞增（++）與遞減運算子（--），這兩組運算子針對指定的數值，進行加 1（遞增）減 1（遞減）的運算。假設宣告一個 y 變數如下：

```
var y = 100 ;
```

如果針對 y 進行遞增運算，例如 ++y ，則結果為 101，如果是遞減運算 --y ，則結果為 99。無論遞增或是遞減運算，均可配置於運算元前方或後方。如果配置於前方，則是先運算，運算元會先執行運算，取出的將是遞增 / 遞減運算的值，而配置於後方則是後運算，運算元的值會先被取出，然後才進行遞增 / 遞減運算。

範例 4-6 遞增 / 遞減運算

```
<script>
    var x = 100;
    var y = 100;
    var a = ++x;
    var b = y++;
    console.log(a + ',' + x);
    console.log(b + ',' + y);
</script>
```
pre-post.html

變數 x 進行前置運算，然後將結果值指定給 x，而變數 y 則進行後置運算，將值指定給 b。

```
101,101
100,101
```

由於前置運算會完成運算再設值，因此 x 完成遞增運算結果為 101，再進一步設定給 a 變數，如此一來，a 的值亦為 101。後置運算會先進行設值再執行遞增，因此設定給變數的值是 100 原來的值，而 y 最後完成遞增運算，因此為 101。

▎關係運算子

關係運算子測試兩個運算元的關係，包含相等性與大小比較，最後的結果則是一個布林值（true/false）。

• 相等性運算子

比較兩個運算元是否相等的運算子有 == 與 ===，一般的相等性比較使用 == 即可，如果是嚴格的相等性比較則使用 ===。考慮以下的 a 與 b 變數：

```
var a = 0 ;
var b = false ;
```

由於 false 轉換為數值是 0，因此 a 與 b 進行不嚴格的相等性比較時，會得到相等的結果，不過兩個值實際上並不相同，因此若是進行嚴格檢查時，回傳的結果將是否定的。

```
a == b ;    // 相等因此回傳 true
a === b ;   // 不相等因此回傳 flase
```

本章稍早討論的 null 與 undefined，透過相等性運算，可以更進一步看出其差異，如下式：

```
null == undefined    // 相等因此回傳 true
null === undefined   // 不相等因此回傳 false
```

比較不嚴格的相等性運算，透過 == 比較得到的是相等（true）的結果，而 === 則是相反的結果。

讀者必須注意的是，當兩個運算元是不同型別，則此兩運算元無法通過嚴格比較，因此 === 運算子一定會回傳 false，而 == 則不一定，如果經過型態轉換之後，兩個運算元具有相同的值，則還是會相等，如下式：

```
console.log('123' == 123);
console.log('123' === 123);
```

另外比較特別的是 NaN，當你將其與另外一個 NaN 作比較，會得到一個 false 的結果，因為 NaN 包含自己在內完全沒有相等的值。

如果要測試不相等性，則使用 != 與 !== 這一組運算子即可，相較於前述的 == 與 === 邏輯剛好相反，當比較的兩個運算元相等，則回傳 false，否則回傳 true。

• **比較運算子**

比較運算子比較兩個運算元的大小，有大於（>）、小於（<）、大於等於（>=）、小於等於（<=）等四種，這一組運算子針對字串與數字型別運算元作比較，字串根據組成的字元 Unicode 值進行比較，以字母順序排列，而對於相同的字母而言，大寫字母小於小寫字母。

```
'Abc' < 'abc'  // 回傳 true
'a' < 'b'      // 回傳 true
```

其中大寫 A 小於小寫 a，因此回傳 true，而小寫 a 排在小寫 b 前面，因此兩行程式碼的判斷式回傳結果均是 true。

數字則依大小進行比較，在比較的運算上，Infinity 是最大的值，-Infinity 則是最小的值，NaN 無法作大小比較，因此任何一個運算元中出現 NaN 的比較結果都是 false。

▌ 邏輯運算子

邏輯運算子進一步串聯布林值進行邏輯運算，相關的運算子有 AND（&&）與 OR（||）。

AND 運算子必須兩個運算元都是 true 時才會回傳 true，否則一律回傳 false。而 OR 運算只要有一個運算元是 true，回傳結果為 true，只有兩個運算都是 flase 才會回傳 false。

```
//AND 邏輯運算
false && false  // 回傳 false
true && false   // 回傳 false
```

(續)

```
true && true      // 回傳 true
//OR 邏輯運算
false || false    // 回傳 false
true || false     // 回傳 true
true || true      // 回傳 true
```

邏輯運算子通常不會直接以布林值為運算元，比較常見的用途與前述的關係運算子結合，進行更複雜的運算，例如以下的程式碼：

```
(x == y) || (x == z)
```

其中根據 x==y 與 x==z 兩個相等性的比較結果，進行邏輯 AND 運算。

相等性運算子、比較運算子以及邏輯運算子的運用場合常見於條件判斷或是迴圈等敘述句，稍後讀者會看到進一步的應用。

三元運算子

三元運算子（?:）是一個特殊的運算子，它有三個運算元，可以進行簡易的 true/false 判斷運算，並且根據運算結果，決定最後的值，也被稱為條件運算子，語法如下：

```
test ? exp1 : exp2
```

test 為一條件運算式，如果其結果值為 true ，則回傳 exp1；若是結果值為 false ，則回傳 exp2。

範例 4-7　　示範三元運算子

```
<script>                                        condition.html
    function positive(x) {
        var n = x > 0 ? x : 0;
        return n;
    }
    console.log(positive(-1000));
    console.log(positive(1000));
</script>
```

函式 positive 針對參數 x 進行判斷，如果這個值大於 0，直接將其回傳，否則的話一律回傳 0，緊接著測試此函式，分別傳入一個負數與一個正數，得到以下的輸出結果。

```
0
1000
```

由於 -1000 小於 0，因此回傳值是 0，而 1000 大於 0 因此輸出 1000。

4.6　敘述句

運算式本身定義了程式的邏輯運算原理，而運算式與各種型式的符號、關鍵字組成敘述句，並且以分號（;）標示為一段敘述句的結束，表示 JavaScript 程式的一段可執行單位，以底下所討論的運算式為例：

```
var x,Y,Z ;
x=100 ;
y=200 ;
z=x+y;
```

如你所見，只要加上一個分號即可形成一段合法的敘述句，這裡總共有四段運算式，關鍵字 var 所建立的變數宣告則是最簡單的敘述句。

最簡單的敘述句在前面的討論中已經看過了，包含變數的宣告、四則運算式與設值運算式構成的敘述句等等，最後再加上一個分號即變成可執行的敘述句。在預設的情形下，程式會從第一行往下逐行執行，直到最後一行執行完畢。

敘述句可能非常複雜，一個以上的敘述句甚至可以結合成一段複合敘述句，而某些敘述句則有特定功能，通常我們會需要改變逐行執行的程式流程，流程控制敘述句支援相關的運算，這一類的敘述句有三種：條件控制敘述句、迴圈敘述句與跳躍敘述句。

▌條件控制敘述句－ if

if 判斷式的語法形成一個獨立的程式區塊，以大括弧規範區塊範圍，如果小括弧中的判斷式結果為 true，則執行其中區塊的內容，否則直接跳過。

```
if(expression){

      // expression 為 true 執行這裡的內容 …

}
```

語法中包含了幾個重要的部分，列舉說明如下：

1. if 關鍵字構成了判斷式的程式區塊。

2. 關鍵字後方小括弧的 expression 是運算式，它會回傳 boolean 型態的 true/false 結果。

3. 區塊中的程式碼，根據 expression 的執行結果來決定是否執行，若是 expression 的回傳值為 true，則進入區塊中執行其中的程式碼，否則省略大括弧的內容程式碼。

範例 4-8 示範 if

```
<script>                                            if-demo.html
    var a = 100;
    var b = 200;
    if (a < b) {
        console.log('a<b');
    }
    if (a > b) {
        console.log('a>b');
    }
    console.log('end');
</script>
```

其中宣告了兩個測試變數，並且分別指定了變數值，第一個 if 判斷式檢視 a<b 比較運算，true 則執行其中的程式碼，第二個 if 判斷式檢視 a>b 比較運算。

```
a<b
end
```

由於 a 的值小於 b，因此第一個 if 判斷式結果為 true，執行其中的輸出程式碼；第二個 if 判斷式則為 false，跳過大括弧內容執行最後的訊息輸出。

大括弧中的程式碼如果只有一行，可以省略大括弧符號，例如上述的程式碼可以改寫如下：

```
if (a < b)
    console.log('a<b');
```

if 條件式可以另外增加 else 判斷式，於判斷式結果為 false 時執行：

```
if (test) {
    exp_true ;
} else {
    exp_false ;
}
```

在這個語法中有兩段程式敘述，分別是配置於 if 大括弧內部的 exp_true 與配置於 else 大括弧內部的 exp_false。if 判斷式 test 若結果是 true，則執行緊接著大括弧內部的程式敘述，否則的話，執行 else 大括弧。

範例 4-9　示範 if-else

```
<script>                                                    if-else.html
    var a = 100;
    var b = 200;
    console.log('a:' + a);
    console.log('b:' + b);
    if (a < b) {
        console.log('a<b');
    } else {
        console.log('a>b');
    }
</script>
```

其中一開始宣告兩個變數，並且指定了變數值，接下來的 if 判斷式，根據 a 與 b 的比較結果，輸出相關的訊息。

由於 a 的值小於 b，因此執行 if 大括弧中的程式碼。

```
a:100
b:200
a<b
```

讀者可以嘗試修改 a 與 b 兩個值，當 a 大於或是等於 b 時，即會執行 else 大括弧區段中的程式碼。

條件控制敘述句 — switch

當判斷式超過一個以上並且有一定的規則時，可以使用 switch 語法，以下為所需的語法：

```
switch(n)
{
    case 1:
        // n 等於 1 執行這個區塊 …
        break;
    case 2:
        // n 等於 2 執行這個區塊 …
        break;
    default:
        // n 不等於上述的值則預設執行這個區塊 …
}
```

switch 後方的小括弧中為比對值，接下來大括弧中的 case 則逐一列舉條件式，若 n 的值與 case 中的比對值相符，則執行其中的程式碼，否則的話持續往下比對，直到所有的 case 比對完畢。最後若是完全沒有符合的結果，則執行 default 中的程式碼。

每一個 case 中的 break 敘述是必要的，若是沒有加上 break，即使某個 case 比對符合，依然會繼續接下來的比對運算。

範例 4-10 示範 switch

```
<script>                                              switch-demo.html
    var month = new Date().getMonth();
    var msg = '';
    switch (month) {
        case 0:
            msg = '一月(JANUARY)'
            break;
        case 1:
            msg = '二月(FEBRUARY)'
            break;
        case 2:
            msg = '三月(MARCH)'
            break;
        // 4 ~ 10
        case 11:
            msg = '十二月(DECEMBER)'
            break;
    }
    console.log('現在月份：' + msg);
</script>
```

首先取得代表目前月份的數字並儲存於變數 month，接下來的 switch 則根據 month 的變數值，決定所要輸出的訊息。讀者可以自行嘗試這個範例，檢視輸出的月份說明。

▍迴圈 for

迴圈針對某個區塊的程式碼執行重複運算。一個典型的迴圈，包含兩個主要的部分－判斷是否重複執行的條件運算式，以及重複執行的程式區塊。JavaScript 有兩種主要的迴圈，分別是 for 與 while，首先來看 for 迴圈：

```
for (init;loopcond;increment){

    // for 迴圈執行程式
}
```

for 關鍵字定義迴圈，迴圈重複執行的次數以及何時結束，由 for 關鍵字後方小括弧裡面，三組以「;」分隔的運算式所決定。

1. 小括弧的內容定義迴圈計數器，控制區塊中程式敘述的執行次數，其中的 init 初始化計數器的起始值，這個運算式只會執行一次。

2. loopcond 是一個判斷式，定義計數器何時停止，如果它的結果是 true ，表示迴圈將繼續重複執行，否則跳出迴圈。

3. increment 則負責改變計數器的值，通常是對計數器的值進行遞增或是遞減的操作。

每一次 for 區塊裡面的程式敘述執行完畢時，它會跳回 for 重新執行小括弧中的運算式，一直到 loopcond 的結果為 false ，則跳出迴圈。

範例 4-11　示範 for 迴圈

```
<script>                                          loop-demo.html
    for (var i = 0; i < 10 ; i++) {
        console.log(i);
    }
</script>
```

在 for 關鍵字後方的第一個條件式定義了 i 計數器變數，第二個條件式要求當 i 小於 10 執行其中的內容，否則跳出迴圈，最後一個條件式則於每一次迴圈開始執行時，將 i 加 1。

此範例最後逐一在控制台輸出 0~9 的數字。

另外還有一個 for/in 的迴圈語法，特別適合讀取陣列或是物件資料，後文討論相關議題時會有進一步的說明。

迴圈 while 與 do/while

while 是另外一種類型的迴圈，當執行的迴圈沒有固定次數，無法透過 for 迴圈來達到重複執行的目的，while 迴圈很適合用來處理這樣的情況。

```
while(expression){

    // expression 是 true 則執行這裡的語法  …
}
```

expression 運算式傳回布林運算結果，如果這個結果值是 true，則其中 while 區塊內的程式碼便會被執行，完成之後程式會再回到 while 重新執行一次 exprssion，一直到它的值為 false 為止。

範例 4-12　示範 while

```
<script>
    var i = 500;
    var j = 1000;
    while (i < j) {
        i += 3;
        j += 1;
    }
    console.log("i=" + i + ";j=" + j);
</script>
```
while-demo.html

變數 i 與 j 的初始值設定為 500 與 1000，接下來的 while 迴圈，每一次為變數 i 加上 3，變數 j 加上 1，一直到 i 的值不再小於 j 便停止迴圈，輸出 i 與 j 的內容。

```
i=1250;j=12500
```

以上為最後的輸出結果，其中 i 與 j 的值已經相等，再一次迴圈則 i 將大於 j，因此會跳出迴圈。

while 迴圈另外還有一個 do-while 版本，語法如下：

```
do{
    // expression 是 true 則執行這裡的語法  …

} while(expression)
```

其中關鍵字 do 宣告 while 迴圈開始，而 while 運算式則在迴圈結束的時候進行判斷，如果結果值是 true，這個迴圈會再一次執行，否則跳出迴圈。與上述 while 迴圈的差異，在於這個迴圈本身無論如何，會先執行區塊中的程式碼一次，即使 while 的 expression 執行結果為 false。while 與 do/while 在大部分場合的執行結果並沒有差異，但是它會影響第一次的執行，接下來這個範例說明兩者差異。

範例 4-13　示範 do/while

```
<script>
    var i = 1;
    var number1 = 2;
```
dowhile-demo.html

(續)

```
    while (number1 % 2 != 0) {
        console.log("number1：" + number1);
        number1 = 3 * i;
        i++;
    }
    var j = 1;
    var number2 = 2;
    do {
        console.log("number2：" + number2);
        number2 = 3 * j;
        j++;
    } while (number2 % 2 != 0);
</script>
```

為了比較 while 與 do/while 的差異，這裡使用了兩段 while 迴圈，第一段迴圈先檢視 number1 是否除以 2 不等於 0，也就是如果它是奇數的話，就進入迴圈，輸出其變數值，然後將變數 i 乘以 3 設定給它，最後將 i 加上 1。另外一段 while 迴圈先輸出 number2 這個變數，然後將變數 j 乘上 3，將 j 加 1，而最後的 while 檢視 number2 是否為奇數，是的話則繼續下一個迴圈。

```
number2：2
number2：3
```

範例中的兩段迴圈，每一段均針對一個指定的變數進行奇偶數的判斷，然後這個變數會被調整乘上 3 的倍數，再進行下一次的判斷，由於一開始它的初始值是一個偶數，因此第一段迴圈無法通過 while 檢視，沒有任何輸出。相反的，第二段迴圈由於無論如何必須先執行一次，因此它會直接輸出其中的 number2，但是一進入迴圈之後，number2 被調整成為 3 的倍數，因此迴圈結束的 while 判斷還是會通過，直到它變成 6，才結束迴圈的執行。

break 與 continue

在預設的情形下，迴圈只有到達指定的條件時才會結束執行，我們可以透過 break 敘述強制中斷迴圈，將其配置於迴圈區塊內指定的位置，就能達到中斷的效果。以稍早討論的 while 為例，break 語法如下：

```
while(true){
    ...
    break ;    // 程式在這裡中斷跳出迴圈
    ...
}
```

當程式執行到 break 這一行敘述的時候，迴圈便會中斷，跳出整個大括弧的執行範圍區塊。break 會無條件中斷迴圈，因此通常搭配 if 敘述判斷是否要執行，只有在某些條件符合的情形下，才會執行 break 敘述。

範例 4-14　示範 break

```
<script>                                    break-demo.html
    var count = 0;
    while (true) {
        count++;
        if (count > 100)
            break;
    }
    console.log(count);
</script>
```

while 敘述以常數值 true 表示建立一個無窮迴圈，每一次迴圈執行時，將變數 count 加 1，if 判斷式檢視 count 是否已經大於 100，是的話則引用 break，中斷迴圈的執行。最後這個範例輸出的變數值為 101。

瞭解 break 之後，現在來看 continue，它會在執行時跳出迴圈，但是不會停止迴圈的執行，而是繼續下一次的迴圈，我們可以利用這種特性要求迴圈執行部分的內容。

範例 4-15　示範 continue

```
<script>                                    continue-demo.html
    var i = 0;
    var result = 0;
    for (i = 1; i <= 100; i++) {
        if (i % 2 == 0)
            continue;
        result += i;
    }
    console.log(result);
</script>
```

排除偶數執行 1 加到 100 的奇數加總運算，if 敘述判斷目前迴圈所執行的 i 是否為偶數，是的話引用 continue 跳過這一次的迴圈，如此一來，最後的加總不會包含偶數，輸出的結果為 2500。

從這個範例中,我們看到了 coutinue 的具體應用,它會從目前的迴圈中跳開,然後直接進入下一次的迴圈,這一點是與 break 最大的差異,如果引用 break,這個迴圈將永遠終止跳出,而不會有下一次的執行機會。

4.7 函式

我們已經瞭解如何撰寫最簡單的 JavaScript 敘述句以提供可執行的程式運算功能,這一節要進一步來看 JavaScript 很重要的一種元素-函式,它用來包裝一群相關的敘述句,提供其它的敘述句調用以重複使用特定的功能。建立一個新的函式需要以下的語法:

```
function f(){
        // 函式內容 …
}
```

其中一開始的 function 是關鍵字,緊接著 f 是自訂函式名稱,這個名稱用來識別此函式,並支援外部程式的調用以執行函式中的程式功能。函式名稱後方是一個小括弧,需要的時候,可以選擇性的於其中配置數量不等的參數,例如以下的函式定義:

```
function add(x,y){
        // 函式內容 …
}
```

函式 add 接受兩個參數,分別是 x 與 y,而在大括弧中,可以針對這兩個參數進行運算,假設此函式針對兩個整數進行加法運算,因此在調用函式時必須傳入執行加法運算的兩個參數 x 與 y 以順利執行。考慮以下的 add 函式內容:

```
function add(x,y){
      console.log(x+y) ;
}
```

這個函式會針對參數進行加總運算,然後將結果輸出。以下這一行程式碼將調用 add 函式,並且執行 10 與 20 的加總:

```
add(10,20) ;
```

最後於控制台會輸出 30 的結果。考慮以下的範例,其中建立四則運算函式,並逐步調用輸出。

範例 **4-16**　示範四則運算

```
<script>                                          function-demo.html
function add(x, y) {
      console.log(x + y);
}
function subtract(x, y) {
      console.log(x - y);
}
function multiply(x, y) {
      console.log(x * y);
}
function divide(x, y) {
      console.log(x / y);
}
add(100, 200);
subtract(100, 200);
multiply(100, 200);
divide(100, 200);
<script>
```

完成執行之後，這段程式碼將在控制台輸出如下：

```
300
-100
20000
0.5
```

函式於 JavaScript 程式語言架構裡是相當複雜的一種元素，它是一段完整封裝的程式敘述，本身亦是一種物件，後續針對相關的理論會有進一步的說明。

▌ 函式回傳值－ return

函式可以透過 return 進行指定值的回傳，語法如下：

```
function f(){
      // 函式內容⋯
      return r ;
}
```

其中 return 敘述回傳 r 值，這可以是一個單純的值或複合資料物件，而函式將在 return 之後跳出，不再執行，因此不可以將所要執行的程式碼配置於 return 之後，如此將導致一段無法到達的程式碼。

調用此類型的函式必須以變數接收回傳的值，或是直接將函式當作一個值進行其它的運算，以下的範例說明 return 的用法。

　示範 return

```
<script>
    function add(x, y) {
        console.log(' 執行加法運算 …');
        return x + y;
        console.log('end');
    }
    var sum = add(100, 300);
    console.log(sum);
</script>
```

function-return.html

函式 add() 透過 return 回傳參數 x 與 y 的加總結果，因此調用此函式時，以變數 sum 儲存回傳的結果然後將其輸出控制台。

```
執行加法運算 …
22
```

以上的輸出結果中，不包含 end 訊息，因為這一行配置於 return 敘述之後。

匿名函式

在 JavaScript 程式當中，函式本身是一個物件值，因此你可以將其指定給一個變數，考慮以下的函式：

```
function hello() {
    consol.log('Hello, function !');
}
```

hello 是一個典型的函式，直接引用其名稱即可執行函式的內容，讀者對於相關的語法應當已經熟悉了，現在我們調整函式的寫法：

```
var hello = function () {
    console.log('Hello, function !');
}
```

其中宣告一個變數 hello，並將函式的內容指定給這個變數，與典型的函式宣告語法比較，由於這裡透過變數 hello 識別函式，因此函式本身並不需要再指定名稱，執行這個函式的語法只需調用變數名稱如下：

```
hello() ;
```

由於此種函式並沒有指定名稱，因此稱之為匿名函式。如果需要一段即時執行的程式碼，可以透過匿名函式包裝並且即時執行，同樣的以上述的 hello 函式為例，改寫如下：

```
(function () {
    console.log('Hello, function !');
})();
```

將匿名函式用小括弧包起來，然後緊接著連接一個小括弧，此匿名函式的內容將會直接被執行。匿名函式在 JavaScript 相當普遍，特別是事件處理器的設定將會大量依賴匿名函式的寫法。

接下來繼續討論 JavaScript 另外一個最重要型別－物件，函式本身是一個值，更是一個物件，因此我們可以更進一步將其運用在物件的設計當中。

4.8　關於物件

本章一開始討論變數與變數型別時已提及，除了基本型別，物件型別是 JavaScript 另外一個最重要的型別，物件型別資料與基本型別最重要的差異在於，物件型別透過參照存取，本身的值是可變的，而基本型別則是不可變的。

在 JavaScript 裡面，只有字串、數值、布林值（true 或 false）、null 與 undefined 是基本型別，其它的資料都是物件型別，與基礎型別相較，物件型別本身複雜許多，一個基礎型別是一個數字或是一個字串，而物件可能是一個空值或是一群屬性（property）組合而成的複雜型態資料。最簡單的物件可以是一個空值，你可以建立一個物件如下：

```
var o = {} ;
```

大括弧代表一個物件，由於完全沒有內容，因此是一個空的物件，以下則是一個典型的物件：

```
var o = {x:10,y:20} ;
```

物件內容由兩組 key:value 的資料所組成，這兩組資料以逗點分隔，而你可以經由以下的語法，藉由 o 引用 key 取得其對應的 value。

```
o.x    // 回傳 10
o.y    // 回傳 20
```

如你所見，o 是一個物件，不同於基本型別資料，它是由數量不等的資料組成的複合值，由於一組資料中，每一個 key 均為物件的一個特定屬性，value 則為其值。假設要建立一個表示特定書籍資料的物件，可以表示如下：

```
var book = {
    "title": "HTML5 從零開始 ",
    "author": " 呂高旭 ",
    "price": 650
}
```

變數 book 是一個物件，內容描述一本書籍的資料，其中包含三組以逗點分隔的資料，每一組資料代表一個屬性，內容由冒號（:）隔開，左邊是屬性名稱，右邊是對應的值，透過以下的語法即可取得其中任何一項資料，例如書名：

```
book.title
```

這一行將回傳字串「HTML5 從零開始」，其它的資料類推。除此之外，你也可以針對其中特定的屬性項目重設其屬性值，例如：

```
book.title= "HTML5 完美風暴 " ;
```

這一行程式碼將一段新的字串設定給 title 屬性。瞭解最簡單的物件之後，現在我們進一步來看它與基本型別的差異，考慮以下兩個變數資料：

```
var a = 100 ;              // 基本型別
var b = {x:100,y:200} ;    // 物件型別
```

第一行的 a 是數字，這是基本型別，它的值是儲存至變數的固定值，不會因為其它外部因素而改變；第二行的 b 是物件，它的值來自參考，當其它物件參考同一個值，並且改變了這個值，則原來的物件值也會跟著被改變。

範例 4-18　物件參考

這個範例說明基本型別與物件型別的差異，以下列舉範例內容：

```
<script>                                          object-b.html
    var x = 100;
    var o = { title: 'HTML5' };
    var y = x;
    var a = o;

    a.title = 'JavaScript';
```

（續）

```
      y = 200;

      document.write('o.title：' + o.title);
      document.write('<br/>');
      document.write('x：' + x);
</script>
```

變數 x 的值被指定給 y，而變數 o 的值則指定給變數 a，接下來調整 a 與 y 的值，最後輸出 o 與 x 的值，結果如下：

```
o.title：JavaScript
x：100
```

由於 x 的數值是基本型別，因此它無法被改變，所以輸出結果依然是原來的 100，而 o 本身為一參考物件，它的 title 屬性值透過 a 修改了，因此輸出的結果是新值「JavaScript」。

函式物件封裝

有了基本的物件觀念，這一節重新回到函式的議題，來看看物件與函式的關係。JavaScript 函式本身可以被當作物件值進行處理，將其指定給某個特定的物件屬性，當作其屬性值，例如以下的語法：

```
var obj = {x:f};
```

其中 f 是預先定義的函式，接下來便能如下調用此函式：

```
obj.x() ;
```

更進一步的，我們可以將函式主體直接指定給屬性，如下式：

```
var obj = {x:function(){ // 函式內容 }};
```

同樣的，透過 obj.x() 即可引用此函式，接下來的範例說明相關的設計。

範例 4-19　示範物件屬性函式

```
function w(message) { console.log(message) };           object-function.html
var obj = {
    msg: function () { console.log('Hello JavaScript !') },
    hello: function (message) { console.log(message) },
```

(續)

```
     welcome: w,
};
obj.msg();
obj.hello('HELLO');
obj.welcome('WELCOME');
```

其中以三種方式分別將各種不同的函式指定給物件屬性，最後經由屬性調用相關的函式將結果訊息輸出，結果如下：

```
Hello JavaScript !
HELLO
WELCOME
```

我們可以將函式當作值儲存至物件屬性的原因，在於函式本身亦是一個物件，你甚至可以將函式設定給一個普通的變數，我們繼續往下看。

函式物件

函式在 JavaScript 是一種相當特殊的元素，它是物件，但又與一般的物件不同，你可以將函式當作一個值指定給特定的變數，如下式：

```
var x=f ;
```

其中 x 是一個變數，而 f 則是預先定義的函式，接下來你可以透過變數 x 調用此函式，例如以下的程式碼：

```
x() ;
```

考慮以下的程式碼：

```
function add(x, y) {
        return x + y;
}
var a = add;
a(100,200);
```

最後調用 a 輸出結果為 300。如你所見，函式本身可以當作一個值來處理，而它自己也能建立自己專屬的屬性，這對於某些專屬的區域變數設計特別的有用，先來看相關作法：

```
f.message = pvalue ;
function f() { };
```

其中的 pvalue 是一個特定的值，例如字串、數字，甚至其它的物件等等，一旦你這麼作，這個屬性就只會屬於此函數 f。接下來我們便能透過 f 存取 message 這個屬性值，來看一段範例程式碼如下：

```
f.message = 'Hello';
function f() { };
var a = f;
a.message += ' JavaScript !';
console.log(a.message);
```

第一行將字串 Hello 設定給函式 f 的 message 屬性，接下來定義 f 函式主體，將 f 設定給變數 a，如此一來，a 參照至 f 函式，a.message 則會取得 Hello 這個字串，因此將其與另外一個 JavaScrtip 字串合併，以下為輸出結果：

```
Hello JavaScript !
```

除了屬性，我們當然可以進一步為此函式建立其專屬的方法，而這一部分牽涉另外一個原型（prototype）概念，下一節針對概念進行說明。

▌原型（prototype）

原型是一種特殊的概念，透過這個概念，你可以在 JavaScript 運用繼承技巧建立新的物件，而這也是物件導向語言最重要的機制。

JavaScript 讓每個物件均衍生至一個特定的物件，此物件稱為原型物件，透過 prototype 屬性的引用即可取得此物件。例如有一個物件 o，透過語法 o.prototype 即可取得 o 的原型物件，考慮以下這一行程式碼：

```
var op = o.prototype ;
```

其中的 op 即參照了 o 的原型物件。物件本身會同時具備原型物件的特性，因此你可以將共用的功能封裝成一個公用物件，然後將新建立的物件原型設定為此物件，如此一來新建立的物件不需撰寫任何程式碼，即可擁有需要的基礎功能。考慮以下的程式片段：

```
o.prototype = op ;
```

其中的 o 為一物件，同時具有 op 的功能。考慮以下的程式片段：

```
var op1 = { 'sayHello': 'HELLO Prototype !' };
function o1() { };   // 空物件
o1.prototype = op1;  // 讓 o1 具有 op1 的功能

function hello() {
    var h1 = new o1(); // 建立一個新的 o1 物件
    console.log(h1.sayHello); // 透過 o1 引用 op1 的屬性
}
```

其中的 o1 是一個空函式，當其 prototype 設定為 op1，則 op1 的功能亦會傳遞至 o1，如此一來即可直接透過 o1 物件來引用其 sayHello 屬性。要測試這段程式碼，只要呼叫 hello 函式即可在控制台輸出「HELLO Prototype !」訊息字串。

到目前為止，我們已經完成函式與物件的基本討論，而除了自行設計物件函式，JavaScript 內建了大量的物件，提供應用程式開發所需的基本功能需求，以下從最常用的物件－陣列開始進行討論。

4.9　陣列

陣列是初學者一開始必須瞭解的 JavaScript 內建物件，它提供了某些專屬功能，用來儲存管理一群的資料，並且透過數字索引進行存取。你可以透過 new 關鍵字搭配 Array 物件名稱建立空的陣列，語法如下：

```
var a= [ ] ;
```

接下來的兩行程式碼效果完全相同。

```
var a = new Array();
var a = [] ;
```

我們也可以建立預先儲存六個數字（或是任何數量的其它物件）的陣列。

```
var a=[4,5,6,7,8,9] ;
```

當你如此建立一個陣列物件之後，可以根據資料在其中的位置，指定對應的索引值將其取出，以此物件為例，索引值的起始值是 0，第一個位置的數值為 4，其索引值為 0；第二個位置的數值為 5，其索引值為 1，依此類推，程式碼如下：

```
a[0]    // 取出 4
a[1]    // 取出 5
```

你也可以透過索引，修改其中所儲存的值，例如以下這一行程式碼：

```
a[0]=100 ;
```

這一行將其中第 0 個索引位置的陣列值修改為 100。

陣列是非常重要的資料結構，JavaScript 針對陣列的操作，內建了一個具陣列運算功能的 Array 物件，當我們建立一個陣列物件，例如上述的 a，這個物件便會自動對應至 Array，因此我們可以直接使用此物件的功能來操作陣列。例如以下這一行程式碼：

```
a.length
```

其中引用 length 這個屬性，可以取得目前陣列中所儲存的物件數量，其回傳值為 6，表示其中儲存了六個元素。

除了上述的 length 屬性，Array 提供了大量的方法，支援陣列元素的操作，包括刪除、新增、插入，甚至合併等等，下表列舉這些方法。

方法	說明
concat()	結合兩個或兩個以上的陣列形成一個新的陣列並將其回傳。
indexOf()	搜尋陣列中的某個特定元素並且回傳其位置。
join()	將陣列中的所有元素合併成為一個字串。
lastIndexOf()	從陣列最後的位置開始搜尋某個特定元素並且回傳其位置。
pop()	取出陣列中最後一個元素並且將其從陣列中移除。
push()	將一個新的元素加入至陣列中的末端，並且回傳新的陣列長度。
reverse()	反轉陣列中的元素排列順序。
shift()	取出陣列中第一個元素並且將其從陣列中移除。
slice()	選取陣列中的部分內容，並且回傳新的陣列。
sort()	排序陣列元素。
splice()	從陣列中新增或移除元素。
toString()	將陣列轉換成為一個字串，並回傳結果。
unshift()	新增一個元素至陣列開始的位置並回傳新的長度。
valueOf()	回傳一個陣列的原始值。
shift()	取出陣列中第一個元素並且將其從陣列中移除。
slice()	選取陣列中的部分內容，並且回傳新的陣列。

巡覽陣列元素

陣列支援巡覽 for 迴圈的巡覽操作,考慮以下的陣列:

```
var a = [1, 2, 3, 4, 5, 6, 7, 8, 9, 0];
```

針對陣列 a 的內容,我們可以利用以下的語法,將陣列中的元素逐一取出:

```
for (var i = 0; i < a.length; i++) {
    // a[i] 取出位置索引 i 的元素
}
```

由於陣列元素的索引從 0 開始,因此 i 必須小於 a.length 屬性值,如此能正確回傳所有的元素。另外一個 for-in 語法同樣可以達到相同的效果如下:

```
for (e in a) {
    console.log(e);
}
```

for-in 語法相較於 for 簡潔,並直接回傳索引值,以下利用一個範例進行說明。

範例 4-20　示範 for 迴圈

```
<!DOCTYPE html>                                              for-in.html
<html>
<head>

    <title> 示範 for 迴圈 </title>
    <script>
        var msg = '';
        var a = ['A', 'B', 'C', 'X', 'Y', 'Z', 'Q', 'W', 'E', 'R'];
        for (i = 0; i < 10; i++) {
            msg += a[i] + ',';
        }
        msg += '\n';
        for (i in a) {
            msg+=i+',' ;
        }
        msg += '\n';
        for (i in a) {
            msg +=a[ i] + ',';

        }
        console.log(msg);
    </script>
</head>
<body>

</body>
</html>
```

首先配置一個陣列物件，其中儲存了十個元素，接下來逐一利用 for 迴圈，將其中的值取出，為了檢視 for-in 迴圈的效果，這裡執行了兩次 for-in 迴圈，其中第一次取出其索引鍵值，第二次則是透過索引取出陣列元素。

```
A,B,C,X,Y,Z,Q,W,E,R,
0,1,2,3,4,5,6,7,8,9,
A,B,C,X,Y,Z,Q,W,E,R,
```

如果沒有特別指定，陣列索引是從 0 開始遞增，因此在這個輸出結果中，我們看到 for-in 所取出的索引值是 0~9，現在考慮以下的程式碼：

```
var x = [];
x[0] = 100;
x[3] = 'aaa';
x[5] = 'HELLO';
```

其中定義一個空的陣列，然後依序加入三個新值，分別設定儲存至 0、3 與 5 等三個索引位置，接下來利用 for-in 迴圈巡覽如下：

```
for (i in x) {
        console.log(i);
}
```

其中取出的 i 值將會是 0、3 與 5。

除了陣列之外，針對各種應用程式的功能，還有其它特定的物件可使用，接下來利用一節的篇幅進行討論。

4.10　使用內建物件

JavaScript 內建大量的程式物件，對於這一類的物件，我們可以透過 new 關鍵字取得然後進行相關方法與屬性的引用以建立所需的應用程式功能，以下從日期資訊的應用開始，逐一討論幾個重要的入門物件。

▌ Date － 日期時間資訊

Date 物件包裝日期相關資料，支援日期資訊的取得，考慮以下的程式碼，建立一個 Data 物件：

```
var d = new Date();
```

接下來透過調用特定的方法，即可取得各種不同型式的日期資訊。

```
d.toLocaleString();          // 2013 年 2 月 4 日 下午 8:27:47
d.toLocaleDateString();      // 2013 年 2 月 4 日
d.toLocaleTimeString();      // 下午 8:27:47
```

以上列舉的三種方法可以分別用來取出完整日期時間資訊，或是僅取得日期、時間等特定資訊。你也可以指定一個特定的日期資訊以初始化 Date 物件，語法格式如下：

```
new Date(ms) // 1970/01/01 開始至指定時間的總毫秒數（milliseconds）
new Date(dateString)
new Date(year, month, day, hours, minutes, seconds, ms)
```

第一種格式接受整數參數 ms，表示從指定時間到 1970/01/01 之間所經過的時間長度，以毫秒為單位的整數。接下來第二種格式則以表示某一天的日期字串為參數，第三種格式則分別填入代表各日期時間單位的數字。

```
var d1 = new Date("October 16, 1995 10:21:00")
var d2 = new Date(95,6,24)
var d3 = new Date(89,11,22,10,33,0)
```

以上三組 Date 物件宣告均合法。除此之外，Date 物件還提供其它一系列的方法成員，支援日期時間的操作，這些方法可以概略分為 getxxx 與 setxxx，前者用以取得日期時間的各單位值，包含年、月、日、星期與時、分、秒，甚至以毫秒表示的特定日期時間等等，後者則用以設定某個日期時間。

- **getxxx**

取得日期時間中的某個特定單位，包含年、月、日、時、分、秒等等，例如 getFullYear() 取得表示年的數字，getTime() 表示取得至 1970.1.1 以來的時間毫秒數。

- **setxxx**

設定一個特定的日期時間，包含年、月、日、時、分、秒等等，例如 setFullYear() 設定其中的年，而 setTime() 以毫秒數表示設定時間。

▌ Math － 數學運算

當你要在程式中執行特定的數學運算，例如三角函數、對數或是平方、甚至取得亂數等等，都可以透過 Math 成員的引用來取得，包含幾個特定常數與靜態方法函式。

Math 提供了數種常數屬性，直接引用可以取得特定的數學值，例如 Math.PI 回傳
表示圓周率的常數值，列表如下：

屬性	說明
E	回傳一組歐拉數，大約值為 2.718。
LN2	回傳 2 的自然對數，大約值為 0.693。
LN10	回傳 10 的自然對數，大約值為 0.693。
LOG2E	回傳以 2 為基底對數 e 的值，大約值為 0.693。
LOG10E	回傳以 10 為基底對數 e 的值，大約值為 0.693。
PI	回傳圓周率。
SQRT1_2	回傳 1/2 的平方根。
SQRT2	回傳 2 的平方根。

表列的屬性直接引用即可取得相關的數學值，除此之外 Math 亦提供與數學有關
的方法成員，支援包含三角函式、絕對值、近似值的運算等等，列表如下：

方法	說明
abs(x)	回傳 x 參數的絕對值。
acos(x)	回傳 x 參數的 arccosine 值。
asin(x)	回傳 x 參數的 arcsine 值。
atan(x)	回傳 x 參數的 arctangent 值，回傳值範圍在 PI/2～PI/2 之間。
cos(x)	回傳參數 x 的 cosine 值。
sin(x)	回傳參數 x 的 sine 值。
tan(x)	回傳參數 x 的 tangent 值。
ceil(x)	無條件進位至最接近的整數值。
floor(x)	無條件捨去至最接近的整數值。
round(x)	取得最接近的整數。
log(x)	回傳 E 為基底的自然對數。
max(x,y,z,...,n)	回傳數列中最大值。
min(x,y,z,...,n)	回傳數列中最小值。
pow(x,y)	回傳 x 的 y 次方。

(續)

random()	回傳 0 與 1 之間的亂數值。
exp(x)	回傳 Ex。
sqrt(x)	回傳 x 的平方根。

String－字串處理

String 物件支援字串的處理，提供如合併、切割與大小寫轉換的字串處理功能，相關成員列舉如下表：

方法	說明
charAt()	回傳指定索引位置的字元。
charCodeAt()	回傳指定索引位置的 Unicode 字元。
concat()	合併兩個或以上的字串回傳。
fromCharCode()	將 Unicode 值轉換成對應字元回傳。
indexOf()	回傳字串中第一個找到的值的索引位置。
lastIndexOf()	回傳字串中最後一個找到的值的索引位置。
match()	比對正規式，並將符合的字串回傳。
replace()	比對子字串或是正規式，並以一個新的子字串將其置換。
search()	比對正規式，並將符合的字串位置回傳。
slice()	萃取字串的部分字元，並回傳為一個新的字串。
split()	根據識別字元將字串分割成子字串形成的陣列。
substr()	從一個指定的起始位置開始，萃取指定長度的子字串。
substring()	萃取兩個指定索引值間的子字串。
toLowerCase()	將字串轉換為小寫。
toUpperCase()	將字串轉換為大寫。
valueOf()	回傳字串物件的原始字串值。

Number－數字處理

數字的處理比較單純，你可以透過 Number 物件的屬性以及方法，來取得某些特定的數字，例如 JavaScript 的最大可能值，或是將數字轉換成以科學表示法表示的字串。下表列舉可用的屬性：

屬性	說明
MAX_VALUE	回傳 JavaScript 能表示的最大可能數值。
MIN_VALUE	回傳 JavaScript 能表示的最小可能數值。
NEGATIVE_INFINITY	表示一個負無限值。
POSITIVE_INFINITY	表示一個無限值。
NaN	表示非數值。

Number 物件亦提供幾個好用的方法，用以格式化數字，列舉如下：

方法	說明
toExponential(x)	將數字轉換成科學表示法表示的字串。
toFixed(x)	格式化數字保留 x 位數的小數。
toPrecision(x)	格式化數字至 x 長度。

4.11 全域物件與函式

JavaScript 有一個預先定義的全域物件，提供各種屬性與函式成員，支援各種基本的程式功能，由於它位於整個 JavaScript 程式碼的最頂層，因此不需要可以直接引用物件的屬性或方法函式，例如以下的程式片段：

```
isNaN('ABC')    // 回傳 true
isNaN(true)     // 回傳 false
isNaN(123)      // 回傳 false
```

其中 isNaN 測試傳入的參數是否為一個非數字，回傳 true 表示其為非數字，false 表示數字。由於這是一個全域物件的內建函式，因此 JavaScript 可以直接調用，例如 parseInt() 支援字串轉換為數字的功能，而 isNaN() 則提供測試某個值是否為非數字的判斷。下表列舉可用的全域函式。

類型	函式	說明
數值特性	isFinite()	檢視一個數值是否為有限數值。
	isNaN()	檢視一個數值是否為為非數字。
編碼 / 解碼	decodeURI()	反轉 escape() 轉換後的 URI 字串。
	encodeURI()	將一段 URI 中某些特定字元轉換為跳脫字元。
	escape()	將一段字串中某些特定字元轉換為跳脫字元。
	unescape()	反轉 escape() 轉換後的字串。

(續)

類型	函式	說明
數值轉換	parseFloat()	將字串格式的數值轉換為浮點數。
	parseInt()	將字串格式的數值轉換為整數。
其它	eval()	將一段字串轉換為 JavaScript 進行運算。

到目前為止，前述介紹的 JavaScript 物件，全域物件均定義了對應的屬性來回傳物件實體，因此透過屬性名稱－例如 Math，即可調用此物件專屬的方法函式以及屬性以進行相關的運算，其它還有 Date 與 String，前面均已作了說明，這裡不再討論。除了回傳特定 JavaScript 的全域屬性，另外還有數個代表特定值的全域屬性，如下表：

全域屬性	說明
Infinity	表示一個正無限大的數值。
NaN	表示一個非數字的值。
undefined	表示一個 undefined 的值。

同樣的，表列的屬性只需直接引用即可取得其表示的值，稍早討論型別已針對此三種屬性進行了相關的說明。你也可以透過關鍵字 this 取得全域物件，例如以下這一行程式碼：

```
var g = this ;
```

接下來，我們用一個簡單的範例，以不同的方式調用全域物件的方法，進行字串與數字的轉換。

範例 4-21　全域函式調用

```
<!DOCTYPE html>                                          global.htm
<html>
<head>
    <title> 全域函式調用 </title>
</head>
<body>
    <script>
        var a = '100';
        var b = '200.02';
        var sum1 = a + b;
        console.log(sum1);
        var sum2 = parseInt(a) + parseFloat(b);
        console.log(sum2);
```

(續)

```
            var sum3 = this.parseInt(a) + this.parseFloat(b);
            console.log(sum3);
            var g = this;
            var sum4 = g.parseInt(a) + g.parseFloat(b);
            console.log(sum4);
        </script>
</body>
</html>
```

這個範例中的 JavaScript 首先宣告兩個變數，分別指定字串內容，並且利用「+」運算子將其合併輸出，由於是字串，因此輸出結果是兩個數字的合併而非加總。

接下來調用全域函式 parseInt 與 parseFloat ，將兩個變數轉換為對應的數值然後重新以「+」運算子進行加總輸出。

讀者可以發現其中的程式碼分別以不同的方式調用全域函式，首先是直接調用，接下來是以 this 關鍵字調用，最後則是透過 this 關鍵字取得全域物件的參照變數 g ，然後透過 g 進行調用。

```
100200.02
300.02
300.02
300.02
```

讀者可以從輸出結果發現，不同的調用方式效果相同，對於瀏覽器而言，這裡的關鍵字 this 即為 Window 物件，直接透過 window 引用意思相同。

```
var sum5 = window.parseInt(a) + window.parseFloat(b);
```

其中以 window 取代 this 並得到相同的結果。

4.12　Window 物件

Window 是 JavaScript 最重要的全域物件，支援瀏覽器視窗的操作功能，前一個小節的說明中，我們已經看到了如何使用此物件進行全域函式或是其它相關成員的存取，這一個小節，我們進一步討論相關的細節。

在 JavaScript 中，Window 物件可以透過 window 屬性取得，因此直接引用即可，由於它是最頂層的物件，除了內建的功能成員－例如前述的 parseInt() 可以直接引用之外，網頁中動態建立的成員，包含全域變數與各種函式，同樣可以透過此物件進行存取。

範例 4-22　全域物件的直接引用

```
                                                        window-demo.html
<!DOCTYPE html>
<html>
<head>
     <title> 全域物件的直接引用 </title>
</head>
<body>
     <script>
          var g = 'ABCDE';
          function showMsg() {
               alert('showMsg 輸出 :'+g);
          }
          console.log(g);
          console.log(this.g);
          console.log(window.g);
          window.showMsg();
     </script>
</body>
</html>
```

一開始宣告一個變數 g ，同時定義一個函式 showMsg() ，兩者均成為全域物件的成員，因此接下來無論直接引用、透過 this 或是 window 均能存取這些自訂的成員。

全域物件可以透過 this 關鍵字或是 window 屬性進行存取，window 是全域物件 Window 的一個屬性，除此之外，還有其它屬性支援更多的功能。

螢幕大小 － Screen 物件

window.screen 回傳一個 Screen 物件，透過此物件調用相關的屬性，我們可以取得螢幕大小與像素位元等資訊，下表列舉相關的資訊：

屬性	說明	屬性	說明
width	螢幕寬度	availWidth	扣除工具列等實際可用螢幕寬度。
height	螢幕高度	availHeight	扣除工具列等實際可用螢幕高度。
colorDepth	螢幕每個像素的位元		

以下一連串的程式碼示範相關屬性的輸出。

範例 4-23　視窗尺寸資訊

```
<!DOCTYPE html>                                      screen-demo.js
<html>
<head>
        <title> 示範 screen 物件 </title>
        <script>
            document.writeln(
                ' 寬度：' + screen.width + '/' +
                ' 高度：' + screen.height + '<br/>');
            document.writeln(
            ' 可用寬度：' + screen.availWidth + '/' +
            ' 可用高度：' + screen.availHeight + '<br/>');
            document.writeln(' 位元像素：' + screen.colorDepth);
        </script>
</head>
<body>
</body>
</html>
```

其中逐項引用上述的表列屬性，最後輸出結果如下：

```
寬度：1680/ 高度：1050
可用寬度：1680/ 可用高度：1010
位元像素：32
```

這裡的內容相當容易理解，請讀者自行比對程式碼與表列說明。

瀏覽器資訊

window.navigator 回傳一個 Navigator 物件，它支援數個不同的屬性，用以取得瀏覽器名稱、版本號碼甚至供應商等相關資訊，下表列舉相關的資訊：

屬性	說明
appCodeName	回傳瀏覽器代號名稱。
appName	瀏覽器完整名稱，例如 Microsoft Internet Explorer（ IE ）、Netscape（ Firefox 、Chrome ）或是 Opera （ Opera ）等等。
appVersion	回傳瀏覽器版本資訊。
platform	回傳瀏覽器編譯平台。
userAgent	回傳瀏覽器回傳至伺服器的 user-agent 標頭資訊。
onLine	瀏覽器如果是網路連線狀態回傳 true ，否則為 flase。
cookieEnabled	瀏覽器如果允許 cookies 功能則回傳 true ，否則為 false。

另外，你可以調用 navigator.javaEnabled() 以取得一個 Boolean 值，如果是 true 表示瀏覽器允許 Java 功能，否則為 false。

▌ URL 資訊

window.location 回傳 Location 物件，此物件包含了目前 URL 的資訊，下表列舉相關的屬性：

屬性	說明
hash	回傳 URL 連結部分資訊。
host	回傳 URL 主機與通訊埠編號。
hostname	回傳 URL 主機。
href	回傳完整的 URL。
pathname	回傳 URL 路徑名稱。
port	回傳 URL 通訊埠編號。
protocol	回傳 URL 通訊協定。
search	回傳 URL 搜尋部分資訊。

Location 物件另外提供幾個方法，透過這些方法的調用，我們可以經由程式化的方式改變目前載入的網頁，下表列舉之。

屬性	說明
assign()	載入一份新的網頁文件。
reload()	重新載入目前的網頁文件。
replace()	以新的文件置換目前的文件，無產生新頁記錄。

Summary

本章針對 JavaScript 作了入門的介紹，其中觸及的內容，已足夠應付本書後續討論課程，請務必完全瞭解本章的課程內容。無論如何，JavaScript 本身是個龐大的主題，本章無法涵蓋所有相關的內容，其它需要的部分，將於課程中適時補充。

評量

1. JavaScript 必須配置於 script 元素中，請說明 script 標籤配置於 <head> 與 <body> 標籤間的差異。

2. 假設有一個獨立的 JavaScript 外部檔案，請說明如何透過 script 標籤將其含入目前的網頁。

3. 假設有一個字串「ABCDE」，請撰寫程式碼將其輸出控制台。

4. 你可以透過 document 與 console 將訊息文字輸出，請說明這兩者的區別，並且分別以兩種方式將訊息文字輸出。

5. 請說明以下的程式碼，最後 result 的輸出值為何？

```
v1=111 ;
v2=222 ;
resutl=v1+v2;
```

6. 請宣告兩個變數，分別為 a 與 b，然後設定 a 的值為 1234，而 b 的值為 5678，並各別輸出這兩個變數的加、減、乘、除結果。

7. 承上題，請直接於宣告時初始化，然後再作一次。

```
A：
var a ;
var b ;
x=1234  ;
y=5678  ;
z=x+y; // 其它運算類推
```

8. 請撰寫程式，列舉 JavaScript 數值型別的最大與最小可能值。

9. 請簡述 NaN 的意義。

10. 考慮以下的程式碼：

```
var a = 695365214;
var b = -1;
console.log(a / 0);
console.log(b / 0);
```

請說明最後兩行的輸出結果。

11. 請宣告一個變數，儲存一段字串「HTML5 完美風暴」，並分別以「"」與「'」進行設定。

12. 考慮以下程式片段中 x 變數的值，請說明 x 變數的輸出值為何？

```
var x ='ABC="DEF"+"GHI"' ;
```

13. 說明 \n 的意義。

14. 說明以下的輸出結果：

```
typeof ('100')
typeof (false)
typeof (6000)
```

15. 說明以下的輸出結果：

```
typeof(null)
typeof(undefined)
```

16. 假設有以下四個變數：

```
var i = '123';
var j = '456';
var x = 123;
var y = 456;
```

請分別說明 j + j 與 x + y 的輸出結果。

17. 考慮以下的程式碼：

```
var x = 365;
var y = 365;
var a = ++x;
var b = y++;
```

請說明這四行程式碼執行完畢之後，其中四個變數的值。

18. 簡述 == 與 === 運算子的差異。

19. 承上題，說明以下三行運算的結果：

```
null == undefined
null === undefined
NaN==NaN ;
```

20. 簡述 if 判斷式與 switch 的差異。

21. 簡述 while 與 do/while 迴圈的差異。

22. 簡述 break 與 contiune 語法的流程跳躍差別。

23. 請建立一支函式接受兩個參數,可回傳兩個參數的乘積。

24. 請建立一個 house 物件,並且建立 size、price 與 age 等屬性以記錄此 house 物件相關資料如下:

```
size=60 坪 , price=1200 萬 ,age=20 年
```

25. 考慮以下的程式片段:

```
var o = { x: function () { console.log('HELLO');} };
```

請問如何執行其中的函式功能。

26. 簡述何謂 prototype?

27. 考慮以下的宣告,請利用一個迴圈將其中的四個值取出:

```
var msg = ['AA', 'BB', 'CC', 'DD'];
```

28. 請利用 Date 物件取出目前的日期。

29. 請利用 Math 物件,取得 -120 與 120 的絕對值。

30. 說明 Screen 物件的屬性,width 與 availWidth 的差異。

第五章

元素存取與網頁結構操作

Web

前端開發完全入門

到目前為止,我們完成了前端開發的三大基本技術 — HTML、JavaScript 與 CSS 的入門討論,這一章將進一步討論如何透過 JavaScript,控制 HTML 與 CSS,建立可動態改變的網頁內容。

5.1　操作網頁元素

在網頁中無論是要取得使用者輸入的數值,或是將運算完成的結果,顯示在畫面上,都必須透過 JavaScript 取得相關標籤才能運作,最普遍的作法,是透過 document 引用 getElementById(),並且將所要取得的標籤其 id 屬性指定給小括弧並以單引號標示,如下式:

```
document.getElementById('a')
```

由於一個網頁中,任何標籤的 id 屬性均不能重複,因此指定了 id 屬性即可取得此標籤,並且對其進行操作。而除了 getElementById 方法之外,你也可以透過 CSS 選擇器達到相同的目的,而需要引用的則是 querySelector 方法,完整的語法如下:

```
document.querySelector('#a')
```

同樣的,你必須指定 id 屬性名稱,不過須以選擇器的格式指定,因此以「#」為字首,這一行程式的效果與上述引用 getElementById 方法的效果相同。

範例 5-1　　存取單一網頁元素

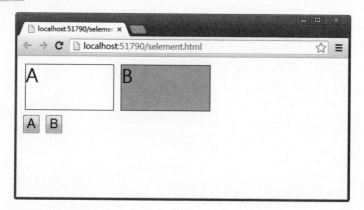

網頁上配置了兩個矩形方塊,按下其下方對應的按鈕,可以切換背景顏色。

```html
<!DOCTYPE html>
<html>
<head>
    <title></title>
    <script>
        function ab() {
            document.getElementById('aarea').
                style.backgroundColor = 'silver';
            document.getElementById('barea').
                style.backgroundColor = 'white';
        }
        function bb() {
            document.querySelector('#aarea').
                style.backgroundColor = 'white';
            document.querySelector('#barea').
                style.backgroundColor = 'silver';
        }
    </script>
</head>
<body>
    <div id="aarea" style="width:160px;height:80px;…">
        A
    </div>
    <div  id="barea"  style="width:160px;height:80px;…">
        B
    </div>
    <div style="clear:left;font-size:24px;">
        <button style="font-size:24px;" onclick="ab()">A</button>
        <button style="font-size:24px;" onclick="bb()">B</button></div>
</body>
</html>
```

selement.html

當兩個按鈕被按下時,會分別執行 ab() 與 bb() 函式。前者透過 getElementById() 取得畫面上的 A 與 B 兩個 div 元素並重設其背景顏色,後者則是透過 querySelector() 調用完成相關的設定。

除了取得單一元素,我們還可以透過 JavaScript 語法進一步調用,同時結合選擇器進行一個以上的元素存取。下一節透過範例說明如何利用到目前為止我們所學習的知識,建立一個簡單的加法運算器,然後在這個範例的基礎上,針對如何透過 JavaScript 與選擇器的結合操作文件作進一步的說明。

5.2　取得元素內容文字

除了取得元素，我們也可以進一步取得元素的內容文字，由於 HTML 本身就是純文字內容，因此當你想要取得元素的內容文字時，有幾種不同的狀況，以下逐一列舉說明。

InnerHTML 與 outerHTML

考慮以下的 div 標籤配置：

```
<div   id="msg">
    <p style="color:maroon;font-size:36px;font-weight:600;">HTML5 從零開始 </p>
</div>
```

這一組 div 中配置了一個巢狀式的 p 標籤，然後設定了一些樣式，如果要將 div 標籤中的內容取出，可以調用 innerHtml ，例如以下的程式碼：

```
document.getElementById('msg').innerHTML
```

這一行程式碼取得畫面中的 div 元素，然後引用 innerHTML 即可取出其中的所有內容，結果如下：

```
<p style="color:maroon;font-size:36px;font-weight:600;">HTML5 從零開始 </p>
```

如你所見，innerHTML 會取出 div 標籤內部的所有內容，但不包含 div 標籤本身，如果要連同 div 標籤整組內容全部取回，可以引用 outerHTML ，原理相同，所需的語法如下：

```
document.getElementById('msg').outerHTML
```

由於其中引用的是 outerHTML ，因此回傳的是整組 div 標籤，包含其所有內容。如果要取出的是標籤中的純文字內容，則我們需要另外一組屬性－ innerText 與 textContext。

innerText 與 textContext

現在針對上述的 div 標籤，引用 innerText 與 textContext ，來看看取出的結果，考慮以下的程式碼：

```
document.getElementById('msg').textContent
```

這一行程式碼引用 textContent，會輸出其中「HTML5 從零開始」這一段純文字的內容，

```
HTML5 從零開始
```

另外有一個屬性 innerText，同樣可以取得純文字內容，所需的語法如下：

```
document.getElementById('msg').innerText
```

無論引用 textContent 或是 innerText，回傳的都只會是純文字的內容，這兩者的差異在於 innerText 會省略不必要的空白字元。另外，innerText 會保留 HTML 的輸出格式，考慮另外一段標籤配置如下：

```
<div id="msg">
    <div>HTML5 經典：<div>HTML5 從零開始 </div></div>
</div>
```

其中的 div 標籤內容是另外兩組巢狀式 div 標籤，並且包含了文字內容，現在分別以 innerText 與 textContent 將文字內容輸出，結果如下：

```
HTML5 經典：HTML5 從零開始    // textContent 輸出的內容
HTML5 經典：                  // innerText 輸出的內容
HTML5 從零開始
```

第一行是 textContent 輸出的內容，其保留了標籤中的空白，而 innerText 則除了移除不必要的空白之外，還會保留 HTML 輸出格式，就如同在網頁上的輸出結果。

要特別注意的是，在新的 DOM 規格中，textContent 是標準屬性，因此當你需要取得標籤的內容文字時，記得引用 textContent，避免使用 innerText 導致瀏覽器不支援的錯誤。

Input 標籤與 value 屬性

當網頁上配置了 Input 標籤以接受使用者的輸入，可以透過引用 value 屬性取得或是重設其中的值，考慮以下的配置：

```
<input  id="msg" type="text"   value ="HTML5 文字方塊"  />
```

此標籤會在網頁上配置一個文字方塊，而 value 屬性值則會顯示在文字方塊上，外觀如下：

HTML5文字方塊

現在你可以經由 value 屬性將文字方塊中的值取出，或是進一步重設：

```
var x document.getElementById('msg').value ;
document.getElementById('msg').value = newValue ;
```

第一行取出文字方塊中的值，第二行則將一個新值 newValue 設定給文字方塊。

到目前為止我們完成了最基礎的網頁操作討論，下一個小節直接透過範例結合前述章節所討論的技巧，進行相關的應用說明。

5.3　開發簡單的應用程式－加法運算器

學習程式設計最快的方式就是去用它，因此具備 HTML、CSS 以及 JavaScript 的概念後，我們要開始發展第一支具備真正功能的應用程式了。用來示範的這支加法運算器程式為 add-css-style.html，外觀看起來像這個樣子：

其中兩個方塊，可以讓使用者輸入要進行加法運算的值，右邊的「＝」按鈕按下時，會針對這兩個輸入的數字作加總，然後將結果輸出於畫面上，如下圖：

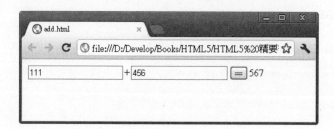

於畫面上的兩個文字方塊中，輸入欲進行加法運算的兩個數值，分別是 111 與 456，按一下「＝」按鈕，將結果輸出。建立這支小程式需要兩個步驟，包含畫面配置與 JavaScript 邏輯程式碼的撰寫，以下逐一作說明。

畫面配置

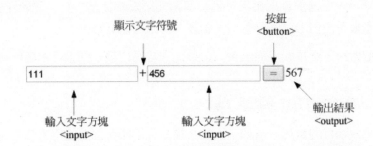

如你所見，畫面中包含了五個元素，文字方塊需要 <input> 標籤，等於（＝）按鈕則是一個 <button> 標籤，而用來顯示運算結果的則是 <output>，另外還有一個加法（＋）符號，直接配置「＋」這個字元即可。現在建立一個文字檔，將其命名並且儲存為 add.html，於文字檔中配置如下的內容：

```
<!DOCTYPE html>
<html>
<head>
        <title> 加法運算器 </title>
</head>
<body>
        <input type="text" />+<input type="text" />
        <button> = </button>
        <output ></output>
</body>
</html>
```

於 <body> 這一組標籤中，依其出現的順序，加入上述提及的數種標籤，斷行是為了方便閱讀不影響在畫面上的呈現，它們會連續出現在畫面中，你也可以將這一整行連結起來。

• input

這個標籤用來表示一個輸入介面，它有很多不同的型式，透過 type 屬性進行設定，以這個範例為例，將 type 設定為 text，表示要配置一個文字方塊，結果如下：

```
<input type="text" />
```

其中設定了 type 屬性，當你設定其它值的時候，出現的會是別種型式的輸入介面，這是一個大議題，本書後文將有進一步的討論。

- **output**

專門用來顯示一個運算輸出結果，這個標籤如果沒有特別設定，例如此範例中的配置，則不會有任何內容，只會預先配置一個隱形的區域。

完成標籤配置只是將畫面呈現出來，必須進一步撰寫程式碼讓程式具備功能。

▎撰寫 JavaScript 程式碼

這支程式所要執行的是加法運算，因此必須能夠取得畫面上使用者輸入兩個 input 標籤的值，同時在使用者按下「 = 」按鈕時，將這兩個值加總並且顯示在 output 標籤上，我們要進行屬性設定來達到這個目的，首先為這些標籤設定 id 屬性，以 <input> 為例：

```
<input id="a" type="text" />
```

其中將 id 屬性設定為 a ，這個屬性值用來識別此標籤，它必須是唯一值，你不可以在任何其它的標籤上重複指定相同的名稱 a 給其它的標籤。另外，我們第一次在同一個標籤上設定一組以上的屬性，在這種情形下，第二組以上的屬性必須以空白分開。設定完成後的配置如下：

```
<body>
      <input id="a" type="text" />+<input id="b" type="text" />
      <button onclick="add()" > = </button>
      <output id="result"></output>
</body>
```

在這段設定中，button 的 onclick 為其註冊 click 事件以回應使用者的按鈕操作。

事件的議題於下一章作討論，讀者目前瞭解經過此設定，使用者按下按鈕即會執行 add() 函式即可。

至於 output 的 id 則是設定為 result ，接下來我們透過這些 id 屬性值來取得它們的內容，以 a 為例，所需的程式碼如下：

```
document.getElementById('a').value  ;
```

這一行程式碼透過 document 取得畫面上的標籤，並引用其 value 屬性取得其中的值。接下來使用「.」引用名稱為 value 的屬性，這個屬性能取出其中輸入的任何文字。同樣的，另外一個 input 的取值方式相同，只是必須將 a 改成 b。取得 a 與 b 兩個值，即可將其相加以取得加法運算的結果，如下式：

```
document.getElementById('a').value+document.getElementById('b').value
```

這一行程式碼會將使用者輸入的兩個數字進行加總並回傳結果值，運算如下：

```
111+456
```

上述的程式碼稍嫌冗長，我們現在調整寫法，先將取出的數儲存到一個變數當中，再進行加總，所需的語法如下：

```
x=document.getElementById('a').value ;
y=document.getElementById('b').value ;
```

其中第一行的 x 與第二行的 y 都是自訂名稱的變數，你可以隨意命名，例如 a 或 b 也可以，接下來將其加總：

```
x+y
```

以上的效果完全相同，加總完成後得到的結果 567 進一步設定給 output 元素，先取得此標籤然後將其 value 屬性設定為 x＋y 的結果即可，如下式：

```
document.getElementById('result').value =  x+y ;
```

其中的 x＋y 這組運算結果，會被指派給 id 屬性等於 result 的這個標籤的 value 屬性，如此一來，畫面上就會出現這個值。至此，所有的運算式都寫完了，再一次的，我們將其包裝配置於一個函式當中，語法如下：

```
function add() {
     var a = parseInt(document.getElementById('a').value);
     var b = parseInt(document.getElementById('b').value);
     document.getElementById('result').value =  a+b ;
}
```

最後，這一段程式碼請配置於 <script> 標籤中，表示此為一段邏輯運算程式，然後將 <script> 配置於 <head> 區塊，完整內容如下：

```
<head>
     <title> 加法運算器 </title>
     <script>
         function add() {
             var a = parseInt(document.getElementById('a').value);
             var b = parseInt(document.getElementById('b').value);
             document.getElementById('result').value =  a+b ;
         }
     </script>
</head>
```

另外還要設定 button 的 click 事件處理器，完成以下的設定：

```
<button onclick="add()" > = </button>
```

現在只要使用者按下「=」按鈕，便會觸發 click 事件，執行 add() 函式進行加法作業。

另外，你也可以選擇調用 querySelector() 取得欲操作的的元素，修改如下：

```
<script>
     function add() {
         var a = parseInt(document.querySelector('#a').value);
         var b = parseInt(document.querySelector('#b').value);
         document.getElementById('result').value = a + b;
     }
</script>
```

現在我們將 getElementById() 置換成 querySelector()，程式的加法運算功能完全沒有改變，而相較於 getElementById()，由於選擇器強大的彈性，你可以透過定義的選擇器截取任何網頁上的標籤，這對於複雜的網頁內容操作特別的有用。

完成了應用程式的基礎功能，在預設的情形下，網頁只呈現了最基礎的內容，這還不適合直接開放給使用者，因此接下來必須透過 CSS 調整其外觀，以下逐一作說明。

▌調整外觀－縮短文字方塊長度

預設的文字方塊太長因此必須將其縮短，要達到這個目的只需設定 width 樣式即可，以第一個文字方塊為例，設定其 style 屬性如下：

```
<input id="a" type="text" style="width:60px;" />
```

其中設定了一個 width 樣式指定其值等於 60px，px 是像素單位，表示以 60 個像素的寬度呈現文字方塊，完成後的畫面如下：

如你所見，左邊的 a 文字方塊變短了，同樣的，右邊的文字方塊依相同的方式進行設定即可，最後的結果如下：

▌ 調整外觀－放寬加法符號（＋）的邊距

完成設定之後，接下來調整文字方塊與「＋」的距離，對於左邊的文字方塊，需要的屬性是 margin-right，這個屬性表示與右邊元素的距離，同樣以像素為單位，將其設定如下：

```
<input id="a" type="text" style="width:60px;margin-right:10px;" />
```

這一次的 style 設定了 margin-right 樣式項目為 10 px，如此一來，a 文字方塊會與它右邊的元素保持 10px 的距離，如下圖：

接下來調整右邊文字方塊，由於「＋」在左邊，因此設定 margin-left 屬性：

```
<input id="b" type="text" style="width:60px;margin-left:10px;" />
```

完成兩個文字方塊的設定，最後就得到以下的畫面，這一次符號「＋」多出來的空間不再與文字方塊連在一起。

▎ 調整外觀－調整數值呈現方向

由於這個應用程式提供的是兩個數值資料的加法運算，因此使用者於文字方塊輸入的均是數字，而通常數字資料會以靠右的方向呈現，而非文字資料的靠左，要達到靠右的效果，所需的樣式項目是 text-align，這個項目預設是靠左對齊，樣式值為 left，明確的將其指定為 right 即可，如下式：

```
<input id="a" type="text" style="width:60px;
                                 margin-right:10px;
                                 text-align:right;" />
```

現在，檢視其效果，由於只設定了左邊的 a 文字方塊，因此當輸入數字之後，與未設定的 b 文字方塊效果差異如下：

到目前為止我們完成了所需的 CSS 設定，完整的設定如下：

```
<body>
    <input id="a" type="text"
          style="width:60px;margin-right:10px;text-align:right;" />+
    <input id="b" type="text"
          style="width:60px;margin-left:10px;text-align:right;" />
    <button onclick="add()" > = </button>
    <output id="result"></output>
</body>
```

在 a 與 b 兩個 input 元素中設定了 style 屬性，因此現在可以得到比較好的視覺效果，在網頁上呈現的結果如下：

如你所見，相較於原來未經過設定的外觀，經過 CSS 調整的操作介面在視覺上呈現了比較合適的效果。

▌運用選擇器組織 CSS

到目前為止，前一個小節中的加法運算程式，已經順利的調整為我們要求的外觀，這個程式基本上算是已經完成基本的設計與開發，不過它的 CSS 還有進一步調整的必要，這一節就來談這一部分。

設定 CSS 最簡單的方式，便是直接於所要設定的標籤裡面指定 style 屬性，我們在前述的討論裡面已經看到相關的實作，但是在實務的開發上，為了方便維護並不太會這麼作，除了針對某個特定的標籤設定，大致上這些 CSS 樣式均是直接抽取出來統一管理，就如同撰寫 JavaScript 會配置在 <script> 當中的意思是一樣的，這種作法有很多好處，我們先看實作，再作進一步的說明。

同樣的，依然以加法運算程式進行說明，在上述討論過程中，其中針對兩個文字方塊作了 CSS 設定，如下式：

```
<input id="a" type="text"
       style="width:60px;margin-right:10px;text-align:right;" />+
<input id="b" type="text"
       style="width:60px;margin-left:10px;text-align:right;" />
```

在這種情形下，重複設定將導致應用程式難以維護，一旦其中某些設定需要更動，相關的標籤便須逐一調整其 style 樣式，由於這只是教學用的範例，因此影響不大，實際上線運作的案例，通常會需要大量的 CSS 設定，如此一來將導致大量的維護成本，為了改善這種狀況，現在我們來調整 CSS 的設定方式。

首先在 <head> 裡面配置以下的標籤：

```
<style></style>
```

將原來設定於文字方塊 style 屬性裡面的樣式提取出來，配置於此組標籤中，結果如下：

```
<style>
input
{
    width:60px;
    margin-right:10px;
    text-align:right;
}
</style>
```

其中的內容讀者已經能夠理解，現在請特別注意開始與結束的部分，由於這組樣式將套用於 <input>，因此指定了 input 這個名稱，然後將所有的樣式內容配置於大括弧即可。現在將 HTML 中的兩組 <input> 內容裡面的 style 屬性整個移除，HTML 的部分看起來像這個樣子，其中的 <input> 標籤變乾淨了：

```
<body>
     <input id="a" type="text"  />+
     <input id="b" type="text"  />
     <button onclick="add()" > = </button>
     <output id="result"></output>
</body>
```

重新瀏覽網頁，我們可以看到以下的效果：

如你所見，除了 style 屬性，只需撰寫一次樣式即達到相同的設定效果，不過仔細檢視之後，會發現第二個文字方塊與加號（＋）連在一起了，然後與右邊的「＝」按鈕距離變大了，這是因為樣式被指定套用至 <input> 標籤，所有的 <input> 標籤均會受影響，因此接下來，我們要進一步針對其中差異的部分進行設定。

▌選擇器樣式設定

回頭看上述的設定，其中使用 input 選擇器針對所有的 <input> 標籤進行套用，另外一種是 id 屬性識別選擇器，以「#」為字首連接所要設定的標籤 id 屬性，調整之後如下：

```
<style>
input
{
     width:60px;
     text-align:right;
}
#a
{
     margin-right:10px;
}
#b
{
     margin-left:10px;
}
</style>
```

input 選擇器中的 margin-right 移至 #a 表示套用至 id 屬性為 a 的標籤,而 #b 則設定 margin-left 屬性。

假設現在我想要將文字方塊的背景與文字顏色,同時包含輸出結果的樣式一併作調整,可以經過以下的設定:

```
input
{
    width:60px;
    text-align:right;
    background:black ;
    color:silver ;
}
```

其中加入了兩組樣式,background 將背景設定為黑色,而 color 以淺灰色呈現文字,因此得到以下的結果:

如你所見,這些設定再一次改變了 input 標籤的外觀。

以上的範例,透過 JavaScript 存取網頁中的元素,並且設定其樣式,同時取得運算結果,其中包含屬性、樣式與事件設定,需要進一步說明,本章將完成相關內容的討論,而事件的設定,則於下一章進行完整的說明。有了實作的經驗,緊接著進一步討論一個以上的網頁元素存取技巧。

5.4 操作一個以上的網頁元素

選擇器的種類相當廣泛,應用亦非常具有彈性,本章一開始提及的 querySelector() 透過選擇器取出某個特定的元素,如果要取出一個以上的元素,則必須調用另外一個方法 querySelectorAll(),首先來看一個範例。

範例 5-2　queerySelector 與多元素的存取問題

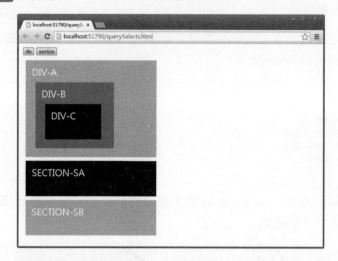

畫面上有兩組方塊，第一組由三個 div 元素以巢狀型態配置；第二組則是 section 元素以前後順序配置，左上角配置兩個按鈕，按下 div 按鈕，會找到第一個 div 元素，將其中的文字顏色改變為紅色；按下 section 按鈕，則會找到第一個 section 元素，並將其中的文字顏色改成紅色。

```
                                                        querySelects.html
<body>
    <button onclick="setdiv()">div</button>
    <button onclick="setsection()">section</button>
    <div style="…">
        DIV-A
        <div style="…">
            DIV-B<div style="…">DIV-C</div>
        </div>
    </div>
    <section style="…">SECTION-SA</section>
    <section style="…">SECTION-SB</section>
</body>
```

以上是網頁的配置，其中兩組測試用的矩形分別由 div 元素以及 section 元素所定義。接下來調用 querySelector() 取出其中的 div 與 section 元素。

```
<script>
    function setdiv() {
        document.querySelector('div').
            style.color = 'red';
    }
    function setsection() {
```

(續)

```
        document.querySelector('section').
            style.color = 'red';
    }
</script>
```

由於 querySelector 只能取出第一個元素，因此這段語法取出的分別是最外層的 div 元素以及最上方第一個出現的 section。如你所見，querySelector 僅能找出第一個符合選擇器的元素，如果要將所有符合選擇器條件的元素全部取出，必須調用另外一個方法 querySelectorAll() ，考慮以下的程式碼：

```
document.querySelectorAll('div')
```

這一行將取得網頁文件上的所有 div 元素，並且包裝為陣列回傳，當你指定其它的選擇器，querySelectorAll 方法將回傳所有符合此選擇器條件的元素。

回到前述「加法運算器」實作範例，現在於網頁中另外配置一個 button 標籤，提供清空文字方塊內容的功能，所需的 HTML 如下：

```
<body>
    <input id="a" type="text"  />+
    <input id="b" type="text"  />
    <button onclick="add()" > = </button>
    <output id="result"></output>
    <hr />
    <button id="clear" onclick="clearText()"> 清空文字方塊 </button>
</body>
```

這裡配置了一個 button ，並且將其 id 屬性設定為 clear ，由於我們要讓使用者按下按鈕之後，執行文字方塊的清空動作，因此指定 onclick 之後要執行的程式 clearText()。這裡我們還看到一個 <hr/> 標籤，它會在網頁上畫出一條水平線，呈現視覺上的分隔效果。

接下來於 <script> 標籤內加入以下的 clearText() 程式碼：

```
function clearText() {
    var inputs = document.querySelectorAll('input');
    inputs[0].value = '';
    inputs[1].value = '';
}
```

其中首先調用 querySelectorAll() 取得所有的 input 標籤，一旦此行程式碼執行完畢，這些標籤便會被取出儲存至 inputs 這個變數中，而這是一個陣列，你必須以陣列的語法逐一取出其中的 input 標籤，所需的語法是 inputs[n]，中括弧裡面的 n 是索引值，從 0 開始，由於畫面上有兩個文字方塊，要取得第一個文字方塊是 inputs[0]，第二個文字方塊則是 inputs[1]，因此接下來逐一將取出的文字方塊 value 屬性設定為空字串。

由於透過標籤名稱選擇器只能選取同一個類型的標籤進行設定，而輸出欄位是 output 標籤，因此無法同時清空。這裡利用 class 設定一次取回其中的 input 與 output 標籤，設定如下：

```
<body>
    <input id="a" type="text" class="valuestyle" />+
    <input id="b" type="text" class="valuestyle" />
    <button onclick="add()" > = </button>
    <output id="result" class="valuestyle" ></output>
    <hr />
    <button id="clear" onclick="clearText()"> 清空文字方塊 </button>
</body>
```

請注意無論 input 或是 output 標籤，均設定了 class="valuestyle"，接下來調整 CSS 設定，原來的 input 樣式如下：

```
input
{
    width: 60px;
    text-align: right;
    background: black;
    color: silver;
}
```

現在將項目名稱 input 改成 .valuestyle，大括弧的內容則維持不變：

```
.valuestyle
{
    width: 60px;
    text-align: right;
    background: black;
    color: silver;
}
```

如此一來網頁中所有 class 屬性設定為 valuestyle 的標籤都將套用此樣式，因此重新於瀏覽器檢視此網頁的內容，會得到如下的結果：

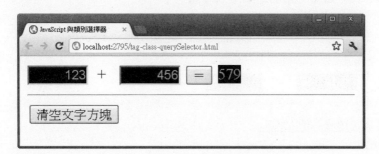

如你所見，不僅文字方塊本身，其輸出結果同樣套用了指定的樣式。現在我們進一步修改「清空文字方塊」按下之後所要執行的 JavaScript 程式碼，由於之前調用 querySelectorAll() 指定的是標籤的名稱，因此清空的僅會是文字方塊的內容，如下圖：

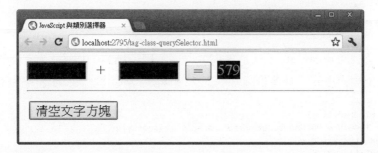

這個結果其實並不合理，我們希望的是一併清空輸出結果，這個時候類別選擇器就可以派上用場了，clearText() 原來的內容如下：

```
function clearText() {
    var inputs = document.querySelectorAll('input');
    inputs[0].value = '';
    inputs[1].value = '';
}
```

將 querySelectorAll() 的參數 input 修改為 .valuestyle 如下：

```
function clearText() {
      var inputs = document.querySelectorAll('.valuestyle ');
      inputs[0].value = '';
      inputs[1].value = '';
      inputs[2].value = '';
}
```

由於 class 屬性設定為 valuestyle 的標籤有三個，因此最後還要將 inputs[2] 的 value 也設定為空值，如此一來即可清空三個值如下：

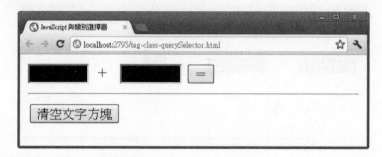

現在讀者瞭解如何藉由幾種基本的樣式選擇器設定，取得所要設定或是程式化控制的標籤，接下來，我們進一步討論如何利用迴圈改善上述的程式碼。

以上調整的內容，請參考 tag-class-querySelector.html 與 tag-querySelector.html。

▌利用迴圈語法存取標籤

透過索引值調用 querySelectorAll() 取得的標籤不是一種好的作法，我們可以利用迴圈來達到相同的目的，考慮先前在「加法運算器」中所執行的內容清除程式碼：

```
function clearText() {
      var inputs = document.querySelectorAll('.valuestyle ');
      inputs[0].value = '';
      inputs[1].value = '';
      inputs[2].value = '';
}
```

其中執行了三次相同的 value 屬性設定，將一個空字串指定給它，除了索引值之外，這三行程式碼基本上是完全相同的，因此我們可以將其修改如下：

```
inputs[i].value = '';
```

其中的 i 是一個變數，我們要作的是，每一次改變 i 的值，便重新執行一次，就可以達到效果，回到加法運算器，將其調整如下：

```
function clearText() {
    var inputs = document.querySelectorAll('.valuestyle');
    for (i = 0; i < 3; i++) {
        inputs[i].value = '';
    }
}
```

重新瀏覽網頁，並且針對清空文字方塊功能進行操作，會得到相同的效果。我們也可以透過 for-in 語法作存取，修改另外一個版本如下：

```
function clearText() {
    var inputs = document.querySelectorAll('.valuestyle');
    for (key in inputs) {
        inputs[key].value = '';
    }
}
```

其中將 key 當作索引值傳入 inputs ，結果完全相同。

querySelector() 與 querySelectorAll() 這兩組方法是 HTML5 導入的新功能，結合選擇器可以讓我們非常彈性的操作網頁元素，只需指定合法的選擇器即可。若僅是針對特定的網頁元素進行操作，例如上述加法運算器範例中取出特定類別或標籤的操作，如果不想使用選擇器，可以直接調用 JavaScript 內建的 getElementsByXxx() 方法。

5.5 調用 getElementsByXxx() 方法存取 網頁元素

本章一開始示範了 getElementById 方法，透過 id 屬性取得特定元素，而針對一個以上的元素，則有其它數個方法可供調用，下表簡要列舉說明。

方法	說明
getElementsByClassName()	取出指定 classname 屬性名稱的元素。
getElementsByName()	取出指定 name 屬性名稱的元素。
getElementsByTagName()	取出指定標籤名稱的元素。

表列的方法相當容易理解，根據調用的方法，指定所要取出的元素其對應的屬性名稱或是標籤名稱即可，由於這三種方法取回的元素可能超過一個以上，因此必須透過索引或是迴圈進行其中的元素存取。

範例 5-3　示範 getElementsByXxx() 方法

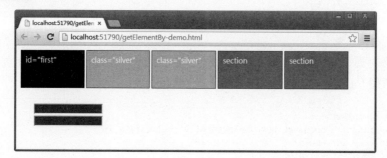

畫面配置了五個方塊，左邊三個是 div 元素，分別設定 id 以及 class 屬性，最右邊是 section ，調用各種 getElementsByXxx() 方法取得這些方塊，並設定其背景顏色。下方是兩個文字方塊，透過 name 屬性值識別以設定其背景顏色。

```
                                                        getElementBy-demo.html
<body>
    <div id="first">
        id="first"
    </div>
    <div class="silver">
        class="silver"
    </div>
    <div class="silver">
        class="silver"
    </div>
    <section>section</section>
    <section>section</section>
    <div style="border:0px;clear: both; margin: 20px;">
        <input name="cat" />
        <input name="cat" />
    </div>
</body>
```

為了方便測試，其中配置了對應的 div、section 以及 input 標籤與相關的屬性，如下為設定背景顏色的程式碼。

```
<script>
    function setCSS(o, color) {
        for (i = 0; i < o.length; i++) {
            o[i].style.background = color;
```

(續)

```
        }
    }
    var div = document.getElementById('first');
    div.style.background = 'black';
    var divs1 = document.getElementsByClassName('silver');
    setCSS(divs1, 'silver');
    var divs2 = document.getElementsByTagName('section');
    setCSS(divs2, 'gray');
    var inputs = document.getElementsByName('cat');
    setCSS(inputs, 'blue');
</script>
```

一開始的 setCSS() 針對傳入的陣列物件，進行迴圈運算，並逐一設定其背景樣式。接下來逐一調用 getElementsByXxx() 方法，取得對應的標籤，設定其背景顏色。

到目前為止，本章討論了如何取得網頁中的配置元素，並針對其樣式進行設定，以下繼續就 CSS 的程式化控制作說明。

5.6 　程式化控制 CSS

當網頁完成載入，除了標籤的配置，同時會完成樣式的套用，之後如果要再調整特定標籤樣式，可以經由 JavaScript 設定 style 屬性來達到目的，前一個小節的範例中，我們看到初步的作法，語法如下：

```
d.style.styleItem = styleValue ;
```

其中 d 為網頁中的特定元素，而 style 表示要指定樣式，接下來的 styleItem 則是要重設的樣式項目，而這一行程式碼會將一個新的樣式值 styleValue 設定給重設的樣式項目，改變元素 d 的原來樣式。

範例 5-4 樣式的程式化控制

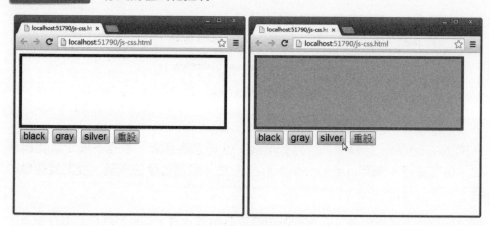

左圖是網頁載入時的外觀,其中一個是白色背景矩形,並配置藍色框線,如果按下矩形下方的任何一個按鈕,則背景會調整為按鈕名稱對應的顏色,框線則變成紅色,而最後一個按鈕按一下則回復初始值。

```
js-css.html
<!DOCTYPE html>
<html>
<head>
    <title></title>
    <style>
        button {
            font-size:22px;
        }
    </style>
</head>
<body>
    <div id="area"
        style="width:460px;height:150px;border:6px solid blue;">
    </div>
    <div>
        <button id="black" onclick="setColor('black')" >black</button>
        <button id="gray" onclick="setColor('gray')"  >gray</button>
        <button id="silver" onclick="setColor('silver')" >silver</button>
         <button id="reset" onclick="reset()" >重設 </button>
    </div>
    <script>
        function setColor(color) {
            var d =document.getElementById('area') ;
            d.style.backgroundColor = color;
            d.style.borderColor = 'red'  ;
        }
        function reset() {
```

(續)

```
            var d = document.getElementById('area');
            d.style.backgroundColor = 'white';
            d.style.borderColor = 'blue';
        }
    </script>
</body>
</html>
```

畫面上配置的按鈕，均設定了 onclick 事件屬性以執行 setColor() 函式，當使用者按下按鈕，便取得畫面上的 div 元素，透過 style 設定其 backgroundColor 與 borderColor 樣式。而重設按鈕執行的是 reset() 函式，其引用 style 將背景顏色與框線重設為原來的樣式。

透過 JavaScript 引用 style 屬性時必須注意樣式名稱有大小寫的區別，若存在連接短線必須移除，並以大寫表示第一個連接字元，例如上述範例中的背景顏色樣式 background-color，在程式中時必須以 backgroundColor 進行引用設定。

除了設定，你可以直接將樣式值取出，例如以下的程式碼：

```
var s = d.style.backgroundColor ;
```

這會取出 backgroundColor 樣式顏色值。

範例 5-5　存取樣式

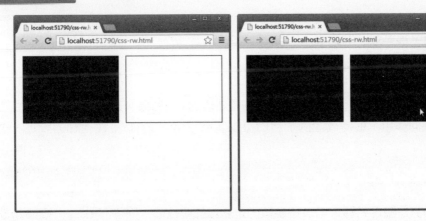

畫面一開始載入兩個方塊，在右邊白色方塊上面按一下，會取出黑色方塊的背景樣式顏色，然後將其設定給右邊的方塊，變成黑色。

```
<body>                                                    css-rw.html
    <div id="a" style="background-color:black;" ></div>
    <div id="b" onclick="setbg()"></div>
    <script>
        function setbg() {
            document.getElementById('b').style.backgroundColor =
                document.getElementById('a').style.backgroundColor;
        }
    </script>
</body>
```

第一個 div 標籤背景樣式設定為黑色，第二個 div 標籤則是設定 onclick 事件屬性，於使用者按下時執行 setbg() 函式，取得 a 這個 div 的樣式，並且設定給 b。

5.7　調整標籤屬性

標籤完成載入後，會根據其指定的屬性調整完成設定最後呈現出來，就如同上述討論的樣式設定，你也可以透過 JavaScript 的引用，在網頁載入後進行其它的屬性調整。

到目前為止，我們已經示範了 style 屬性的設定，本章稍早的範例中亦透過 value 屬性存取 input 標籤中的值，除此之外，你還可以存取其它的屬性，包含 class 與 id 等等。

透過「.」引用屬性名稱，是存取標籤屬性最直接的方式，但這種方式對於某些特定的屬性名稱無效－例如 class ，考慮以下的設定：

```
d.class = cs  ;
```

其中的 d 是網頁中的特定元素，而 cs 則是新設的 css 名稱。直接設定 class 屬性並不會有任何作用，取得代之的，我們可以調用 setAttribute() 支援相關的設定，語法如下：

```
d.setAttribute('class', cs);
```

第一個參數是屬性名稱，第二個參數則是新設的屬性值，而除了 class ，透過此方法也可以輕易的設定其它標籤屬性。以下的範例透過調用 setAttribute() 重設 class 屬性的方法，動態調整樣式。

範例 5-6   示範 setAttribute() 調用

左截圖是一開始網頁載入的畫面，其中是一個空白的矩形框，以滑鼠點擊，則會動態改變樣式，顯示中間的矩形，再按一下則再度調整樣式，顯示右邊的矩形。

```
                                                                    att-demo.html
<!DOCTYPE html>
<html>
<head>
     <title> 示範 setAttribute() 調用 </title>
     <style>

          .default {
               border:1px solid black  ;
               width:240px;
               height:240px;
          }
          .bcls {…}
          .scls {…}
     </style>
</head>
<body>
     <div id="area" onclick =" switchClass()" class="default"  ></div>
     <script>
          var s = 0;
          var d = document.getElementById('area');
          function switchClass() {
               s++ ;
               if (s > 2) s = 0;
               switch (s) {
                    case  0 :
                         d.setAttribute('class','default') ;
                         break ;
                    case  1 :
                         d.setAttribute('class', 'bcls');
                         break;
```

(續)

```
                case 2:
                    d.setAttribute('class', 'scls');
                    break;
            }
        }
    </script>
</body>
</html>
```

在 style 標籤中配置了三組不同的樣式類別，而 script 標籤中的 JavaScript 函式
switchClass() 於每一次使用者點擊時執行，並調整 s 變數，根據目前的值，調用
setAttribute() 方法，變更元素所套用的樣式類別。

▌ HTML5 自訂資料屬性

當網頁愈來愈複雜，HTML 標籤本身會關聯某些特定的資料，除了存取標籤本
身，我們還必須進一步存取這些資料內容，HTML5 規格導入了一個全域通用屬性
data-*，不同於一般的標籤屬性，它特別設計允許開發人員根據需求自訂屬性。

自訂屬性讓相關的功能實作變得容易，以 data- 為字首，然後緊接著連接符號
「-」後方，加上自訂的屬性名稱，這允許我們在任何 HTML 標籤裡面，嵌入自
訂的資料屬性。例如 data-title ，用來表示一個儲存 title 資料的自訂資料屬性，而
title 則被作為存取屬性對應名稱，一個元素可以接受數個不同的自訂屬性。

```
<div id="mybook"
     data-title="HTML5 完美風暴 " data-isbn="9789866432606"
     data-price="1000" data-author=" 呂高旭 ">
</div>
```

其中配置的 div 標籤，用來表示「HTML5 完美風暴」這本電腦書的相關資訊，四
個自訂資料屬性意義如下表：

data 屬性	說明
data-title	書籍名稱
data-isbn	書籍 ISBN 碼
data-price	書籍價格
data-author	書籍作者

一旦完成配置，自訂資料屬性就可以如同一般屬性進行存取。例如當你想要取得
上述 div 標籤中的 data-title 屬性值，可以透過以下的語法：

```
document.getElementById('book').dataset.title
```

以下來看一個網頁範例。

　　示範自訂資料屬性

```
<body>
    <div id="book"
        data-title="Web 前端開發完全入門 "
        data-isbn="000-000-0000-00-0"
        data-price="1000"
        data-author=" 呂高旭 ">

        <img style="float:left; padding-left:20px;width:420px;"
                    src="images/web_cover.jpg"/>
        <div id="bookInfo" style="float: left; ... ">
        </div>
    </div>
    <script>
        varbookInfoString =
                    ' 書名：' +document.getElementById('book').dataset.title +
                    '<br/>' +
                    'ISBN：' +document.getElementById('book').dataset.isbn +
                    '<br/>' +
                    ' 價格：' +document.getElementById('book').dataset.price +
                    '<br/>' +
                    ' 作者：' +document.getElementById('book').dataset.author   ;
        document.getElementById('bookInfo').innerHTML = bookInfoString;
    </script>
</body>
```

當網頁載入完成之後，逐一透過自訂屬性取得指定的屬性值合併，最後得到一個長字串，設定給畫面中另外一個名稱為 bookInfo 的 <div> 標籤，成為其 HTML 內容，最後的畫面如下：

我們順利的將資料屬性內容取出，並且顯示在畫面上。自訂資料屬性的用途相當廣泛，你可以將其運用在儲存特定元素的相關資料，以方便後續的 JavaScript 存取，甚至直接儲存伺服器端的資料，避免不必要的伺服器端資料往返。

5.8　節點元素的新增、附加與刪除

透過 JavaScript 可以針對 DOM 文件樹結構元素進行動態操作，包含動態建立元素、加入子元素或是移除特定元素等等。Document 物件的 createElement() 方法支援新節點的建立，語法如下：

```
var d = document.createElement(ename) ;
```

其中的 ename 為所要建立的新元素名稱，例如以下的程式碼：

```
var d = document.createElement('DIV') ;
```

這一行會建立一個新的 div 標籤元素，接下來，只要將其加入文件中指定的位置即可，方法 appendChild() 支援相關的操作。

```
container.appendChild(d);
```

這一行程式碼將上述新建立的元素加入指定的元素 container 當中。

範例 5-8　建立新元素

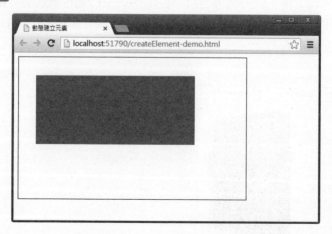

網頁一開始載入呈現一個矩形框,而其中透過程式將灰色方塊嵌入其中。

```html
<!DOCTYPE html>                                    createElement-demo.html
<html>
<head>
      <title> 動態建立元素 </title>
</head>
<body>
      <div id="container"
            style="width:460px;height:280px ; border:1px solid black; ">
      </div>
      <script>
          var d = document.createElement('DIV');
          d.style.width = '320px';
          d.style.height = '136px';
          d.style.margin = '36px';
          d.style.background = 'gray';
          document.getElementById('container').appendChild(d);
      </script>
</body>
</html>
```

網頁中首先配置一個作為容器的 div 標籤,命名為 container 以容納後續建立的新元素。接下來的 script 調用 createElement() 建立一個 div 標籤元素 d,然後逐一設定其樣式屬性以方便檢視配置的效果,最後調用 appendChild() 加入容器中。

插入節點元素還有另外一個方法 insertBefore(),與前述 appendChild() 的差異在於插入的位置,如果已經存在其它的元素,則 insertBefore() 會插入至現有元素之前,而 appendChild() 則配置為最後一個元素。以下為調用 insertBefore() 的語法:

```
d.insertBefore(be,e);
```

其中的 d 為插入新元素節點的容器,而 be 則是要插入的新節點,e 是目前存在的節點。

範例 5-9　　示範 insertBefore() 與 appendChild()

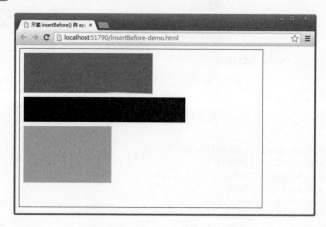

畫面中間的黑色方塊為一開始網頁載入配置的 div 標籤，而上方的深灰色方塊則是利用程式動態建立的 div 元素，調用 insertBefore() 方法插入黑色方塊的上方，而最下方的淺灰色方塊則是調用 appendChild() 插入。

inserBefore-demo.html

```
<!DOCTYPE html>
<html>
<head>
     <title>示範 insertBefore() 與 appendChild()</title>
</head>
<body>
     <div id="parent" style="…">
         <div id="child" style="…">
         </div>
     </div>
     <script>
         var d = document.getElementById('parent');
         var cd = document.getElementById('child');
         var cd1 = document.createElement('DIV');
       cd1.style.width = '320px';
         cd1.style.height = '96px';
         cd1.style.margin = '10px';
         cd1.style.background = 'gray';
         d.insertBefore(cd1,cd);
         var cd2 = document.createElement('DIV');
         cd2.style.width = '220px';
         cd2.style.height = '136px';
         cd2.style.margin = '10px';
         cd2.style.background = 'silver';
         d.appendChild(cd2);
     </script>
</body>
</html>
```

畫面上預先配置兩組 div 標籤作為示範，首先取得對應的物件 d 與 cd。緊接著分別建立另外兩組 div 標籤，並逐一設定樣式，最後分別調用 insertBefore () 與 appendChild() 將新建立的 div 分別插入其中。

要特別注意的是，如果調用 insertBefore() 未傳入第二個參數，也就是新節點要插入的參考節點，則最後插入的位置與 appendChild() 方法相同。

▌移除元素

如果要移除某個元素，先取得此元素的父元素，調用 revmoveChild() 即可將其移除，考慮以下的程式碼：

```
parentE.removeChild(E);
```

其中的參數 E 為所要移除的元素，而 parentE 為此元素的子元素。你也可以調用 revmoveChild() 利用以下的技巧，刪除某個元素。

```
E.parent.removeChild(E);
```

E 為所要刪除的元素，首先引用 E.parent 取得其所屬的容器，然後將其刪除，以下利用另外一個範例說明如何移除一個指定的元素。

範例 5-10 移除元素

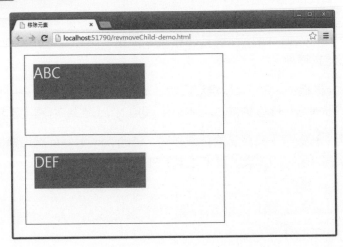

畫面上呈現兩組矩形方塊，於第一組方塊框線範圍內點擊，則其中的灰色方塊會消失，於第二個方塊中點擊中間灰色小方塊，則此方塊亦會消失。

```html
<!DOCTYPE html>
<html>                                          revmoveChild-demo.html
<head>
    <title>移除元素</title>
</head>
<body>
    <div  id="parent1" onclick="removeC()" style="…" >
        <div id="child1" style="…" >
            ABC
        </div>
    </div>
    <div  id="parent2" style="…" >
        <div id="child2"  onclick="removeP()" style="…">
            DEF
        </div>
    </div>
    <script>
        function removeC() {
            var d = document.getElementById('child1');
            document.getElementById('parent1').removeChild(d);
        }
        function removeP() {
            var d = document.getElementById('child2');
            d.parentNode.removeChild(d);
        }
    </script>
</body>
</html>
```

第一組巢狀 div 標籤中，於外部 div 標籤設定 onclick 屬性為 removeC() 函式，此函式首先取巢狀 div 標籤 child1 並將其儲存至 d 變數，最後經由外部 div 物件調用 removeChild() 將其移除。

第二組巢狀 div 標籤中，於子 div 標籤設定 onclick 事件屬性為 removeP() 函式，此函式直接取得子標籤物件並透過 parentNode 調用 removeChild() 將自己移除。

若是一個元素中有數個子節點元素必須移除，透過 parentNode 調用是個不錯的作法，可以一次移除所有的元素，以下透過另外一個範例作說明。

範例 5-11　移除所有子元素

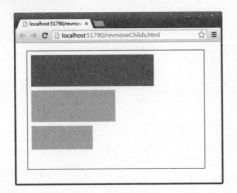 

左截圖是網頁初載入的畫面，其中的矩形框線包含三個實心矩形子元素，每一次點擊框線區域，會移除最上方的第一個子元素，直到最後沒有任何子元素。

```
                                                    revmoveChilds.html
<!DOCTYPE html>
<html>
<head>
      <title>移除所有子元素</title>
</head>
<body    >
      <div id="parentE" onclick="removeD()" style="…">
          <div id="child1" style="…">
          </div>
          <div id="child2" style="…; ">
          </div>
          <div id="child3" style="…">
          </div>
      </div>
      <script>
          function removeD() {
              var d = document.getElementById('parentE');
              if (d.firstElementChild) {
                  d.removeChild(d.firstElementChild);
              } else {
                  alert('無可移除子元素');
              }
          }
      </script>
</body>
</html>
```

最外層的 div 標籤內部配置了三組標籤，並設定了 onclick 事件屬性為 removed() 函式。當使用者點擊此 div 元素的矩形範圍時，會檢查目前此 div 元素是否有子元素，是的話，則調用 removeChild() 將其第一個子元素移除。

每次移除第一個子元素，則下一個子元素則變成第一個子元素，直到所有的子元素被完全移除。

5.9　動態載入 JavaScript

具備了操作 DOM 的能力，這一章最後我們來看看 JavaScript 的動態載入。首先來看一個範例。

範例 5-12　動態載入外部 JavaScript

```
<!DOCTYPE html>                                          async-demo.html
<html>
<head>
     <title></title>
</head>
<body>
     <p id="message"  style="font-size:xx-large;font-weight:900;"></p>
     <script src="asyncjs.js" ></script>
</body>
</html>
```

其中的 <script> 於網頁載入後執行外部檔案 asyncjs.js ，內容如下：

```
var msg = 'Hello JavaScript !';
document.getElementById('message').innerHTML = msg;
```

網頁中配置的 <p> 最後會輸出指定的訊息如下：

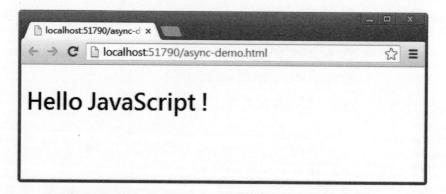

你也可以利用程式動態載入，將 <script> 移除加入以下的程式碼：

```
<script>
        var head = document.getElementsByTagName('HEAD')[0];
        var sc = document.createElement('script');
        sc.src = 'asyncjs.js';
        head.appendChild(sc);
</script>
```

首先取得 <head> 參照，建立一個新的 <script> 元素，並且指定其 src 屬性，設定所要執行的 JavaScript 檔案路徑，然後將其加入至 <head> 當中。重新瀏覽此範例會得到相同的結果。

如你所見，網頁文件上的任何 DOM 元素，都可以透過 JavaScript 進行操作，透過此種技巧，你可以將某些 JavaScript 儲存於伺服器端，並在需要時再動態載入，建立更彈性的網頁應用程式

Summary

本章示範說明如何透過 JavaScript 動態操作網頁結構與外觀樣式設定，經過本章課程內容說明，相信讀者已經具備動態控制網頁內容元素的能力，而除了單向的操控網頁，更一步的也可以讓使用者與網頁進行互動，這必須透過事件機制處理，下一章討論相關的議題。

評量

1. 假設有以下的配置：

```
<div id="area"></div>
```

請分別透過 id 與 id 選擇器將其取出，並且儲存於指定的變數。

2. 承上題，假設擴充內容配置如下：

```
<div id="area"><span>HELLO</span></div>
```

請說明取得 area 並引用 innerHTML 與 outerHTML 這兩者的輸出差異。

3. 承上題，請說明引用 textContent 或 innerText 兩者的差異。

4. 考慮以下的 input 元素，請問如何取出其中的文字資料。

```
<input  id="hello" type="text"   value ="Hello,JavaScript !"  />0
```

5. 請簡述 CSS 選擇器的用途，並以底下這一行配置為例。

```
<div id="area"></div>
```

6. 承上題，請說明 #area、div 這兩組選擇器的差異。

7. 簡述以選擇器配置 CSS 樣式相較於 style 屬性的優點。

8. 考慮以下的配置，我們想要將兩組 div 元素取出，並取得其中的文字，請分別
利用 id 與 div 選擇器取出。

```
<div id="areaa">HELLO</div>
<div id="areab">JavaScript</div>
```

9. 請解釋以下三種方法的差異。

getElementsByClassName()

getElementsByName()

getElementsByTagName()

10. 假設有兩個樣式類別，分別是 csa 與 csb，考慮以下的配置：

```
<div  class="csa" >HELLO</div>
```

現在要將其中的 class 重設為 csb，請說明如何配置。

11. 考慮以下的 div 標籤配置，請建立一個新的 span 標籤，並且將其加入 id 名稱為 area 的 div 元素當中。

```
<div  id="area" >
     <div> </div>
</div>
```

12. 承上題，若是調用 insertBefore() 與 appendChild() 均能完成加入的動作，這兩者差異為何？

第六章
與使用者互動

Web

前端開發完全入門

HTML 網頁透過事件機制與使用者進行溝通，最普遍的包含鍵盤輸入與滑鼠操作行為的回應行為，這一章針對相關的互動設計進行討論。

6.1　事件機制與元素互動

在傳統的 PC 上，使用者主要透過鍵盤與滑鼠之類的裝置操作 HTML 網頁，而近年流行的行動裝置，則是經由各種手勢操作，這些行為會在網頁上觸發相關的事件，開發人員只要針對特定的事件註冊對應的事件處理器，即可達到與使用者互動的目的。

以滑鼠為例，當使用者在網頁上按一下會觸發一個 click 事件，為了回應使用者這個操作，我們可以撰寫以下這段程式碼：

```
document.onclick = function () {
      alert('Hello Event!');
} ;
```

其中註冊了 document 的 click 事件，因此當使用者在網頁上任何一個地方按一下，就會出現「Hello Event!」這個訊息的文字方塊。如你所見，其中的 function 為 click 事件處理器，在使用者按下網頁觸發 click 事件時被執行。

除了 document，任何元素的互動操作回應，均能透過以上的原理進行實作，只要取得欲註冊事件的元素參照，即可透過事件註冊建立回應函式。

於網頁上配置一組 div 元素，並且命名其 id 為 area 如下：

```
<div id="area" >
        // …
</div>
```

接下來針對此 div 元素進行事件註冊如下：

```
document.getElementById('area').onclick = function () {
      alert('Hello Event!');
};
```

完成註冊，使用者於其上按一下就會顯示「Hello Event!」訊息。

事件註冊不止一種方式，你可以將函式獨立出來，再直接將函式名稱設定給事件屬性，以前述的說明為例，建立一組獨立的函式如下：

```
function handler() {
      alert('Hello Event!');
}
```

重新調整事件屬性註冊程式碼如下：

```
document.getElementById('area').onclick = handler;
```

此種寫法可以得到相同的效果。另外，你也可以直接於元素標籤中註冊事件，例如以下的設定：：

```
<div id="area"  onclick="handler()" >
```

本章後續將會介紹其它常見的事件，讀者要注意的是，事件的註冊語為事件名稱加上字首 on ，例如 click 為 onclick ，其餘類推。

▌addEventListener()

除了上述的寫法，另外還有一個支援事件註冊的方法－ addEventListener() ，將上述的範例改寫如下：

```
document.getElementById('area').addEventListener('click', function () {

      // 事件處理器內容 …

},false);
```

其中包含三個參數，第一個參數為事件名稱，第二個參數則是事件處理器函式，第三個參數一般設為 false。

調用 addEventListener() 註冊得到的效果同上述的事件屬性，不過它允許針對同一事件註冊一個以上的處理器，以下利用一個範例作說明。

範例 6-1 多處理器註冊

於畫面上的黑色方塊按一下，會顯示訊息方塊「BCD」。

```
<!DOCTYPE html>                                eventlistener-demo.html
<html>
<head>
     <title> 多處理器註冊 </title>
</head>
<body>
     <div id="area" style="…"
         onclick="handler()" >
     </div>
     <script>
         var msg = '';
         var area = document.getElementById('area');
         //
         area.onclick = function () { msg+='A'; };
         area.onclick = function () { msg += 'B'; };
         //
         area.addEventListener('click',
             function () { msg += 'C'; }, false);
         area.addEventListener('click',
             function () { msg += 'D'; }, false);
         area.addEventListener('click',
             function () { alert(msg); }, false);
     </script>
</body>
</html>
```

一開始宣告的 msg 變數，用來記錄不同的事件處理器執行記錄。接下來的程式碼針對 div 設定兩次的 onclick 事件屬性，並調用三次的 addEventListener() 方法，每一次均會針對 msg 加上新的字元，最後一次的 addEventListener() 則會顯示 msg 的結果。

從最後顯示的結果訊息可以觀察到，第一次的 onclick 設定被第二次覆蓋掉了，而所有的 addEventListener() 方法調用均正常觸發，沒有影響。

透過 addEventListener() 註冊的事件處理器，另外可以經由 removeEventListener() 註銷已註冊的事件，這個方法同樣接受三個參數，來看另外一個範例。

範例 6-2 事件處理器註冊

畫面上兩個黑方塊分別註冊了 click 事件，並且在按下時顯示預設的訊息說明，上方的黑色方塊按一下會顯示 Hello 訊息，而第二個方塊「註銷事件」按下之後，會註銷上方黑色方塊註冊的 click 事件，此時再點擊不會再有任何訊息出現。

```html
eventlistener-remove.html
<!DOCTYPE html>
<html>
<head>
    <title> 註銷事件處理器 </title>
</head>
<body>
    <div id="area" style="…">
    </div>
    <div id="arear" style="…">
        註銷事件
    </div>
    <script>
        var area = document.getElementById('area');
        var arear = document.getElementById('arear');
        area.addEventListener('click',handleClick, false);
        arear.addEventListener('click',
            function () {
                area.removeEventListener('click', handleClick, false);
                alert(' 註銷 click 事件 !');
            },
            false);
        function handleClick() {
            alert('Hello');
        }
    </script>
</body>
</html>
```

其中針對 area 與 arear 兩組 div 進行 click 事件註冊，而 arear 的 click 事件處理器中，調用了 removeEventListener，註銷了 area 的 click 事件處理器 handleClick()。

事件參數

每一個事件被觸發時，會將相關的資訊傳入事件處理器，如此一來我們可以透過參數執行更進一步的互動，考慮以下的程式片段：

```
function handlerClick(event) {
    // event.clientX 取得點擊位置的 x 座標
    // event.clientY 取得點擊位置的 y 座標
}
```

作為事件處理器的函式可以接受一個參數，如上述函式後方小括弧的 event ，透過此參數，進行相關屬性的引用，即可取得事件的相關資訊，而這段程式碼中，event.clientX 與 event.clientY ，分別用來取得滑鼠點擊時，游標位置的 x 與 y 座標。

另外一個事件參數常見的應用場合在於取消事件的預設執行事項，語法如下：

```
event.preventDefault();
```

其中透過 event 調用 preventDefault() ，如此一來，事件便會被取消。針對不同的事件，我們可以透過參數引用其相關屬性，以取得所需的資訊，甚至進行各種事件操作。

事件氣泡傳播

當元素上的事件被觸發，這個事件會往元素的父物件向上傳播，過程就如同氣泡的上升，我們利用一個範例作說明。

範例 6-3　　bubble 事件

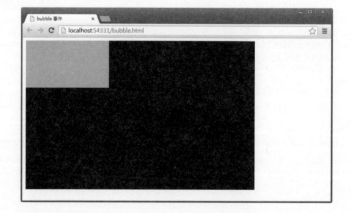

畫面中的灰色方塊，配置於黑色方塊內部，黑色方塊則是外部 body 元素的子元素，而 body 元素的父物件則是 document，於灰色方塊上面按一下觸發 click 事件，此事件會依序往上傳遞，直到最後的 document。由於程式中分別針對兩組 div 元素，body 以及 document 註冊了 click 事件，因此逐一出現相關的事件訊息如下。

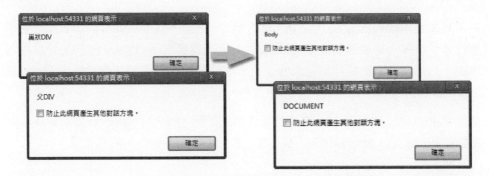

由於事件傳播是往父物件方向上升，因此如果按下黑色方塊，則「巢狀 DIV」訊息不會出現，同樣的，按下網頁空白處則不會出現與 div 有關的訊息。

```
                                                            bubble.html
<!DOCTYPE html>
<html>
<head>
      <title>bubble 事件 </title>
</head>
<body id="b"  >
          <div id="area" style="…" >
                  <div id="iarea" style="…"  ></div>
          </div>
          <script>
                  function handlerClick(event) {
                          alert(' 父 DIV');
                  }
                  function handlerClickI(event) {
                          alert(' 巢狀 DIV');
                  }
                  function handlerClickBody(event) {
                          alert('BODY');
                  }
                  function handlerClickDocument(event) {
                          alert('DOCUMENT');
                  }
                  document.getElementById('area').addEventListener(
                          'click', handlerClick, false);
                  document.getElementById('iarea').addEventListener(
```

(續)

```
                        'click', handlerClickI, false);
                document.getElementById('b').addEventListener(
                        'click', handlerClickBody, false);
                document.addEventListener(
                        'click', handlerClickDocument, false);
        </script>
</body>
</html>
```

為了測試氣泡傳播的效果，其中針對兩組 div 元素，以及 body 與 document 物件進行事件註冊，以檢視氣泡傳播的效果。氣泡傳播為 JavaScript 的預設事件處理機制，此特性對屬於相同父元素的子元素事件註冊相當有用，你只要註冊父元素的事件處理器，即可讓所有的子元素共用。

氣泡傳播也可以被取消，只需透過事件參照調用 stopPropagation() 方法即可，以上述的範例為例，針對其中的「父 DIV」事件處理器撰寫以下的程式碼：

```
function handlerClick(event) {
        alert('父 DIV');
        event.stopPropagation();
}
```

現在重新瀏覽網頁，一旦此事件處理器執行完畢，則事件不會再往上傳遞。到目前為止，我們針對事件機制作了基本的討論，事件是網頁互動的基礎，JavaScript 運作機制與事件有相當密切的關係，接下來就幾組重要的事件，分類進行說明。

動態註冊事件

除了網頁中現存的元素，事件亦可直接註冊於動態建立的元素，由於本書到目前為止已完成相關原理的說明，以下直接來看範例。

範例 6-4　　註冊動態建立元素事件

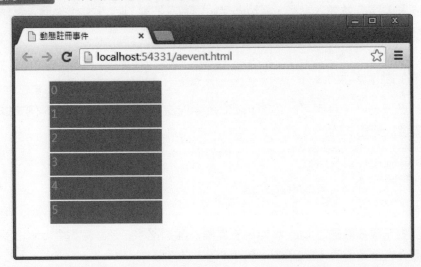

畫面上顯示的六個矩形方塊，是網頁完成載入後動態建立的 li 標籤元素方塊，點擊任何一個方塊即可將其移除。

```
<!DOCTYPE html>                                                    aevent.htm
<html>
<head>
    <title>動態註冊元素事件</title>
    <style>
        // 樣式設定
    </style>
</head>
<body>
    <ul id="list" style="list-style:none;">
    </ul>
    <script>
        var l = document.getElementById('list');
        for (i = 0; i < 6; i++) {
            var item = document.createElement('LI');
            item.setAttribute('class', 'listStyle');
            item.addEventListener('click',function(){
                var parent = this.parentNode;
                parent.removeChild(this);
            });
            item.innerHTML = i;
            l.appendChild(item);
        }
    </script>
</body>
</html>
```

首先配置一個 ul 標籤作為清單容器，將其命名為 list，當網頁建立之後，透過一個迴圈動態建立並加入六個 li 標籤元素，同時註冊其 click 事件處理器，當使用者點擊任何一個動態建立的元素節點，li 元素會被刪除。

this 關鍵字

在事件處理器中，我們可以透過 this 關鍵字取得觸發該事件的元素，例如以下的 click 事件註冊程式碼：

```
d.addEventListener('click',
      function () {
          // this 表示觸此事件的 d 元素
      }, false);
```

其中針對元素 d 註冊了 click 事件，於其事件處理器中，透過關鍵字 this 的引用可以直接參考至 d 元素，並且進一步對 d 元素進行操作。

範例 6-5　　事件處理器 this 關鍵字

```
                                                            event-this.html
<!DOCTYPE html>
<html>
<head>
      <title> 事件處理器 this 關鍵字 </title>
</head>
<body>
      <div id="msg"  style="…" >
          HTML5 ×前端開發 - 從零開始
      </div>
      <script>
          document.getElementById('msg').addEventListener('click',
              function () {
                  alert(this.innerText);
              }, false);
      </script>
</body>
</html>
```

div 元素的 click 事件處理器中,引用 this 取得其物件參考,然後調用 innerText 取出其中的文字內容。更進一步的,你可以透過 this 進一步操作此事件的觸發元素,例如配置以下這一行程式碼:

```
this.style.color = 'red' ;
```

這一行會將 div 中的文字轉換成為紅色。

6.2　window 事件

window 物件支援數個事件,於特定的狀態下被觸發,例如當瀏覽器完成網頁文件的載入之後,會觸發 load 事件,以下的程式片段示範 load 事件處理器的註冊。

```
window.onload = function () {
    // 網頁完成載入,執行特定動作 …
};
```

其中的事件處理器函式,會在網頁載入完成之後執行,你可以將要執行的程式碼配置於此函式當中。

範例 6-6　網頁 load 事件

畫面中是一個黑色方塊,在網頁載入完成之後,於其中顯示「網頁文件載入完成」訊息文字。

```
<!DOCTYPE html>                                          load-demo.html
<html>
<head>
    <title> 網頁 load 事件 </title>
    <script>
        window.onload = function () {
            document.getElementById('msg').innerHTML =
            ' 網頁文件載入完成 !';
        };
    </script>

</head>
<body>
    <div id="msg" style="…">
    </div>
</body>
</html>
```

其中透過 window 物件註冊 load 事件處理器，顯示預定的訊息。

網頁由上往下載入瀏覽器，未完成載入的內容元素，並沒有辦法進行存取，因此若是要在網頁完成載入並進行操作之前執行網頁內容的初始化動作，便需要在 load 事件處理器裡面作處理。現在將上述範例中的 window.load 設定移除，直接執行其中的程式碼，會發現完全沒有作用，因為網頁並未完成文件主體的載入，無法取得其中 id 為 msg 的 div 參照。

當然，你可以將函式內容程式碼移至 body 尾端結束標籤前，如此一來可以達到相同的效果。

如果使用者要離開目前的網頁導覽至另外一個網頁時，會觸發 unload 事件，若是要在網頁文件離開之前儲存特定內容，可以在這個事件處理器中執行。

範例 6-7　示範 unload 事件

這個範例網頁每一次被關閉或是離開時，會記錄當下的時間。左截圖是網頁第一次載入的狀態，沒有上次離開的時間記錄；右截圖則是網頁離開之後，下一次重新載入的狀況，其中顯示了上次離開的時間。按一下「清空時間記錄」可以清除記錄的時間，下一次再重新載入網頁時會顯示第一次開啟。

```
                                                    unload-demo.html
<!DOCTYPE html>
<html>
<head>
    <title></title>
    <script>
        window.onunload = function () {
            localStorage['closetime'] =(new Date());
        };
        window.onload = function () {
            document.getElementById('clearButton').onclick =
                function () {
                localStorage.clear();
                alert('記錄清空!');
            };
            if (localStorage['closetime']) {
                document.getElementById('msg').textContent =
                    '上次離開時間：' + localStorage['closetime'];
            } else {
                document.getElementById('msg').textContent =
                    '第一次開啟';
            }
        };
    </script>
</head>
<body>
    <a  href="http://www.kangting.tw"  >康廷數位</a>
    <p id="msg" ></p>
    <button id="clearButton">清空時間記錄</button>
</body>
</html>
```

透過 window.onunload 註冊 unload 事件，其中利用 localStorage 物件儲存目前的時間資料。而 load 事件處理器中，預先判斷是否目前 localStorage 儲存了上次關閉的時間資料，是的話將其顯示出來，否則呈現第一次開啟的相關訊息。

localStorage 於第九章討論資料儲存時作說明。

unload 事件一旦被觸發便無法中斷，網頁旋即會被關閉，如果要讓使用者有機會停止網頁的關閉行為，可以在 beforeunload 事件處理器裡面執行。

範例 6-8　示範 beforeunload 事件

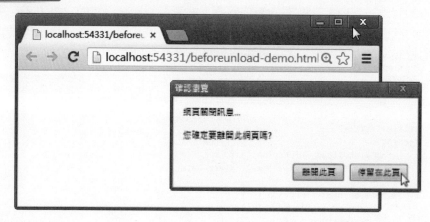

關閉此範例網頁時，會顯示訊息方塊，提醒網頁將關閉，使用者也可以選擇不要關閉網頁留在目前的網頁。

```
<!DOCTYPE html>                                          beforeunload-demo.html
<html>
<head>
    <title></title>
    <script>
        window.onbeforeunload = function () {
            return  '網頁關閉訊息…';
        };
    </script>
</head>
<body>
</body>
</html>
```

網頁開始之前，註冊了 beforeunload 事件，關鍵字 return 會阻斷網頁的關閉作業，並且顯示提示訊息。

DOMContentLoaded

當網頁文件完全載入並完成解析，其它外部資源未載入時，DOMContentLoaded 事件會被觸發，它觸發的時機點在 load 事件之前，以下的範例簡單驗證此事件的觸發時機。

範例 6-9 DOMContentLoaded 事件

```
<!DOCTYPE html>                                          domload.html
<html>
<head>
     <title>DOMContentLoaded 事件 </title>
     <script>
         window.addEventListener('DOMContentLoaded', function (e) {
             console.log('DOMContentLoaded-document：' + e.type);
         }, false);

         window.addEventListener('load', function (e) {

             console.log('load：' + e.type);
         }, false);
     </script>
</head>
<body>
</body>
</html>
```

其中註冊 DOMContentLoaded 與 load 事件，在瀏覽器完成網頁的載入與解析之後，輸出以下的結果：

```
DOMContentLoaded-document：DOMContentLoaded
load：load
```

由於 DOMContentLoaded 事件在網頁完成解析之後便觸發，因此其事件處理器會先執行，而 load 事件則於所有外部資源完成載入之後才會被觸發，因此相關訊息緊接著輸出。

在這個範例中，透過事件參數 e.type 取得事件處理時的狀態，它會根據觸發的事件，回傳對應的狀態值，包含 DOMContentLoaded 與 load 等等。

▌調整視窗大小

當使用者調整視窗大小時，會觸發 resize 事件，透過註冊此事件便能在視窗大小改變時，經由事件處理執行相關作業。

範例 6-10　示範 resize 事件

於使用者調整視窗大小時，會動態顯示目前視窗內部區域長寬大小。

```
<!DOCTYPE html>                                          resize-demo.html
<html>
<head>
    <title></title>
    <script>
        window.onresize = function () {
            document.getElementById('msg').innerText =
                this.innerWidth + ',' + this.innerHeight;
        };
    </script>
</head>
<body>
    <div id="msg"></div>
</body>
</html>
```

其中註冊了 resize 事件，並且在事件處理中，取得目前 window 物件的內部寬度
（innerWidth）與高度（innerHeight），並顯示在畫面上。

▌ 捲動事件

當使用者捲動螢幕時，會觸發 scroll 事件，註冊此事件便能追蹤使用者操作捲軸
的動作。

範例 6-11 追蹤捲軸操作

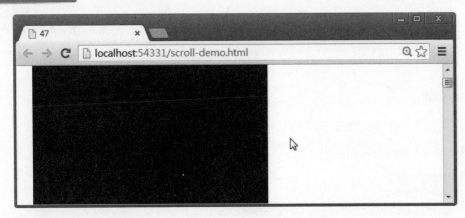

此範例單純的測試捲軸效果，當使用者移動捲軸時，左上角的網頁標題會顯示隨著捲軸操作而遞增的數字。

```
<!DOCTYPE html>                                            scroll-demo.html
<html>
<head>
     <title></title>
     <script>
         var s = 0 ;
         window.onscroll = function () {
             s++ ;
             document.title = s.toString();
         }
     </script>
</head>
<body >
     <div style="height:36000px;width:120px;
                 background-color:currentColor;"  >

     </div>
</body>
</html>
```

在畫面上配置一個 div 標籤，並設定其高度為 36000 以呈現螢幕捲軸，方便測試 scroll 事件處理器。網頁一開始載入時，註冊 scroll 事件，於每一次事件被觸發時，遞增變數 s 的值，然後將其顯示在網頁標題上。

6.3　滑鼠事件

滑鼠的操作會觸發數個重要的事件，包含進出某個 HTML 元素範圍，移動、拖曳、按鍵以及滾輪滑動等等，以下列舉說明之。

▌按鍵

使用者按下滑鼠鍵點擊某元素時，便會在上面觸發 mouseup、mousedown 與 click 事件，接下來的範例針對此事件進行說明。

範例 6-12　滑鼠點擊事件

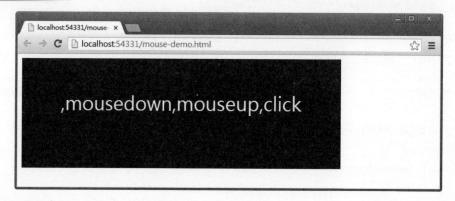

網頁上的黑色方塊，以滑鼠點擊，首先觸發 mouseup 事件，輸出 mouseup 字串，放開滑鼠左鍵，則連續觸發 mousedown 與 click 事件，並且依序輸出相關的訊息。

```
                                                              mouse-demo.html
<!DOCTYPE html>
<html>
<head>
    <title> 滑鼠點擊事件 </title>
</head>
<body>
    <div id="area" style="…">
    </div>
    <script>
        var message='';
        var area = document.getElementById('area');
        area.addEventListener('mouseup', function () {
            message += ',mouseup';
            document.getElementById('area').innerHTML = message;
```

(續)

```
        }, false);
        area.addEventListener('mousedown', function () {
            message = ',mousedown';
            document.getElementById('area').innerHTML = message;
        }, false);
        area.addEventListener('click', function () {
            message += ',click';
            document.getElementById('area').innerHTML = message;
        }, false);
    </script>
</body>
</html>
```

其中針對 area 這個 div 元素，進行 mouseup、mousedown 與 click 事件處理器註
冊，以支援點擊操作的事件回應。

另外還有一個雙擊事件 dblclick，當使用者於目標元素連續雙擊時，便會觸發此
事件。

▍移動

當使用者移動滑鼠時，會觸發 mousemove 事件，註冊此事件即可在使用者移動
滑鼠時進行適當的回應，例如捕捉目前使用者滑鼠遊標在網頁上的座標位置，先
來看一段簡單的程式碼：

```
document.addEventListener('mousemove', function (event) {
            console.log('Move … ');
    }, false);
```

配置此段程式碼的網頁於滑鼠移動時，在控制台持續輸出其中的訊息文字。考慮
以下另外一段程式碼：

```
document.addEventListener('mousemove', function (event) {
            // event.clientX
            // event.clientY
        }, false);
```

其中的 e. clientX 可以取得目前使用者滑鼠游標的 x 座標值，而 e.clientY 則取得滑
鼠游標的 y 座標值。

另外兩個與移動有關的事件分別是 mouseover 與 mouseout，前者當滑鼠游標進
入某個元素的範圍時被觸發，後者 mouseout 當滑鼠離開某個元素時被觸發。

範例 6-13　滑鼠移動事件

當滑鼠進入網頁中的黑色方塊區域移動時，會即時動態顯示目前滑鼠移動的座標。而最上方矩形區域，於滑鼠游標進入與離開方塊區域時，顯示通知訊息。

```
mousemove-demo.html
<!DOCTYPE html>
<html>
<head>
    <title> 滑鼠移動事件 </title>
</head>
<body>
    <div id="msg" style="…"></div>
    <div id="area" style="…">
    </div>
    <script>
        var msg = document.getElementById('msg');
        var area = document.getElementById('area');
        area.addEventListener('mousemove', function (event) {
            var message =event.clientX +  ','  + event.clientY;
            area.innerHTML = message;
        }, false);
        area.addEventListener('mouseover', function (event) {
            var message = ' 進入方塊區域 !';
            msg.innerHTML = message;
        }, false);
        area.addEventListener('mouseout', function (event) {
            var message = ' 離開方塊區域 !';
            msg.innerHTML = message;
        }, false);
    </script>
</body>
</html>
```

針對 div 元素，分別註冊 mousemove、mouseout 與 mouseover 事件，並且於事件處理器中，回應相關的事件，包含顯示目前座標位置，以及進入、離開方塊區域的訊息。

針對 mouseover 與 mouseout ，可以引用事件參數 relatedTarget 來取得相關的元素，以下透過另外一個範例進行說明。

範例 6-14 移動關聯元素

黑色方塊是 div 元素，框線矩形則是 body 元素 container ，使用者滑鼠游標進入黑色方塊時，顯示游標來自外部的 container ，反之顯示往 container 前去。

```
                                                      mouse-relatedTarget.html
<!DOCTYPE html>
<html>
<head>
    <title></title>
</head>
<body id="container" style="…">
    <div id="msg" style="…"></div>
    <script>
        var msg = document.getElementById('msg');
        msg.addEventListener('mouseover', function (event) {
```

(續)

```
            var message = '來自 ' + event.relatedTarget.id.toString();
            msg.innerHTML = message;
            event.stopPropagation();
        }, false);
        msg.addEventListener('mouseout', function (event) {
            var message = '前往 ' + event.relatedTarget.id.toString();
            msg.innerHTML = message;
            event.stopPropagation();
        }, false);
    </script>
</body>
</html>
```

元素 body 命名為 container，而 div 命名為 msg，針對 msg 註冊 mouseover 與 mouseout，其中透過 relatedTarget 取得關聯的外部元素 id 名稱。

此外，IE 針對相同的動作，另外實作了 mouseenter 與 mouseleave，其中 mouseenter 效果同 mouseover，而 mouseleave 同 mouseout，不過 mouseenter 與 mouseleave 並沒有氣泡傳播特性，同時未被廣泛實作。

滾輪

HTML5 進一步針對滑鼠滾輪的操作，提供 mousewheel 事件的支援，完成此事件的註冊，指定其回應事件處理器，即可對使用者操作滾輪的動作作出回應。

Firefox 與 Chrome 對滾輪事件的支援有些許差異，前者必須設定的事件名稱是 DOMMouseScroll，而 Chrome 則是 mousewheel。

範例 6-15　示範滾輪事件

左圖是一開始網頁載入時，圖片的顯示樣式，將游標移至圖片上，操作滾輪，圖片將被放大，直到超過一定的尺寸，最後回復到原來的大小。

```
<!DOCTYPE html>                                         mousewheel.html
<html>
<head>
    <title></title>
</head>
<body>
    <img id="ximg" src="images/girlskate.jpg" width=100    />
    <script>
        var img_width = 100;
        var m =  document.getElementById('ximg');
        var mousewheel = (/Firefox/i.test(navigator.userAgent)) ?
                            "DOMMouseScroll" : "mousewheel";
        m.addEventListener(mousewheel, function () {
            if (img_width<600)
                img_width += 10;
            else
                img_width = 100;
            m.setAttribute('width', img_width);

        }, false);

    </script>
</body>
</html>
```

註冊事件處理器之前，先判斷目前的瀏覽器並取得正確的事件名稱。接下來完成事件註冊，並且逐一放大圖片寬度。

在這個範例的操作過程中，讀者會發現無論滾輪往前或往後滾動執行的均是相同的動作，我們可以進一步在事件處理器中透過 MouseWheelEvent 參數取得 wheelDelta 的值以判斷使用者的操作，如下式：

```
function wheelHandler(){
    // 判斷使用者操作滑鼠的方向
    // 如果這個判斷式成立表滾輪往前滑
    // e.wheelDelta == 120 || e.detail > 0
}
```

其中的 e. wheelDelta 是非 Firefox 瀏覽器支援的語法，e.detail 則是 Firefox 支援的語法，只要其中一個成立表示目前使用者操作滾輪的動作是往前滑動。將上述範例的事件處理器調整如下：

```
if (event.wheelDelta == 120 || event.detail > 0)
      img_width += 10;
else
      img_width -= 10;
```

重新執行範例，圖片根據滾輪的操作動態放大或縮小。

6.4　鍵盤事件

敲擊鍵盤時會觸發 keydown、keyup 與 keypress 等相關事件。當使用者按下任一按鍵時，會觸發 keydown 事件，放開鍵盤時則會觸發 keyup。keypress 相較於 keydown 與 keyup，支援更高階的鍵盤事件處理機制。keydown 如果在使用者持續按住按鍵不放時，會連續觸發，只有當使用者放開按鍵時才會觸發 keyup。keypress 事件於使用者按下按鍵後，產生一個單一字元時被觸發。

當目標物件註冊了鍵盤事件，便能偵測使用者按下鍵盤的動作，並經由事件物件的 keyCode 屬性取得使用者按下的按鍵值。

要注意的是，keydown 與 keyup 事件的 keyCode 回傳值永遠是大寫字母的 Unicode 字元碼，也就是鍵盤上所標示的字元，而 keypress 事件回傳的字元碼會區分大小寫差異。

範例 6-16　鍵盤 keydown 事件

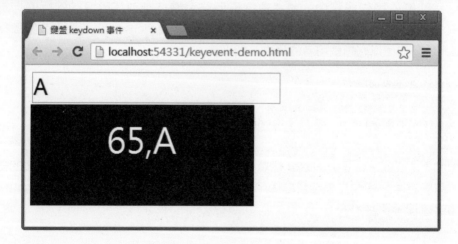

當使用者在畫面上的輸入方塊輸入任何一個字元,則會顯示在下方的黑色區塊。

```
keydown-demo.html
<!DOCTYPE html>
<html>
<head>
      <title> 鍵盤 keydown 事件 </title>
</head>
<body>
      <input id="xname"  type="text"  style="font-size:24pt; "  />
      <div id="msg" style="…"></div>
      <script>
          var xname = document.getElementById('xname');
          var msg = document.getElementById('msg');
          xname.addEventListener('keydown', function (event) {
              msg.innerHTML = event.keyCode;
              msg.innerHTML += ',';
              msg.innerHTML += String.fromCharCode(event.keyCode);
          }, false);
      </script>
</body>
</html>
```

其中的程式碼註冊了 input 元素的 keydown 事件,於事件處理器中,透過參數 event.keyCode 取得使用者按下的按鍵對應的 Unicode 字元碼。最後再調用 String 的 fromCharCode() 方法,將其轉換成為對應的字元。由於此註冊為 keydown 事件,因此無論大小寫回傳的均是鍵盤上標示的字元碼,讀者可以自行觀察轉換後的字元。

現在嘗試將其中的 keydown 改成 keypress ,再重新執行網頁,這一次根據輸入的字元,已經能夠正確的顯示輸入的字元。

鍵盤事件回傳的引數,還有其它的屬性,包含 altkey、ctrlkey、shiftkey 以及 metaKey ,如果對應的特殊鍵被同時按下時,引用相關的屬性將回傳 true 的屬性值。

input 事件

HTML5 更進一步支援了 input 事件,當一個使用者於文字方塊輸入內容,將會觸發 input 事件,註冊此事件即可回應使用者的輸入操作。

範例 6-17 input 事件

同前述的範例，讀者請自操作，網頁透過 input 事件監聽，截取使用者輸入的資料，並同步呈現於下方的黑色方塊中。

```
                                                                    input-demo.html
<!DOCTYPE html>
<html>
<head>
    <title>input 事件 </title>
</head>
<body>
    <input  id="msgfield" type ="text" />
    <div id="msg" style="…">
    </div>
    <script>
        document.getElementById('msgfield').addEventListener(
            'input', function (e) {
                document.getElementById('msg').innerText = this.value  ;
        },false)
    </script>
</body>
</html>
```

其中註冊文字方塊的 input 事件，取得每一次使用者透過鍵盤輸入的字元。如你所見，input 與 keypress 事件的效果相同，而 input 事件在 HTML5 導入，keypress 則於 DOM Leve 3 中被棄置，建議以 input 取代。

6.5 拖曳事件

HTML5 導入拖曳事件的支援，draggable 屬性設定為 true 時即表示此元素支援拖曳操作，如果是 false 則表示元素無法被拖曳。元素拖曳的過程中，會觸發一連串的事件，實作拖曳事件的支援，至少需完成以下三種事件的註冊：

事件	說明
dragstart	開始拖曳操作時被觸發。
dragover	拖曳經過目標元素時被觸發。
drop	拖曳並且置放至目標元素時被觸發。

其中 dragstart 事件於使用者按住元素開始拖曳時被觸發，而 drop 則於放開元素結束拖曳事件被觸發，而被拖曳的物件資料必須在 dragstart 事件處理器中，儲存至拖曳資料暫存區，然後於 drop 事件處理器中取出。

範例 6-18　示範拖曳

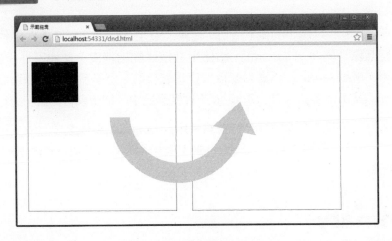

使用者按住黑色方塊，可以將其拖曳至右邊的矩型框中。

```
<!DOCTYPE html>                                              dnd.html
<html>
<head>
      <title>示範拖曳</title>
</head>
<body>
      <div style="…">
```

(續)

```
            <div id="kt" draggable="true"    style="…">
                ondragstart="kt_dragstart(event)">
            </div>
        </div>
        <div style="…"
            ondragover="kt_dragover(event)" ondrop="kt_drop(event)">
        </div>
        <script>
            var internalDNDType = 'text';
            function kt_dragstart(event) {
                event.dataTransfer.clearData();
                event.dataTransfer.setData(
                    internalDNDType,
                    event.currentTarget.id);
            }
            function kt_dragover(event) {
                event.preventDefault();
            }
            function kt_drop(event) {
                var did = event.dataTransfer.getData(internalDNDType);
                var d = document.getElementById(did);
                event.currentTarget.appendChild(d);
            }
        </script>
    </body>
</html>
```

在第一個 div 矩形方塊中的巢狀子 div 元素，設定了 ondragstart 事件屬性，並且註冊其回應處理器 kt_dragstart()，當使用者按住開始拖曳，透過事件引數 event. dataTransfer 調用 setData() 將資料儲存於資料儲存區，然後於拖曳目標區域中，註冊 dragover 與 drop 事件，並且於 drop 事件處理器中，取出儲存的資料進行處理。

開始拖曳時，必須清空先前儲存的資料，因此 dragstart 事件處理器中，預先調用 clearData() 將資料清空。而在 dragover 事件處理器裡面，調用 preventDefault() 避免預設行為。

Summary

JavaScript 藉由事件機制，提供網頁與使用者之間的互動支援，本章針對初學者必須瞭解的事件種類與註冊方式進行了扼要的說明，瞭解其中討論的事件技巧，相信讀者已具備建立互動網頁的能力，下一章開始，我們要進入 HTML5 最關鍵的革新－繪圖技術。

評量

1. 請建立一個網頁，使用者在網頁上按一下即會顯示特定的訊息。

2. 有兩種註冊事件的方式，以 click 為例，直接設定 onclick 屬性或是調用 addEventListener() 方法，這兩者的效果相同，若是要同時針對一個物件進行重複註冊，請問要調用哪一種方式比較合適？

3. 透過 addEventListener() 註冊事件，如何將其註銷？

4. 在事件的參數中，請說明以下兩個方法調用的功能。

```
event.preventDefault()
event.stopPropagation()
```

5. 考慮以下的配置：

```
<div id="area"  style="…" >
          ABCDE
</div>
```

請為此 div 元素註冊 click 事件，並且於使用者按下時，取得 ABCDE 這段字串。

6. 考慮以下的程式配置：

```
<!DOCTYPE html>
<html>
<head>
     <title></title>
     <script>
         document.getElementById('area').onclick = function () {
             alert(this.textContent);
         };
     </script>
</head>
<body>
     <div id="area" >ABCDE</div>
</body>
</html>
```

請說明這個程式的執行結果，結果的原因為何。

7. 承上題，請說明如何進一步完成此範例。

8. 請說明 load 與 unload 事件兩者的關聯。

9. 承上題，如果要在網頁離開之前執行某些作業，需註冊何種事件？

10. 承上題，請建立一個網頁，並在使用者關閉之前提供確認訊息。

11. 請說明 DOMContentLoaded 與 load 事件的差異。

12. 調整視窗大小時觸發的事件為何？

13. 簡述滑鼠事件，mousemove、mouseup、mousedown 三者的觸發時機。

14. Firefox 與 Chrome 針對滑鼠的滾輪事件提供了不同的支援，請說明這兩種瀏覽器的滾輪事件名稱差異。

15. 請簡要說明實作拖曳事件所需的三組事件。

第七章

繪圖技術

Web

前端開發完全入門

HTML 網頁目前支援 Canvas 與 SVG 兩種繪圖技術，同時提供圖片與文字的視覺處理的功能，而透過 JavaScript 延遲函式的相關設定，更能夠輕易的建立動畫效果，這一章針對相關功能進行討論。

7.1　關於 Canvas

Canvas 標籤支援圖形描繪功能，它關聯至描繪圖形所需的程式化物件，透過此繪圖物件支援的方法，經由 JavaScript 調用即可執行各種圖形描繪作業。Canvas 物件的功能相當強大，下表列舉幾個最基本的方法：

方法成員	說明
beginPath()	開始圖形線條的描繪。
closePath()	結束圖形線條的描繪，並將其封閉。
moveTo()	移至指定的座標點。
lineTo()	從目前的座標點到指定的座標點畫一條直線。
rect()	畫一個矩形。
stroke()	描繪圖形。
fill()	描繪圖形並以指定的顏色填滿封閉區域。

表列的方法成員支援所要描繪的線條與圖形定義工作，經過相關的設定之後，最後則調用 stroke() 方法將定義好的圖形描繪出來，另外請注意最後一個方法 fill()，如果定義的圖形有封閉的區域，則當你調用 fill() 並指定所要使用的顏色，這個區域會以指定的顏色填滿。

有了初步的認識，下一個小節就如何調用表列方法成員描繪圖形的實作方式進行說明。

7.2　開始繪圖

繪圖由 <canvas> 標籤的配置開始，它在網頁上呈現一塊畫布，定義用來呈現各種圖形的視覺化區域，一旦完成這個標籤的配置，你便可以在其中描繪任何圖形。Canvas 標籤與網頁關係如下圖：

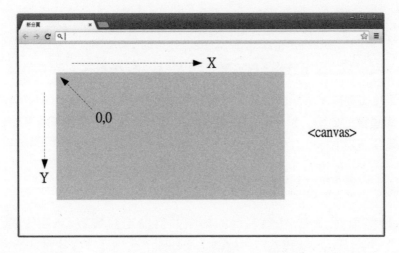

原點座標（0,0）為左上角，水平座標 X 從原點往右邊遞增，垂直座標 Y 從原點往下遞增。描繪圖形時，透過座標位置的設定，指定與原點偏移的距離，以決定在 canvas 區域的定位。考慮以下的網頁標籤配置：

```
<canvas id="pcanvas" style="background:silver;"  >
</canvas>
```

這一段 <canvas> 標籤配置，將背景設定為 silver ，因此在網頁中會看到一塊預設大小的灰色區域，後續即可在這個區域中描繪任何圖形。

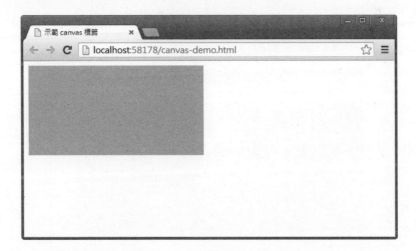

透過 height 與 width 屬性的設定，可以進一步決定 canvas 大小，如下式：

```
<canvas id="pcanvas" style="background:silver;"width="720" height="320" >
</canvas>
```

完成 canvas 區域的適當調整，接下來就可以在其中描繪圖形了。

畫一條直線是最簡單的繪圖操作，假設我們希望在網頁載入時，在 canvas 區域中完成一條直線的描繪，首先必須透過 canvas 物件參照取得繪圖需要的 context 物件，所需語法如下：

```
var canvas = document.getElementById('pcanvas') ;
var context = canvas.getContext('2d');
```

第一行取得畫面 canvas 標籤區域的參照並且指定給變數 canvas，第二行的 context 則是透過 canvas 變數取得繪圖功能物件，此物件支援各種繪圖功能，透過其調用指定的方法，即可描繪圖形。

直線由兩個座標點構成，因此接下來定義這兩個座標點，例如從座標點（x0,y0）到（x1,y1），所需的語法如下：

```
context.moveTo(x0,y0);
context.lineTo(x1,y1);
```

第一行設定起始座標，第二行設定線條的結束座標，最後調用 stroke() 方法即可將線條描繪出來。

範例 7-1　示範 canvas 繪圖

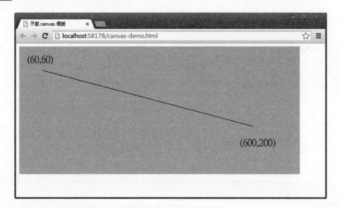

畫面上的斜線由兩個座標點，分別是（60,60）與（600,200）描繪而成。

```
<!DOCTYPE html>                                          canvas-demo.html
<html>
<head>
     <title> 示範 canvas 繪圖 </title>
</head>
<body>
     <canvas id="pcanvas"
         style="background:silver;"
         width="720" height="320"  >
     </canvas>
   <script>
      var canvas = document.getElementById('pcanvas');
      var context = canvas.getContext('2d');
      context.moveTo(60, 60);
      context.lineTo(600, 200);
      context.stroke();
   </script>
</body>
</html>
```

就如同前述的說明，其中指定了兩組座標點，並且透過 stroke() 的調用將線條描繪
出來。

▌ 描繪矩形

描繪矩形必須預先透過 rect() 定義其座標位置還有長寬，所需的語法如下：

```
context.rect(x, y, w, h);
```

前兩個參數代表描繪矩形的左上角座標位置，w 為矩形寬度，h 則是矩形高度，
此定義所對應的矩形如下：

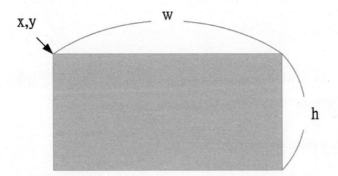

完成定義之後，接下來再調用 stroke() 方法，即可將矩形畫出。

範例 7-2　描繪矩形

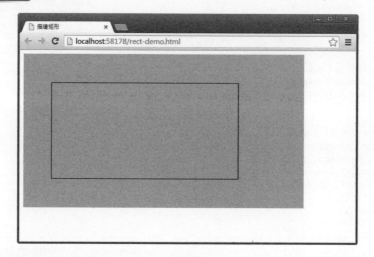

根據指定的座標點與長寬，描繪出一個矩形。

```
<!DOCTYPE html>
<html>
<head>
        <title> 描繪矩形 </title>
</head>
<body>
        <canvas id="pcanvas"
            style="background: silver;" width="600" height="320">
        </canvas>
        <script>
            var canvas = document.getElementById('pcanvas');
            var context = canvas.getContext('2d');
            context.lineWidth = 1;
            context.rect(60, 60, 400, 200);
            context.stroke();
        </script>
</body>
</html>
```

rect-demo.html

其中調用 rect() 定義所要描繪的矩形資訊，包含左上角座標（60,60）與寬、高
（400,200），最後調用 stroke() 將其描繪出來。

▌描繪曲線與封閉圖形

除了兩點構成的直線，你可以進一步連接超過兩個以上的座標點以描繪特定的曲
線，假設一條由三個座標點連接而成的曲線如下：

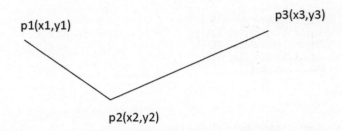

要描繪這條曲線,除了定義第一個座標點 p1,接下來再重複調用 lineTo() 這個方法將 p2 與 p3 的座標點標示出來即可。

直接來看一個範例,其中透過數個座標點,建立一條不規則的曲線。

範例 7-3 描繪多座標點曲線

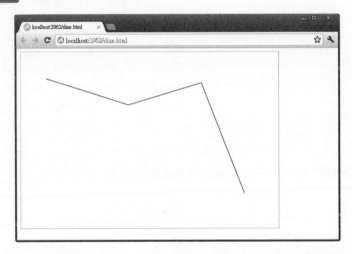

畫面上的曲線由四個座標點構成,首先是最左邊的 p1,此座標為起始點,必須透過 moveTo() 定位,其它三個座標點- p2、p3 以及 p4,則逐步調用 lineTo() 完成座標定義,最後再調用 stroke() 將其描繪出來即可。

```
                                                              sline.html
<!DOCTYPE html>
<html>
<head>
    <title>描繪多座標點曲線</title>
    <script>
        window.onload = function () {
            var canvas = document.getElementById('pcanvas');
            var context = canvas.getContext('2d');
```

(續)

```
                context.moveTo(60, 60);
                context.lineTo(250, 120);
                context.lineTo(420, 70);
                context.lineTo(520, 320);
                context.stroke();
            }
        </script>
    </head>
    <body>
    <canvas id="pcanvas" width="600" height="400"
        style="border:1px dotted gray;"   > </canvas>
    </body>
    </html>
```

首先調用 moveTo() 定義起始點：

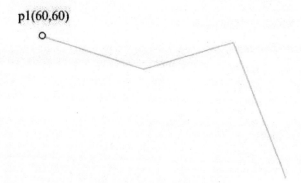

接下來連續三行的 lineTo() 完成後續三個座標點的定義：

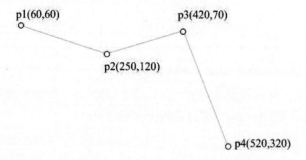

最後調用 stroke() 從第一個座標點（60,60）開始逐步連結 lineTo() 所定義的其它三個座標點，完成曲線的描繪。

如果最後調用的 lineTo()，其定義的座標點與第一個座標點 p1 相同，則會形成一個封閉圖形，例如以下這一行程式碼：

```
context.lineTo(60, 60);
```

這一行所定義的座標點同 p1，因此線條會連結至起始點，最後 stroke() 描繪完成的是一個封閉圖形。

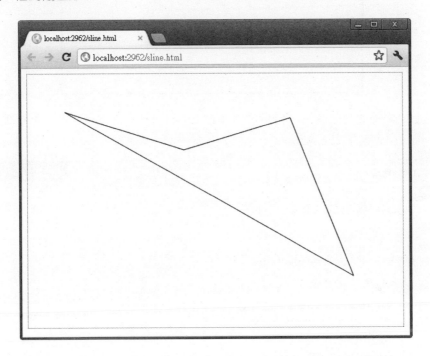

▌ beginPath() 與 closePath()

預設的情形下，每一個調用 lineTo() 方法定義出來的直線，均會與前一個座標點連接，而這些連接的線稱為路徑，如果你要描繪數組獨立的路徑，必須調用 beginPath() 與 closePath() 方法，這兩個方法之間所描繪的線條，會自動形成封閉的圖形。

範例 7-4　描繪封閉路徑圖形

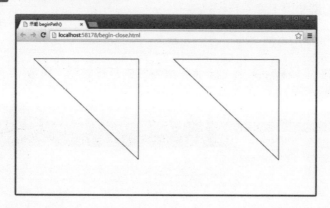

畫面上描繪兩個封閉圖形，分別調用兩組 beginPath()/closePath() 進行垂直線的描繪，最後自動封閉成三角形。

```
<!DOCTYPE html>                                              begin-close.html
<html>
<head>
    <title> 描繪封閉路徑圖形 </title>
</head>

<body>
    <canvas id="lineCanvas" width="800" height="400">

    </canvas>
    <script>
        var canvas = document.getElementById('lineCanvas');
        var context = canvas.getContext('2d');
        // 第一個三角形
        context.beginPath();
        context.moveTo(40, 40);
        context.lineTo(340, 40);
        context.lineTo(340, 320);
        context.closePath();
        context.stroke();

        // 第二個三角形
        context.beginPath();
        context.moveTo(440, 40);
        context.lineTo(740, 40);
        context.lineTo(740, 320);
        context.closePath();
        context.stroke();
    </script>
</body>
</html>
```

其中兩組描繪三角圖形的程式碼，分別調用 beginPath() 與 closePath() 封閉所描繪的線條，最後調用 stroke() 描繪出封閉圖形。

▌描繪弧形

描繪弧線可以透過 arc() 方法定義弧線的相關資訊。弧線以圓形為基準進行描繪，考慮以下的說明圖示：

一段弧線是由指定大小的圓截取其中的部分圓周所定義，只要定義此弧線所參考的圓形，即可取得所要的弧線，而 arc() 方法的定義如下：

```
arc(x, y, r, startAngle, endAngle, anticlockwise)
```

由左至右，前兩個參數 x 與 y，表示所要參考的圓心座標：

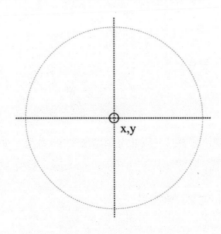

第三個參數 r 為圓形的半徑：

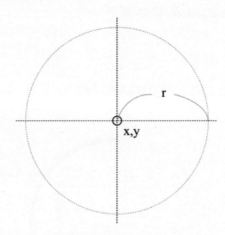

接下來的 startAngle 參數表示弧線開始的角度，endAngle 則是弧線結束的角度，而定義這兩個參數之前，必須先瞭解角度與弧線的構成關係。

角度以 Math.PI 這個常數值作表示，水平線右邊與圓周交接的座標位置為 0 度，順時針旋轉繞一圈回到此座標點，其間會經過兩個 Math.PI 的角度，如下圖：

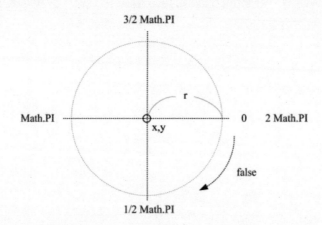

依據這個原理，你只要指定某一個起始角度與結束角度，兩個角度之間形成的部分圓周，即為所要描繪的弧線，例如調用 arc()，指定參數如下：

```
arc(300, 150, 100, Math.PI*1/2,Math.PI)
```

這一行程式碼會以座標點（300,150）為圓心，第三個參數 100 為半徑定義一個圓，然後以水平線右邊為 0 度基準，順時鐘方向至 1/2 的 Math.PI 為起始點，開始描繪圓周，一直到 Math.PI 的位置結束，因此可以得到以下的圖形：

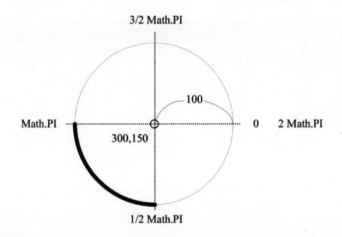

最後一個參數 anticlockwise 是選擇性的，這是一個 Boolean 值，如果指定為 true，表示弧線必須以逆時針方向描繪，反之則是順時針方向，而 false 是預設值，如果以上圖為例，將最後一個參數設定如下：

```
arc(300, 150, 100, Math.PI*1/2,Math.PI,true)
```

如此一來弧線必須以逆時針方向描繪，我們可以得到相反的結果如下：

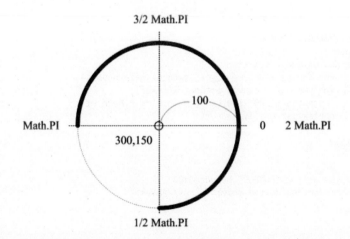

圖中的弧線，以逆時針方向，從 1/2 Math.PI 描繪至 Math.PI 的位置。

瞭解參數的原理之後，就可以進一步透過指定開始與結束的角度，定義任何一段
弧線，最後調用 stroke() 方法將其描繪出來。

範例 7-5　　描繪弧線

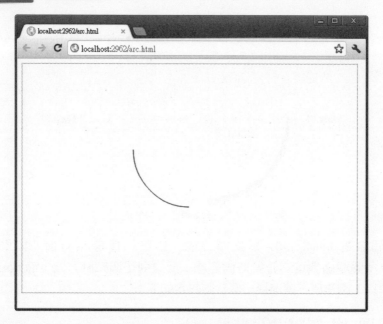

這是範例描繪出的 1/4 圓周的弧線，所需的完整程式碼如下：

```
<!DOCTYPE html>                                              arc.html
<html>
<head>
    <title> 描繪弧線 </title>
    <script>
        window.onload = function () {
            var canvas = document.getElementById('pcanvas');
            var context = canvas.getContext('2d');
            context.arc(300, 150, 100, Math.PI*1/2,Math.PI);
            context.stroke();
        }
    </script>
</head>
<body>
<canvas id="pcanvas" width="600" height="400"
    style="border:1px dotted gray;"   > </canvas>
</body>
</html>
```

其中調用 arc() 方法描繪 1/4 圓周的弧線，你可以在最後指定參數值 true ，則會反方向繪出 3/4 圓周弧線。

當然，細心的讀者應該也想到了，如果將起始與結束的角度，設定為 0~2*Math.PI ，則描繪出來的圖形將是一個完整的圓形，如下式：

```
context.arc(300, 150, 100,0, 2*Math.PI);
```

這一行程式碼將畫出一個圓形。

7.3　線條樣式

瞭解如何描繪特定幾何圖形，很快的這一個小節就線條寬度、填色等樣式的設定進一步作說明。

▍線條寬度

線條可以透過預先指定 lineWidth 屬性，以調整輸出的線條寬度，例如以下的程式碼：

```
context.lineWidth = 28 ;
```

這一行將 lineWidth 屬性值設定為 20，後續描繪線條時，便會以 28 的寬度描繪線條。

範例 7-6　線條寬度

以不同的寬度描繪六條水平直線，依序呈現在網頁上。

```
<!DOCTYPE html>                                        lineWidth-demo.html
<html>
<head>
    <title> 線條寬度 </title>
</head>
<body>
    <canvas id="pcanvas"
        width="600" height="320">
    </canvas>
    <script>
        var canvas = document.getElementById('pcanvas');
        var context = canvas.getContext('2d');
        for (i = 0; i < 6; i++) {
            context.beginPath();
            context.lineWidth = context.lineWidth +2  ;
            context.moveTo(60, 60+i*26);
            context.lineTo(480, 60 + i * 26);
            context.closePath();
            context.stroke();
        }
    </script>
</body>
</html>
```

利用一個迴圈逐次以不同的線條寬度，描繪六條粗細不同的線條。

填色

無論線條或是圖形，均能選擇性的以特定顏色進行描繪，只要設定填色的對應值即可，我們可以透過三種不同格式的字串來表示各種顏色，對於某些預先定義的顏色，你可以直接指定這種顏色的名稱，例如 blue、green 或是 red 等。

你也可以利用 RGB 或是 ARGB 格式字串來表示不同的顏色，前者是 RGB 三原色 red、green 與 blue 組合成的十六進位表示式，例如，藍色為 #FF0000FF、綠色為 #FF008000、紅色則是 #FFFF0000；後者為代表透明度的 alpha 值加上原來的 RGB。

如果想要設定的僅是線條的顏色，則在 stroke() 方法描繪之前，預先設定 strokeStyle 屬性值即可，如果想要填滿封閉區域，例如描繪一個實心的矩形，則必須設定 fillStyle 屬性值，再透過 fill() 進行描繪。

範例 7-7　　stoke() 與 fill()

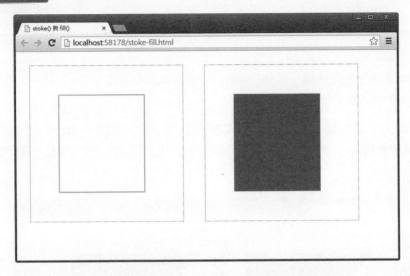

畫面上配置了兩組 canvas 標籤，分別以虛線框表示，左邊是以 stroke() 描繪的矩形，右邊則是調用 fill() 描繪。

```
<!DOCTYPE html>                                            stoke-fill.html
<html>
<head>
    <title> stoke() 與 fill()</title>
</head>
<body>
    <div>
        <canvas id="pcanvas0"
            style="border: 1px dotted gray; margin: 20px;" width="320"
            height="320">
        </canvas>
        <canvas id="pcanvas1"
            style="border: 1px dotted gray; margin: 20px;" width="320"
            height="320">
        </canvas></div>
    <script>
        var c = document.getElementById('pcanvas0');
        var context = c.getContext('2d');
        context.strokeStyle = 'gray';
        context.rect(60, 60, 180, 200);
        context.stroke();

        var c = document.getElementById('pcanvas1');
        var context = c.getContext('2d');
        context.fillStyle = 'gray';
```

(續)

```
            context.rect(60, 60, 180, 200);
            context.fill();
        </script>
    </body>
    </html>
```

script 中包含兩段程式碼，同樣均調用 rect() 定義所要描繪的矩形，然後再分別調用 strokel() 與 fill() 方法以描繪矩形。

調用 fill() 方法會影響 closePath() 路徑構成的封閉路徑，例如 7-10 頁的範例 7-4「描繪封閉路徑圖形」，現在將其中調用 stroke() 方法改成調用 fill() 方法，會得到以下的結果。

7.4 描繪圖片

Canvas 物件除了支援圖形的描繪，亦提供了一個 drawImage() 方法，調用此方法可以將一個指定的圖片檔案描繪出來，考慮以下的程式碼：

```
context.drawImage(img, x, y);
```

其中 img 為所要描繪的圖片物件，x 與 y 則是圖片描繪的目標位置座標，此方法必須在圖片完成載入之後執行。假設要描繪的圖片在網站的相對位置路徑如下：

```
images/xxx.jpg
```

動態建立一個 Image 物件，將這個路徑指定給 src 屬性，程式碼如下：

```
var img = new Image();
img.src = 'images/xxx.jpg';
```

當這兩行程式執行完成，會觸發 Image 物件的 load 事件，表示圖片已經載入完成，接下來可以建立一個函式以回應載入事件，將物件指定給 drawImage() 方法，表示要將此圖片於（x,y）這個座標位置描繪出來。

```
imgx.onload = function () {
    context.drawImage(this, x, y);
};
```

一旦 load 事件觸發，其中事件監聽器的內容程式碼就會被執行，將圖片描繪於 canvas 標籤定義的區塊中。

範例 7-8　　描繪圖片

畫面中的圖片透過 drawImage() 的調用進行描繪呈現。

```
<!DOCTYPE html>                                    drawImage-demo.html
<html>
<head>
    <title> 描繪圖片 </title>
</head>
<body>
    <canvas id="pcanvas"
        width="600" height="260">
```

(續)

```
        </canvas>
        <script>
            var canvas = document.getElementById('pcanvas');
            var context = canvas.getContext('2d');
            var img = new Image();
            img.addEventListener('load', function () {
                context.drawImage(this, 0, 0);
            }, false);
            img.src = 'images/kate.jpg';
        </script>
    </body>
</html>
```

如前述的說明，drawImage() 並非直接描繪圖片檔案，你必須先建立一個 Image 物件，然後設定所要描繪的圖片來源，並於圖片載入完成之後，調用 drawImage() 將此 Image 物件描繪出來。

▍部分圖片

Canvas 物件不僅可以針對整張圖片進行描繪，甚至還可以切割圖片，指定描繪圖片中的部分範圍區塊，考慮以下左邊這張圖片，假設我們想要描繪其中灰色框線的內容，在網頁上呈現右邊圖片的內容：

為了達到上述的目的，必須利用另外一個版本的 drawImage() 方法，它採用以下的原理：

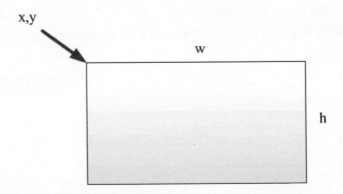

這個方法以矩形表示所要描繪的範圍區域，左上角座標位置（x,y）為所要描繪的矩形起點，w 是矩形的寬度，h 為矩形高度，因此調用 drawImage() 方法時必須指定以下的參數內容：

```
context.drawImage(img,
                  x, y, w, h,
                  dx,dy,dw,dh);
```

其中的 x,y,w 與 h 四個參數對應上述的矩形框說明，後四個參數中，dx 與 dy 則是位置座標，表示截取的圖片內容要描繪的位置，而 dw 與 dh 則是之後圖片描繪出來的大小。

範例 7-9 描繪部分圖片的內容

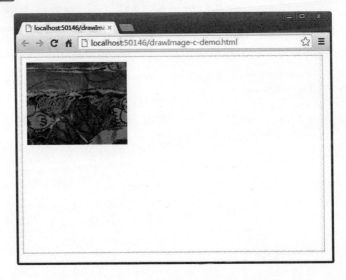

這個範例將一張預先準備好的圖片 d002.jpg 載入，然後將其中的部分內容描繪出來。配置描繪圖片需要的 <canvas> 標籤，識別 id 為 pcanvas，建立以下描繪圖片所需的程式碼：

```
<script>
    window.onload = function () {
    var imgx = new Image();
    imgx.onload = function () {
        var context = document.getElementById('pcanvas').
        getContext('2d');
        context.drawImage(this,
            80, 80,200,160,
            10,10,200,160);
    };
    imgx.src = 'images/d002.jpg';
    };
</script>
```

drawImage-c-demo.html

內容與前述範例幾乎相同，只是這裡調用的是本節所討論的 drawImage() 版本。

7.5　描繪文字

Canvas 亦支援文字的描繪，只要調用 strokeText ()，將所要描繪的文字當作參數傳入即可於 canvas 標籤區域描繪出來，例如以下這行程式碼：

```
context.strokeText(msg,x,y);
```

其中調用 strokeText，於 x,y 座標點的位置，將 msg 文字描繪出來。另外方法 fillText() 同樣支援文字描繪，此方法以指定顏色描繪填滿指定顏色的文字。如果不想以預設字型描繪文字，可以另外指定 font 屬性，如下式：

```
context.font = '36px Arial';
```

font 屬性的內容是 CSS 字型樣式，這一行會以 36px、Arial 字型描繪文字輸出於網頁。

範例 7-10   描繪文字

其中分別調用 strokeText() 與 fillText()，描繪同一段訊息文字。

```
                                                      strokeText-demo.html
<!DOCTYPE html>
<html>
<head>
     <title> 描繪文字 </title>
</head>
<body>
     <canvas id="pcanvas"
          width="600" height="260" >
     </canvas>
     <script>
         var canvas = document.getElementById('pcanvas');
         var context = canvas.getContext('2d');
         context.font = '48px Broadway';
         context.strokeText(' 文字：Hello strokeText !', 60, 120);
         context.fillText(' 文字：Hello fillText !', 60, 240);
     </script>
</body>
</html>
```

如你所見，其中的程式碼設定了 font 屬性，以 48px、Broadway 字型描繪文字，
接下來調用 strokeText() 與 fillText()，完成不同形式的文字描繪輸出。

7.6 動畫設計

所謂的動畫是在一定的時間區間內，連續播放數張靜態圖片（一般稱為影格）來
達到動態畫面的效果，利用 canvas 實現動畫也是基於此原理，在一定的時間區間
內，不斷的清除並重繪某個區域的畫面以呈現動畫效果。

Canvas 的連續清除與重繪，可以透過 setInterval() 進行實作，語法如下：

```
setInterval(ani,s) ;
```

第一個參數 ani 是自訂函式，其中包含清除與描繪靜態圖形所需的程式碼；第二個參數 s 則表示一段以毫秒為單位的時間長度，當此長度的時間到達時，重新執行 ani 函式。

範例 7-11　調用 setInterval() 實作 canvas 動畫

當畫面載入時，會反複逐一動態呈現字串 HTML5 中的每一個字元。

```
<!DOCTYPE html>                                          ami-demo.html
<html>
<head>
    <title>調用 setInterval() 實作 canvas 動畫</title>

    <script>
        var f = ['H', 'T', 'M', 'L', '5'];
        var a = 0;
        var c, context;
        window.onload = function () {
            c = document.getElementById('pcanvas');
            context = c.getContext('2d');
            setInterval(drawText, 750);
        };
        function drawText() {
            context.clearRect(0, 0, 300, 150);
            context.font = '72pt Arial';
            context.strokeText(f[a], 100, 100);
            if (a < 4) a++; else a = 0;
        }
    </script>
</head>
```

(續)

```
<body>
    <canvas id="pcanvas" width="300" height="150">    </canvas>
</body>
</html>
```

於畫面上配置一個 canvas 標籤,將識別 id 設為 pcanvas ,接下來就利用 JavaScript 來取得此標籤的參照,然後描繪文字。

變數 f 是用來儲存所要描繪的五個字元,a 則是目前描繪的字元索引。

一開始調用 clearRect() 清除畫面,指定所要描繪的文字字型,調用 strokeText() 取得目前描繪的字元,於座標點(100,100)進行描繪。最後的 if 判斷目前的索引值是否小於 4,是的話遞增其索引值,否則將其歸 0。

▎靜態圖片的動畫模擬

由於 Canvas 物件支援圖片的描繪,因此我們可以準備數張圖片,然後逐一描繪,亦可模擬動畫效果。接下來的範例示範此圖片模擬動畫的效果,其中會用到另外一個函式 clearInterval() ,此函式取消 setInterval() 開始的重複性作業。

```
var t = setInterval(…)
clearInterval(t);
```

setInterval() 被調用之後,將回傳一個數值,如上式將其儲存於變數 t ,接下來將其數值當作參數傳入 clearInterval() ,即可終止。

範例 7-12　描繪圖片動畫

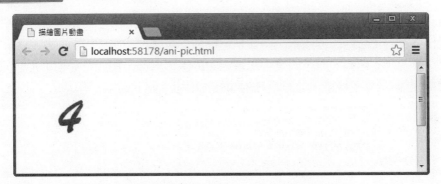

當網頁載入之後,以十張數字圖片逐秒輪播,模擬倒數效果。

```
<!DOCTYPE html>                                         ani-pic.html
<html>
<head>
    <title> 描繪圖片動畫 </title>
</head>
<body>
    <canvas id="pcanvas"
        width="600" height="260">
    </canvas>
    <script>
        var canvas = document.getElementById('pcanvas');
        var context = canvas.getContext('2d');
        var img = new Image();
        img.addEventListener('load', function () {
            context.drawImage(this, 0, 0);
        }, false);
        var i = 11;
        var t = setInterval(function () {
            i--;
            img.src = 'images/ani/a' + i + '.jpg';
            if (i < 2)
                clearInterval(t);
        }, 1000);
    </script>
</body>
</html>
```

此範例輪播十張數字圖片，首先完成 load 事件的註冊，然後調用 setInterval() 函式，於每 1000 毫秒執行一次，接下來的 setInterval() 每 1 秒載入一次圖片，以支援圖片的描繪輸出，完成十次的輸出之後，調用 clearInterval() 結束圖片載入作業。

7.7 關於 SVG

目前的前端技術中，SVG 與 Canvas 是兩個用來描繪圖形最主要的功能。SVG 是 Scalable Vector Graphics 的縮寫，中文是可縮放向量圖形。想要用 SVG 描繪圖形，必須先建立 svg 標籤，並且於其中配置相關的圖形標籤，例如要描繪圓形，只需於其中配置 circle 子標籤，並設定其相關屬性即可，如下式：

```
<svg>
    <circle cx="100" cy="100" r="30"
            stroke="red" stroke-width="4" fill="yellow">
    </circle>
</svg>
```

每一個 circle 標籤會呈現一個圓形，其中的 cx,cy 圓點座標，r 為半徑，stroke 為框線顏色，stroke-width 則是框線粗細，以下為此段 circle 標籤設定呈現的結果。

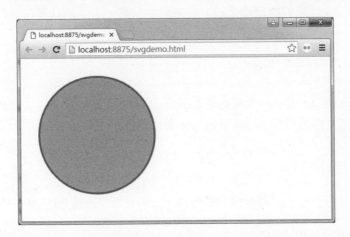

SVG 與 Canvas 同樣都能用來描繪圖形，不過 SVG 以標籤的形式進行圖形的配置，相較於程式開發人員，一般的網頁設計師比較容易接受，另外一方面，Canvas 透過 JavaScript 進行運算，它的內容解析度是輸出後就固定了，如果將其放大便會失真，SVG 本身的描繪結果是向量圖，不會有失真的問題，當螢幕尺寸改變時能維持一致的圖像品質，這是兩種繪圖技術的主要差異。

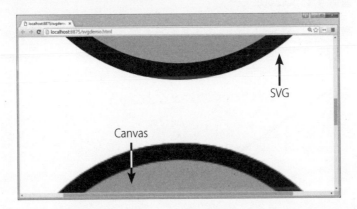

這張截圖比較 SVG 與 Canvas 圖形放大後的差異，上方 SVG 描繪的線條依然保持圓滑，下方則已出現模糊狀。

7.8　SVG 繪圖

SVG 採用與 Canvas 相同的座標系統，於網頁中配置 <svg> 標籤即可進行繪圖。

```
<svg>

</svg>
```

這一組標籤在網頁上定義一塊矩形區域的左上角為原點座標 (0,0)，矩形內部為描繪圖形的區域，標籤提供 width 與 height 屬性定義矩形範圍。

▌直線

直線是最簡單的圖形，定義直線的標籤為 <line>，以下的配置描繪一條直線。

```
<svgwidth="460" height="460">
    <line x1="60" y1="60" x2="360" y2="260"
            stroke="#ff0000" stroke-width="12" />
</svg>
```

直線由兩組座標點構成，x1,y1 表示第一組座標，x2,y2 表示第二組座標，stroke 表示線條的顏色，stroke-width 為線條寬度。這段 <svg> 標籤配置，會從 (60,60) 開始描繪一條直線至 (360,260)。

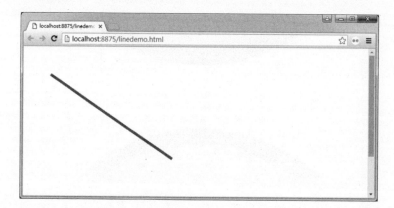

▌矩形

矩形由 <rect> 標籤所定義，以下是描繪矩形所需的元素配置。

```
<svgwidth="460" height="460">
    <rect x="60"y="60"width="300"height="180"
                fill="#436B95"stroke="#000"stroke-width="6"/>
</svg>
```

屬性 x,y 為矩形左上角頂點在 svg 範圍區域中的位置，而 width 為矩形的寬度，
height 為矩形高度，透過 fill 屬性定義填滿矩形內部的顏色。

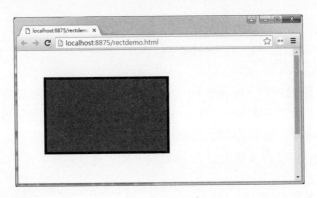

▌圓形與橢圓形

描繪圓形需使用 circle 元素，以下的配置描繪一個圓形。

```
<svg width="460" height="460">
    <circle cx="300" cy="180" r="120"
                stroke="#000"stroke-width="4"fill="gray">
    </circle>
</svg>
```

一個 circle 元素會呈現一個圓形，其中的 cx,cy 為圓心座標值，r 為半徑，其它效
果同前述說明，在 SVG 一開始討論時，便是以 <circle> 標籤作示範，而定義橢圓
形與圓形的原理相同，使用的是 <ellipse> 標籤。

```
<svgwidth="460"height="460">
    <ellipse cx="230" cy="130" ry="60" rx="180"
                stroke="#000" stroke-width="4" fill="gray">
    </ellipse>
</svg>
```

每一個 ellipse 標籤會呈現一個橢圓形，其中的 cx,cy 為圓點座標，rx 為水平半徑，
ry 為垂直半徑，由於水平與垂直半徑可以分開設定，因此當這兩個值不同時，就
會輸出一個橢圓形。

▌不規則線條

如果要輸出不規則線條，可以利用 `<path>` 標籤進行描繪，例如以下的配置：

```
<svgwidth="660"height="460">
    <pathd="M50,150
                    L150,220
                    L350,120
                    L450,220
                    L550,320
                    L620,220"
                    stroke="#808080"fill="none"stroke-width="4"/>
</svg>
```

path 元素的 d 屬性提供了數種不同的指令，用來決定所要描繪的路徑內容。指令 M 表示移動到指定的座標點 50,150，接下來的 L 指令表示描繪一條直線到此座標點，最後 path 從 M 指令座標點 50,150 開始依序連結所有的座標點構成所要呈現的圖形，屬性 d 中的指令必須以 x,y 座標為一組，並以空白字元或斷行隔開。

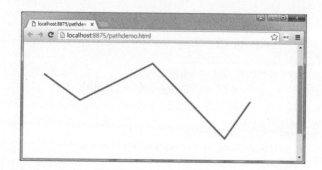

path 中要特別注意 fill 樣式，如果沒有設定為 none ，在可能造成封閉圖形的情形下，預設會以黑色填滿路徑空白區域，現在將上述的 fill 屬性移除，會得到以下的結果：

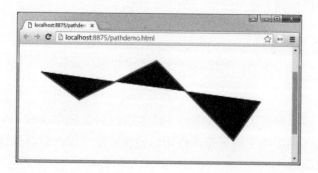

SVG 描繪圖片

SVG 透過 image 元素進行圖片描繪。

```
<image x="0" y="0" width="600" height="400" xlink:href="xxx.jpg" />
```

這一行 image 元素配置，在座標位置 0,0，以寬度 600 與高度 400 的大小，將 xxx.jpg 描繪在 svg 元素的區域內。以下是一個比較具體的例子。

```
<svg width="980" height="620">
    <image x="10" y="10" width="702" height="529"
                 xlink:href="images/R7C12.jpg"/>
</svg>
```

其中配置的 <image> 標籤，會在畫面上輸出 xlink:href="images/R7C12.jpg" 對應的 圖片檔案。

輸出文字

透過 text 元素可以在網頁上描繪出指定的文字內容。

```
<text x="100" y="100">康廷數位 RWD 專業課程 </text>
```

這一行 text 元素以 100,100 座標位置為參考基礎，描繪出其中的文字內容，x,y 座標是文字開始輸出的左下角端點位置。

```
<svg width="460" height="660">
    <textx="20"y="100" font-size="26">
        Web 前端開發專業課程｜康廷數位
    </text>
    <line x1="20" y1="100" x2="520" y2="100"
           style="stroke:#f00;stroke-width:1px;"/>
</svg>
```

這段 text 設定下方描繪一條輔助線，其中呈現 text 元素的 x,y 座標屬性與文字輸出的位置關係。

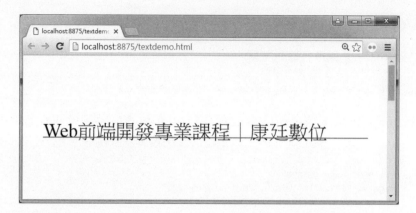

完成文字輸出的討論，本章最後針對 SVG 的動畫效果實作進行說明。

▎ SVG 動畫

你可以參考 Canvas 的作法，透過 JavaScript 改變 SVG 標籤屬性值以呈現動畫，而 SVG 本身亦內建一個 <animate> 標籤支援其它建立動畫效果。

```
<animateattributeName="fill"attributeType="XML"
from="#E0E0E0"to="black"
begin="0s"dur="3.5s"
fill="freeze"/>
```

以上這段配置是最基本的設定，其中 attributeName 是動畫過程中會變動的屬性項目，attributeType 為屬性定義的命名空間。

from 與 to 表示 attributeName 指定的屬性項目從開始到結束的值。

begin 是動畫啟始後屬性開始變化的時間，dur 為動畫的執行的時間長度。

fill 屬性表示動畫結束後的狀態，指定為 freeze 表示動畫結束在最後的狀態，如果指定為 remove 則動畫會回復至原始的狀態。

動畫可以結合多個 animate 元素來達到多重的效果，以下利用一個範例進行相關的說明。

範例 7-13　示範 animate 元素

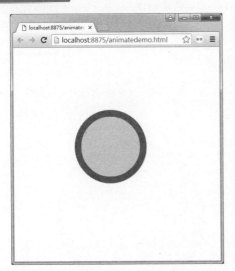 

左邊是網頁一開始載入的畫面，經過 3 秒之後圓開始變大，其中的顏色亦開始慢慢轉換成黑色。

```
                                                    animatedemo.html
<body>
    <svg width="460" height="460">
            <circle r="80" cx="230" cy="230" stroke="#808080" stroke-width="16"
                    fill="#E0E0E0">
            <animate attributeName="fill" attributeType="XML"
                    from="#E0E0E0" to="black"
                    begin="2s" dur="3.5s"
                    fill="remove" />
            <animate attributeName="r" attributeType="XML"
                    from="80" to="180"
                    begin="2s" dur="3.5s"
                    fill="freeze" />
        </circle>
    </svg>
</body>
```

首先利用 circle 定義一個圓形，於其中配置兩組 animate 元素，第一組元素建立圓形背景顏色的改變動畫，第二組動畫面則是改變半徑大小，兩組動畫均在啟動之後兩秒開始執行，期間歷經 3.5 秒，結束時，第一組動畫的 fill 屬性設定為 remove，因此填滿圓形的背景顏色回復至原來的設定，而第二組動畫的 fill 屬性設定為 freeze，因此最後放大半徑至 180 停止。

animate 元素支援相當出色的動畫效果，可惜的是 IE 瀏覽器並不支援，因此針對 SVG 動畫，如果要讓最多的瀏覽器可以支援，我們只能透過 JavaScript 進行實作，原理同 Canvas 的範例，以下建立一個新的範例進行說明。

範例 7-14 透過 JavaScript 建立 SVG 動畫

 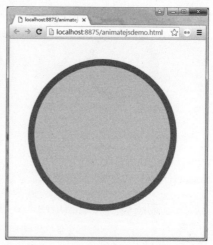

左載圖是網頁一開始載入的圖形，經過一段時間，半徑逐漸變大最後形成右邊截圖的結果。

```
                                                    Animatejsdemo.html
<body>
    <svg width="460" height="460">
        <circle id="cc" r="80" cx="230" cy="230"
          stroke="#808080" stroke-width="16" fill="#E0E0E0">
        </circle>
    </svg>
    <script>
        setTimeout(function () {

            var t = setInterval(function () {
                r = parseInt(document.getElementById("cc").getAttribute("r"));
                r += 1;
                document.getElementById("cc").setAttribute("r", r);
                if (r > 180)
                    clearInterval(t);

            }, 10);
        }, 2000);
    </script>
</body>
```

其中預先配置一個 circle 標籤，並且指定其 id 屬性，在接下來的 Script 中，setTimeout 函式設定網頁載入完成後，經過兩秒開始執行其中的函式，內容透過 setInterval 函式重複執行，每 10 毫秒執行一次，其中的每一次取得目前 circle 的半徑長度並且將其加 1，然後重設為新的半徑，最後判斷半徑是否大於 180，是的話，執行 clearInterval 方法，停止 setInterval 函式。

由於這一次我們透過 JavaScript 實現動畫效果，因此在 IE 同樣可以執行。

7.9　簡易繪圖板

本章最後的小節，我們來看一個簡易的繪圖板塗鴉程式，此範例配置於 paint 資料夾。

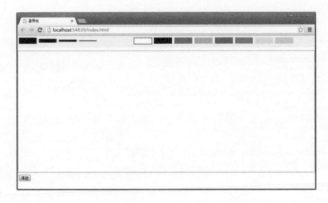

畫面最上方是工具列，分成兩個區塊，左邊四條水平直線，分別提供不同線條粗細設定，右邊八個色塊支援線條顏色的設定。點選線條粗細，再點選所要套用的顏色，就能夠依指定的樣式，於畫面中央的空白區域描繪線條，畫面左下方的按鈕，按一下可以清空畫面。

```
Index.html
<div>
    <div id="tool" style="height: 40px; background-color: #f7f7f7;
        margin: 0 0 10px 0; padding: 0;">
        <!-- 畫筆粗細 -->
        <div data-lw="32">
            <div style="height: 20px; margin-top: 3px;" class="lineWidth">
            </div>
        </div>
        <div data-lw="16">
            <div style="height: 12px; margin-top: 7px;" class="lineWidth">
```

(續)

```
                </div>
            </div>
            <div data-lw="6">
                <div style="height: 6px; margin-top: 10px;" class="lineWidth">
                </div>
            </div>
            <div data-lw="1">
                <div style="height: 2px; margin-top: 12px;" class="lineWidth">
                </div>
            </div>
            <!-- 畫筆顏色 -->
            <div style="margin-left: 120px;">
                <div style="background-color: white; border: 1px black solid"
                    data-color="white" class="color">
                </div>
            </div>
            <div>
                <div style="background-color: black;"
                    data-color="black" class="color">
                </div>
            </div>
            <div>
                <div style="background-color: gray;"
                    data-color="gray" class="color">
                </div>
            </div>
            <div>
                <div style="background-color: silver;"
                    data-color="silver" class="color">
                </div>
            </div>
            <div>
                <div style="background-color: #f00;"
                    data-color="#f00" class="color">
                </div>
            </div>
            <div>
                <div style="background-color: #0094ff;"
                    data-color="#0094ff" class="color">
                </div>
            </div>
            <div>
                <div style="background-color: #b6ff00;"
                    data-color="#b6ff00" class="color">
                </div>
            </div>
            <div>
                <div style="background-color: #ffd800;"
                    data-color="#ffd800" class="color">
                </div>
            </div>
        </div>
        <div id="parea" style="clear: both;">
            <canvas id="cvs" width="1000" height="400"></canvas>
        </div>
        <button id="clearButton"> 清空 </button>
</div>
```

工具列配置於 id="tool" 的 div 標籤中，分成兩組，第一組提供線條粗細設定資訊，分類設定為 class="lineWidth"，並且以 data-lw 自訂屬性指定所表示的線條寬度；第二組提供線條顏色的設定，分類設定為 class="color"。

接下來的 canvas 標籤提供圖形描繪區域並設定其長寬，最後配置一個 button 標籤，提供清空繪圖區域所需的功能。

```
<script>
    var down = false;
    var canvas = document.getElementById('cvs');
    var ctx = canvas.getContext('2d');
    ctx.lineWidth = 20;
    canvas.addEventListener('mousedown', function (event) {
        down = true;
        ctx.beginPath();
        ctx.moveTo(event.clientX - canvas.offsetLeft,
            event.clientY - canvas.offsetTop);
    }, false);
    canvas.addEventListener('mousemove', function (event) {
        if (down) {
            ctx.lineTo(event.clientX - canvas.offsetLeft,
                    event.clientY - canvas.offsetTop);
            ctx.stroke();
        }
    }, false);
    canvas.addEventListener('mouseup', function () {
        down = false;
    }, false);
    canvas.addEventListener('mouseout', function () {
        down = false;
    }, false);
    document.getElementById('clearButton').addEventListener(
        'click', function () {
        var canvas = document.getElementById('cvs');
        var ctx = canvas.getContext('2d');
        ctx.clearRect(0, 0, canvas.width, canvas.height);
    }, false);

    var colors = document.querySelectorAll('div.color');
    for (var key = 0 ; key < colors.length; key++) {
        colors[key].addEventListener('click', function () {
            var color = this.dataset.color;
            ctx.strokeStyle = color;
        }, false);
    }
    var lineWidths = document.querySelectorAll('div.lineWidth');
    for (var i = 0 ; i < lineWidths.length; i++) {
        lineWidths[i].parentNode.addEventListener('click', function () {
            var lw = this.dataset.lw;
            ctx.lineWidth = lw;
        }, false);
    }
</script>
```

以上列舉為此範例所需的程式碼，其中 canvas 標籤註冊了 mouseup、mousedown、mousemove 以及 mouseout 事件處理器，當使用者在 canvas 區域內按下或是放開滑鼠，切換預先設定的布林值 down，而 mousemove 則根據使用者是否按下滑鼠鍵決定是否描繪線條，如果 down 的值是 true，表示使用者目前是按住滑鼠鍵的狀態，因此進行描繪。

接下來的程式碼為畫面最上方的工具按鈕逐一註冊 click 事件處理器，在使用者按下特定按鈕時，分別設定 strokeStyle 屬性或是 lineWidth 屬性，調整線條的顏色以及粗細樣式。

Summary

本章針對 Canvas 與 SVG 兩種繪圖技術進行討論，說明網頁支援的繪圖功能，並示範各種圖形描繪的基礎技術，同時包含了圖片與文字的呈現，最後亦示範了動畫實作應用，經由本章課程的討論，相信讀者已經可以製作出不錯的動畫效果，下一章我們要進一步討論動態影音內容的製作技巧。

評量

1. 配置 <canvas> 會在網頁上形成一塊矩形方塊以支援繪圖功能，請簡要說明其所使用的座標系統為何。

2. 考慮以下的配置：

```
<canvas id="pcanvas" width="800" height="800" >
</canvas>.
```

請撰寫程式碼取得參考 canvas 標籤的繪圖物件。

3. 承上題，請寫下程式碼，描繪一條從座標（0,0）到（800,800）的對角線。

4. 承上題，於 canvas 元素的範圍內描繪一個長 400、寬 600 的矩形如何實作？

5. 以下是一個直角，請自訂三組座標，調用 lineTo() 將其描繪出來。

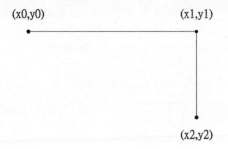

6. 承上題，請以上述的基礎，進一步描繪出封閉三角形。

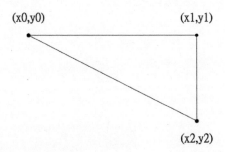

7. 承上題，透過 closePath() 重新描繪三角形。

8. 以下的程式碼會描繪出一條弧線：

```
arc(300, 300, 120, Math.PI*1/2,Math.PI)
```

請說明其中參數的意義。

9. 承上題，請說明相同的圓心座標點與半徑如何描繪出完整的矩形。

10. 請描繪十條水平直線。

11. 請描繪十條垂直直線。

12. 承上兩題，請任意以不同的顏色重新描繪直線。

13. 承第 6 題，請任意以不同的顏色重新描繪實心的三角形。

14. 假設有一張圖，其配置路徑字串為 images/sun.jpg ，請撰寫程式碼，將其描繪於 canvas 元素中，並從座標點（100,100）為起始點進行描繪。

15. 若是要描繪某張圖片的特定部分，可以調用以下的 drawImage() 版本，請說明其中參數的意義。

```
context.drawImage(img, x, y, w, h,dx,dy,dw,dh);
```

16. 請調用 strokeText() 方法，將「Hello , Canvas ！」這一段字串描繪於網頁上的 canvas 元素中，並從座標點（100,100）處開始進行描繪。

17. 利用 setInterval() 可以支援動畫的設計，請說明此函數的意義。

18. 請說明 SVG 與 Canvas 兩種繪圖技術的差異。

19. 除了 JavaScript ，SVG 內建動畫效果支援，請簡述相關的標籤以及所需設定的屬性。

第八章

影音播放

Web

前端開發完全入門

不需要外掛程式，你現在可以透過 video 與 audio 標籤，讓網頁支援影音檔案的播放，這是 HTML5 最重要的革新之一，這一章我們就支援此新功能的標籤以及相關的 API 進行完整的討論。

8.1 播放影音檔案

透過 HTML5 新標籤的支援，在網頁中播放影片或是音訊檔案相當容易，考慮以下的標籤配置：

```
<video src="myvideo.mp4" ></video>
```

video 標籤支援影音檔案播放，只要指定其中 src 屬性為所要播放的檔案來源即可。當你完成上述的設定，畫面上只會顯示一個靜態的影像內容。瀏覽器實作 video 標籤通常內建控制面板，指定 controls 屬性即可顯示面板，設定如下：

```
<video src="myvideo.mp4" controls ></video>
```

如果 video 沒有設定 controls 屬性，則控制項面板不會出現，因此你將無法播放所指定的影片檔。屬性的設定只要指定名稱即可，其它還有數個屬性的設定亦同，本章後續將有進一步的討論。

video 標籤可以進一步透過 width 與 height 屬性，設定寬度與高度，例如以下的配置，其中分別指定 video 的寬度與高度為 400：

```
<video src="myvideo.mp4"
       width="400" height="400" controls >
</video>
```

以上是最簡單的 video 配置，緊接著是一個基本的範例。

範例 8-1　基本 video 配置

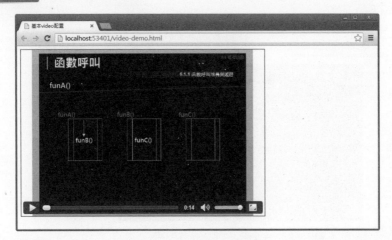

此範例以最簡單的方式，示範如何透過 video 標籤建立支援影音檔案播放功能的
網頁，按一下左邊的箭頭即可播放影片，右下則是音效控制按鈕。

```
<!DOCTYPE html>                                        video-demo.html
<html>
<head>
     <title> 基本 video 配置 </title>
</head>
<body>
     <video src="videos/stackr.mp4"
         width="600" height="400" controls
         style="border:1px solid black;"    >
     </video>
</body>
</html>
```

其中設定 src 屬性，指定影片來源，並且設定了 controls 屬性，因此會顯示控制項
按鈕，使用者可以透過這些按鈕控制影片播放。

舊版瀏覽器並不支援 video 標籤，因此無法執行此範例，就如同 canvas 標籤，於
其中配置相關的資訊提示使用者更換瀏覽器，現在修改 video 標籤如下：

```
<video src="videos/stackr.mp4" …>
     <div style="text-align: center; width: 600px;">
         <img src="images/stackr.jpg" />
         <p> 此瀏覽器不支援 video 標籤，請更換 Chrome 或是 Firefox</p>
     </div>
</video>
```

其中以一張圖片替代，並提供說明文字，現在以不支援 video 標籤的瀏覽器檢視此範例如下：

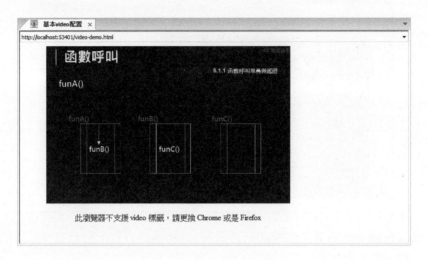

▌關於格式

除了舊版瀏覽器的支援問題，即使 Chorme、Firefox 這一類比較新的瀏覽器也會因為格式問題導致無法順利播放影片檔案，單一格式影片並沒有辦法適應所有瀏覽器，因此我們需要更複雜的寫法，考慮以下的配置，其中透過 source 子標籤設定所要播放的檔案來源，效果與單行 src 屬性設定相同。

```
<video>
      <source src="myvideo.mp4" type="video/mp4" />
</video>
```

source 子標籤提供 video 兩個重要的資訊，分別是 src 與 type，前者為所要播放的來源檔案，與 video 標籤屬性的設定相同；後者則是檔案的 MIME type 格式，表示瀏覽器即將播放的影片格式。使用 source 元素取代直接設定 source 屬性最大的好處是透過 type 屬性指定所要播放的影片格式，你可以在 video 標籤中插入一個以上的 source 子標籤，指定不同的檔案來源，如此一來可以讓瀏覽器自行挑選支援的檔案格式進行播放。

HTML5 僅定義 video 功能規範，並沒有明確定義瀏覽器必須支援的媒體檔案格式，因此每一種瀏覽器支援的檔案格式不盡相同，例如 Firefox 僅支援開放格式的媒體檔案，如果指定的檔案是 .mp4 格式，以 Firefox 瀏覽網頁就無法順利播放，為了讓所有的瀏覽器都能順利的播放影片，開發人員必須針對同一部影片，準備各種不同格式的檔案，並分別以 source 標籤配置於 video 標籤中，例如以下的配置：

```
<video>
     <source src="myvideo.mp4"    type="video/mp4" />
     <source src="myvideo.webm"   type="video/webm"/>
     <source src="myvideo.ogv"    type="video/ogg" />
</video>
```

這段 video 標籤配置了三種不同格式的檔案（MP4、WebM、Ogg），當瀏覽器載入這段標籤內容，會逐一檢查其中的 source 標籤，直到支援的來源檔案出現，才會進行播放。

目前幾個主要的瀏覽器，對影片格式的支援並不一致，下表列舉目前支援的狀態。

瀏覽器	MP4 （video/mp4）	WebM （video/webm）	Ogg （video/ogg）
Internet Explorer	支援	×	×
Chrome	支援	支援	支援
Firefox	支援	支援	支援
Safari	支援	×	×
Opera	支援	支援	支援

MP4、WebM 與 Ogg 是目前網路上常見的三種主流影片格式，表列標題下方小括弧內容為對應的 MIME 格式名稱，這個名稱指定於上述 source 元素的 type 屬性。

範例 8-2　示範 source 標籤設定多重 viode 檔案來源

```
<!DOCTYPE html>                                      video-source.html
<html>
<head>
     <title>示範 source 標籤設定多重 viode 檔案來源 </title>
</head>
<body>
    <video controls width="520"  >
        <source src="videos/stackr.mp4" type="video/mp4" />
        <source src="videos/stackr.webm" type="video/webm" />
        <source src="videos/stackr.ogv" type="video/ogg" />
    </video>
</body>
</html>
```

其中配置了數個 source 標籤，分別指定不同格式的影片檔案，如此一來，各種瀏覽器均能正常執行網頁內容。

8.2　播放作業的程式化控制

video 伴隨著一組相關的 API，直接透過 JavaScript 調用便能透過程式化的方式控制影片的播放，考慮以下的程式碼：

```
video.play();
video.pause();
```

video 為配置於網頁上的 video 標籤，調用 play() 方法將播放其中的影片，而pause() 將會暫停播放作業。

範例 8-3　影片播放的程式化控制

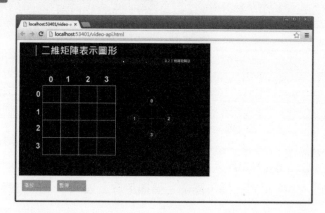

這個範例的 video 標籤並沒有設定 controls 屬性，因此不會提供控制項，於畫面下方配置兩個控制按鈕，按一下「播放」會開始播放影片，按一下「暫停」按鈕，可以暫時停止影片播放。

```
<!DOCTYPE html>                                          video-api.html
<html>
<head>
    <title>影片播放的程式化控制 </title>
    <style>
        /* 樣式設定 */
    </style>
</head>
```

(續)

```
<body>
      <video id="svideo" src="videos/darray-ds.mp4" width="600" ></video>

      <div>
          <div id="playButton" class ="fbutton" >
               播放
          </div>
           <div id="pauseButton" class="fbutton"  >
               暫停
          </div>
      </div>
      <script>
          document.getElementById('playButton').addEventListener('click',
              function () {
                   document.getElementById('svideo').play();
          }, false);
          document.getElementById('pauseButton').addEventListener('click',
              function () {
                   document.getElementById('svideo').pause();
          }, false);
      </script>
</body>
</html>
```

其中針對兩個按鈕－ playButton 與 pauseButton 進行 click 事件註冊，分別在使用者按下特定的按鈕時，調用 play() 與 pause()，進行播放或是暫停作業。

▍控制音量

video 另外提供一個屬性 volume 支援音量的控制，值的範圍從 0.0 ~1.0，考慮以下的程式碼，其中將音量的大小調整至 0.8。

```
vedio.volume = 0.8；
```

另外，直接設定 muted 屬性可以將影片播放調為靜音，muted 屬性的設定原理與本章一開始說明的 controls 屬性相同，於標籤中直接指定即可，設定如下：

```
<video  width="520"  muted >
      // 影片來源
</video>
```

muted 屬性通常會透過程式控制以支援靜音切換功能，需要的語法如下：

```
svideo.muted = '';            // 取消靜音模式
svideo.muted = 'muted';       // 設定為靜音模式
```

第一行將 muted 設定為空字串，如此一來可以取消靜音模式；第二行將屬性指定為屬性名稱的值，影片則會切換為靜音模式。

你也可以嘗試以更簡潔的程式碼設定，如下進行切換：

```
vedio.muted = !vedio.muted;
```

當使用者按下靜音按鈕，執行這一行程式碼，則 video 會在靜音與播放音效之間的狀態切換。現在重新回到上述的範例加入靜音以及音量調整功能。

範例 8-4　　示範音量調整

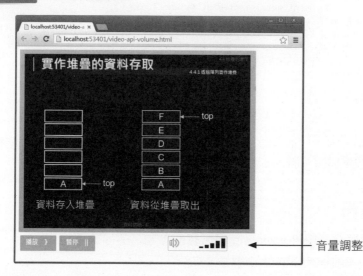

延續前述的範例，這裡增加音量調整的功能，左邊的喇叭按鈕為靜音切換功能，右邊的黑色矩形方塊為音量調整功能，愈短的音量愈小，反之愈大。

```
                                                    video-api-volume.html
<!DOCTYPE html>
<html>
<head>
    <title>示範音量調整</title>
    <style>
        /* 樣式設定 */
    </style>
</head>
<body>
    <video id="svideo" src="videos/stack.mp4" width="600" loop ></video>
    <div>
        <div id="playButton" class ="fbutton" >
            播放　》
```

(續)

```
            </div>
            <div id="pauseButton" class="fbutton"  >
                暫停  ||
            </div>
            <div id="volum"  >
             // 靜音切換按鈕
                <img  id="muted" style="…"  src="images/soundon.png" />
                // 音量調整控制
                <ul>
                    <li data-volume = 0.2 style="height:4px;"  class="volumeb" >
                    </li>
                    <li data-volume = 0.4 style="height:8px;"  class="volumeb" >
                    </li>
                    <li data-volume = 0.6 style="height:12px;"  class="volumeb" >
                    </li>
                    <li data-volume = 0.8 style="height:18px;"  class="volumeb" >
                    </li>
                    <li data-volume = 1.0 style="height:24px;" class="volumeb" >
                    </li>
                </ul>
            </div>
        </div>
        <script>
            var svideo = document.getElementById('svideo');
            // 播放與暫停 …
            var muted=true ;
            document.getElementById('muted').addEventListener('click',
                    function () {
                muted = !muted;
                var src;
                if (muted) {
                    src = 'images/soundon.png'
                    svideo.muted = '';
                } else {
                    src = 'images/soundoff.png';
                    svideo.muted = 'muted';
                }
                this.src = src;
            }, false);
            var vb = document.querySelectorAll('.volumeb');
            for (var i = 0  ; i < vb.length ; i++) {
                console.log(vb[i].dataset.volume);
                vb[i].addEventListener('click', function () {
                    svideo.volume = this.dataset.volume;
                            }, false);
            }
        </script>
</body>
</html>
```

此版本新增了一個 img 標籤 muted ，提供靜音切換按鈕功能，並且配置 ul 標籤
以建立所需的音量調整功能。在 script 程式碼的部分，其中取得 muted 靜音功能
img 標籤，於 click 事件處理器中，根據目前按下的狀態，設定 muted 屬性，完成
靜音切換作業。

接下來的迴圈，依序取得 li 元素，註冊其 click 事件處理器，並根據其對應的音量值，設定 volume 屬性，完成音量的調整。

調整影片速率

影片播放的速率可以透過設定 playbackRate 屬性來調整，在預設的情形下，這個屬性的值是 1，值愈小播放速率愈慢，反之愈快，如果是 0 則會停止播放，考慮以下的程式碼：

```
vedio.playbackRate = 0.6
```

這一行程式碼將 playbackRate 的值設定為 0.6，因此影片將以 1 為基準的 6/10 倍速播放，如果設為 2 則播放的速度是兩倍，其它的數值請類推，透過此值的設定，我們可以為影片的播放介面建立調整播放倍數的功能。

範例 8-5　　示範影片速率調整

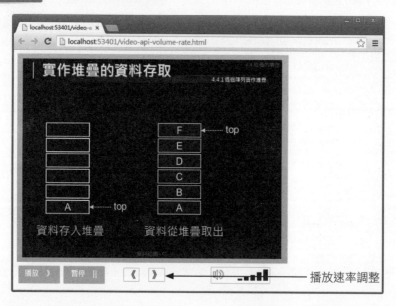

再一次延續上述的範例，畫面下方中央加入了調整速率的功能按鈕，每按一次左箭頭按鈕會降低 0.2 個比例的播放速率，按一次右箭頭按鈕則會提升 0.2 個比例的播放速率。

```
<div id="rate" >                                    video-api-volume-rate.html
        <span id="lrate" >《</span>
        <span id="rrate" >》</span>
</div>
```

新配置的兩個 span 標籤，提供調整影片執行速率的功能按鈕，分別設定 id 為 lrate 與 rrate。

```
var rate = 1;
document.getElementById('lrate').addEventListener('click',
     function () {
             rate -= 0.2;
             if (rate <= 0) rate = 0;
             svideo.playbackRate = rate;
         }, false);
document.getElementById('rrate').addEventListener('click',
     function () {
             rate += 0.2;
             if (rate >= 2) rate = 2;
             svideo.playbackRate = rate;
         }, false);
```

以上兩段程式碼，分別針對速率按鈕註冊 click 事件處理程序，因此當使用者按下按鈕時，便會以 0.2 的級距調整影片播放速率。

8.3　video 標籤屬性

除了程式動態設定，video 標籤內建數種屬性，支援各種影片的播放控制，下表列舉這些屬性項目內容：

屬性	說明
controls	播放控制列的顯示設定。
autoplay	是否在影片載入完成後自動播放影片。
loop	在影片播放完畢時，自動重複播放。
poster	替代顯示圖片。
muted	靜音。
width	播放影片的畫面寬度。
height	播放影片的畫面高度。

第一個 controls 屬性本章一開始已經作過說明，而除了此屬性支援播放功能控制列，表列的其它屬性還能進一步控制播放行為。

- **autoplay**

讓影片一載入之後立即播放，直接指定 autoplay 屬性即可，有的時候你會想要在網頁載入後直接播放指定的影片而不提供使用者任何控制功能，在這種狀況下可以選擇設定此屬性設定，同時取消 controls 屬性的設定。

- **loop**

設定 autoplay 屬性之後，影片只會自動播放一次，要讓影片以循環模式播放可以設定 loop 屬性，直接指定此 loop 屬性名稱即可。

- **poster**

poster 屬性的用途是為影片提供替代顯示的圖片檔案，當影片完成載入之前，會根據 poster 屬性所指定的 url 字串，找到其對應的圖檔於播放器顯示，當影片完全載入開始播放，此靜態圖片即會自動消失。

- **muted**

設定這個屬性會以靜音模式播放影片，直接指定此 muted 屬性名稱即可。

- **width / height**

除了影片播放的控制，<video> 可以透過 width 與 height 屬性的設定，調整影片呈現畫面的長寬尺寸，而要注意的是，影片本身會依據合適的長寬等比例縮放呈現，不足的地方，則不會呈現任何內容。

就如同其它標籤的屬性，video 標籤內建成員同樣可以透過 JavaScript 進行控制，如此一來可以支援控制列以外的播放操作。

範例 8-6 影片播放器

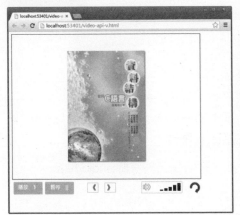 

這個範例增加屬性與重複播放功能的設定實作，左截圖是一開始的載入畫面，影片未執行之前，預先顯示此影片的封面，按一下播放即可開始觀看影片內容。在預設的情形下，影片會循環播放，右下方循環圖示按一下可以切換為非循環模式，影片播放完畢即停止，再按一下即恢復循環模式。以下為其中的 video 標籤設定：

```
                                                        video-api-v.html
<video id="svideo"
       src="videos/stack.mp4"
       width="600"
       poster="images/poster.jpg"
       style="..."
       loop >

</video>
```

除了原有的設定，這裡加上了 poster 屬性，指定一個圖片檔作為影片的開場畫面，而最後設定 loop ，此影片將以循環模式播放。

```
<div>
      <img id="loop" style="…"  src="images/cycle.png" />
</div>
```

這一組標籤配置了 img 標籤以提供循環播放所需的功能按鈕。

```
document.getElementById('loop').addEventListener('click', function () {
           loop = !loop;
           var src;
```

(續)

```
            if (loop) {
                src = 'images/cycle.png'
                svideo.loop = 'loop';
            } else {
                src = 'images/cycleoff.png';
                svideo.loop = '';
            }
            this.src = src;
    }, false);
```

此段程式碼註冊 loop 按鈕的 click 事件，其中切換 loop 變數的狀態，然後根據目前的 true / flase 值，重設按鈕圖片，並重設 loop 屬性。

到目前為止，我們完成 video 標籤討論，接下來討論另外一個 audio 標籤。

8.4　播放音訊檔－ audio

音訊檔例如 mp3 或是 wav 格式的音樂檔，必須配置 audio 標籤然後指定其 src 屬性為所要播放的音訊檔路徑，如下式：

```
<audio src="audiox.mp3"  controls  />
```

這一行會在網頁上呈現一個 audio 播放控制面板，設定原理同 video ，畫面如下：

如果沒有設定 controls 屬性，則不會呈現任何內容，你可設定 autoplay 屬性讓網頁載入後自動播放音訊檔案，如此一來就會變成網頁的背景音樂了，設定如下：

```
<audio src="audiox.mp3"  autoplay loop  />
```

其中的 loop 會循環播放指定的音訊檔，因此網頁的音效便不會停止。

audio 標籤設定原理與上述的 video 相同，請讀者自行參考 video 標籤的設定即可，而關於支援的檔案格式，與 video 有相同的問題，主要的三種 audio 格式有 MP3、Wav 與 Ogg 等等。

瀏覽器	MP3 （audio/mpeg）	Wav （audio/wav）	Ogg （audio/ogg）
Internet Explorer	支援	×	×
Chrome	支援	支援	支援
Firefox	支援	支援	支援
Safari	支援	支援	×
Opera	支援	支援	支援

同樣的，配置 audio 標籤建構音訊播放功能網頁，必須注意檔案格式的支援，並以 source 標籤提供各種格式的檔案以確保網頁可以跨瀏覽器執行。

8.5　教學影片網頁

當你具備了前述的技巧知識，接下來就可以準備想要展示的影片，建立對應連結清單即可建立一個簡單的示範影片網頁，以下為一個示範網頁。

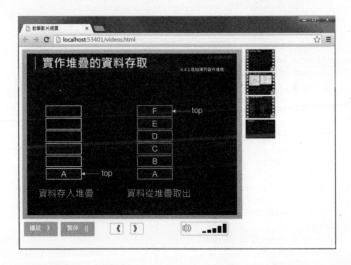

網頁主要的區域為本章前述課程內容實作之播放器，右邊則是一個清單，其中配置了可播放影片的縮圖，點擊任一個縮圖，左邊會呈現此縮圖對應之影片，使用者即可操作播放。

播放器的部分不再作說明，而為了方便使用者點選操作，右邊的選單以四張影片的相關圖片實作，圖片儲存於 images 資料夾中，透過 img 標籤將其呈現於畫面上，形成一個清單並以 nav 標籤進行配置。

```
                                                          videos.html
<nav style="float: left; margin-left: 10px;">
    <div class="g" data-src="darray-ds">
        <img src="images/darray-ds.jpg" />
    </div>
    <div class="g" data-src="pfadd">
        <img src="images/pfadd.jpg" />
    </div>
    <div class="g" data-src="stack">
        <img src="images/stack.jpg" />
    </div>
    <div class="g" data-src="stackr">
        <img src="images/stackr.jpg" />
    </div>
</nav>
```

每一張圖片代表一支影片，為了方便存取，因此設定了自訂屬性 data-src 以指定其對應的影片檔案名稱。接下來逐一註冊每個圖片的 click 事件，以下列舉相關的程式碼。

```
var videotypes = ['mp4','ogv','webm'] ;
var videomtypes = ['video/mp4','video/ogg','video/webm'] ;
var imgs = document.querySelectorAll('div.g');

for (i = 0; i < imgs.length; i++) {
imgs[i].addEventListener('click', function () {
                var div = document.getElementById('videos');
                div.removeChild( document.getElementById('svideo'));
                var newvideo = document.createElement('VIDEO');
                newvideo.setAttribute('width', 600);
                newvideo.setAttribute('id', 'svideo');
                for (i in videotypes) {
                    var source = document.createElement('SOURCE');
                    source.src =
                        'videos/' + this.dataset.src + '.' +
                        videotypes[i];
                    source.type = videomtypes[i];
                    newvideo.appendChild(source);
                }
                div.appendChild(newvideo);
}, false);
}
```

其中於 click 事件處理器裡，移除整個 video 元素，然後透過迴圈逐一將各種影片格式專屬的 source 元素加入。

Summary

本章針對 video 元素進行了概略性的介紹，透過幾個簡單的範例，讀者現在已經瞭解如何建立具備影片檔案播放功能的網頁，最後我們亦透過播放清單的整合，實作了一個示範網頁以建立更完整的概念。

下一章開始要進入 HTML5 最核心的 API 部分，分別討論資料儲存與通訊技術。

評量

1. 假設有一個 video 影片檔案，例如 dsstack.mp4，配置於網頁相同的目錄位置底下，請利用 video 標籤將其呈現在網頁上。

2. 承上題，當這行程式碼配於網頁上時，要如何令其自動播放？

3. 承上題，若要提供使用者進行影片播放的操作功能，須設定何種屬性？

4. 考慮以下兩段程式碼：

```
// 第一段  video 配置
<video src="dsstack.mp4" ></video>

// 第二段  video 配置
<video>
     <source src=" dsstack.mp4"   type="video/mp4" />
</video>
```

請說明這兩段程式碼配置的差異。

5. 承上題，請列舉兩種不同格式的影片檔案，並簡要說明瀏覽器對影片格式的支援性，以及如何解決格式支援的問題。

6. 考慮以下的配置，請簡述如何以程式的方式控制 video 標籤的播放與停止。

```
<video id="dssatck" src="dsstack.mp4" ></video>
```

7. 請說明音量調整有關的方法 muted 與屬性 volume 的意義為何。

8. 承上題，請說明如何透過程式化的方法，切換靜音功能。

9. 請說明如何為影片播放前，加上靜態畫面。

第九章

網頁資料儲存

Web

前端開發完全入門

本章針對各種儲存機制進行討論,從最簡單的應用程式快取開始,傳統的 Cookies 到 HTML5 導入的 Web 儲存,最後亦將涉及檔案型態資料的處理議題。

9.1 應用程式快取

應用程式快取機制藉由快取網頁內容,讓 HTML5 應用程式在離線狀態下,使用者依然能夠經由快取執行應用,正式說明之前,先來看一個範例。

範例 9-1 示範離線應用

此範例於網頁上顯示一行由外部 JavaScript 輸出的訊息,並且由另外一個 CSS 樣式檔改變輸出文字的樣式。

```
<!DOCTYPE html>                                    cache-demo/cache-demo.html
<html>
<head>
    <title> 離線快取示範 </title>
    <link rel="stylesheet" href="cache-demo.css" />
    <script src="cache-demo.js"></script>
</head>
<body>
<p id="msg"></p>
</body>
</html>
```

head 區塊中的 link 元素載入 cache-demo 樣式檔,而 script 元素則設定了所要載入的 JavaScript 檔案 cache-demo,除此之外這個網頁並沒有任何內容。在正常的情形下,網頁 cache-demo 被載入瀏覽器,然後載入所需的樣式檔與 JavaScript 檔案,輸出指定樣式的文字訊息。

```css
                                                  cache-demo/cache-demo.css
p
{
    font-size:xx-large   ;
    font-weight:600 ;
    font-family:Microsoft Sans Serif;
}
```

```javascript
                                                  cache-demo/cache-demo.js
window.onload=function(){
    document.getElementById('msg').innerHTML = 'Hello CACHE !';
}
```

此範例使用兩個外部檔案，必須依賴網路連線載入，一旦網路斷線便無法檢視，我們可以經由快取設定避免上述的情形，保留前一次正常連線載入的檔案，如此一來便能讓使用者在離線的狀態下正常瀏覽網頁。

現在修改上述的範例令其支援離線瀏覽功能，於範例檔案相同的路徑位置底下，建立以下內容的快取清單檔案：

```
                                                  cache-demo/cache-demo.manifest
CACHE MANIFEST

cache-demo.html
cache-demo.css
cache-demo.js
```

這是一個純文字檔，第一行 CACHE MANIFEST 是固定的關鍵字，接下來則是使用者瀏覽這個網頁時所要快取的檔案內容清單，完成之後將其儲存。回到網頁檔案，將其中一開始的 html 元素內容修改如下：

```html
<!DOCTYPE html>
<html manifest="cache-demo.manifest">
    ...
<html>
```

這一段程式碼設定了 html 元素的 manifest 屬性，並指向伺服器檔案 cache-demo.manifest，現在重新瀏覽網頁，支援離線功能的瀏覽器將自動下載快取清單，然後根據清單的內容儲存其中列舉的檔案，包含 JavaScript、CSS 檔案與網頁本身。

執行設定了 manifest 屬性的網頁，讀者會發現既使在斷線的狀態下還是可以正確的瀏覽網頁，這是因為瀏覽器儲存了快取資料，下次瀏覽時，瀏覽器會先檢查快取清單，若是沒有改變，會直接從應用程式快取區域中取出先前儲存的網頁與相關的檔案。每一次當使用者瀏覽網頁時，如果應用程式快取區中有之前儲存的快取檔案，會預先被截取顯示，除非修改快取清單或是清空瀏覽器的應用程式快取區域內容，才能強制瀏覽器重新截取新的檔案，接下來這一個範例就快取檔案的更新效果作示範。

範例 9-2　異動快取清單

為了方便說明，此範例僅配置一個圖片檔案 blade.jpg ，並在快取清單中指定其為快取資源，檔案如下：

```
manifest/manifest-m.html
<!DOCTYPE html>
<html manifest="manifest-m.manifest" >
<head>
        <title> 異動快取清單 </title>
</head>
<body>
        <img src="images/blade.jpg"  />
</body>
</html>
```

除了所要呈現的圖片檔案，在 html 元素的 manifest 屬性指向的伺服器檔案會下載所需的清單，內容如下：

```
manifest/manifest-m.manifest
CACHE MANIFEST

images/blade.jpg
```

由於其中指定了圖片檔案 blade.jpg ，因此當使用者第一次瀏覽網頁時圖片檔案會被快取，並儲存於使用者的電腦中，直到下次清單改變。現在嘗試將 blade.jpg 以另外一張同名的圖片檔取代，並重新檢視，瀏覽器並不會將圖片更新。

於 manifest-m.html 中的 head 區域加入外部樣式表檔案連結：

```
<head>
        <title> 異動快取清單 </title>
        <link rel="stylesheet" href="manifest-m.css" />
</head>
```

在 head 區域另外參考一個外部 CSS 檔案 manifest-m.css ，其中設定了圖片的邊框，並且縮小圖片的邊長，以下列舉此樣式檔的內容。

```
manifest/manifest-m.css
img
{
        border:8px solid;
        width:400px;
}
```

在正常的情形下，套用樣式檔前後的結果應該如以下截圖所呈現的樣子：

左邊是未連結樣式檔的網頁結果，右邊則是套用連結指定的外部樣式檔結果，如果只是完成 link 的設定，讀者會發現即使重新載入網頁，還是維持左邊的輸出，你必須同時調整快取清單檔案的內容如下：

```
CACHE MANIFEST
images/blade.jpg
manifest-m.css
```
manifest/manifest-m.css

快取清單的內容這一次新增了快取樣式檔名稱，由於清單的內容改變了，因此再一次瀏覽網頁時便會重新載入，得到上方右圖的輸出結果。

到目前為止，我們討論的是典型的快取更新過程，不過在實作上，除了網頁進行規模比較大的更新，否則通常快取清單會保持一致，想要依賴快取清單的更新讓瀏覽器從伺服器重新載入網頁資源，就變得不太可行。

普遍的作法是在快取清單中指定版本號碼，以區隔快取資源檔案的版本，一旦任何清單中的檔案發生改變，只要修改版本號碼，就可以讓清單檔案的內容發生改版，如此一來，伺服器便會自動重新載入檔案，達到更新的目的。至於版本號碼的設計，牽涉到快取清單格式的撰寫細節，我們繼續往下看。

9.2 快取清單（cache manifest）

快取清單必須遵循一定的格式，從上一個小節的實際操作過程中，我們看到了最簡單的清單格式，這一節進一步來看看清單的語法格式。

1. 快取清單是一種純文字檔，並以 UTF-8 字元格式編碼。

2. 快取清單內容描述以行為基礎，每一個項目以單一行作表示，換行必須利用 LF(LINE FEED)、CR(CARRIAGE RETURN) 或是 CR+LF 作表示，單一空白行將直接被忽略。

3. 清單的第一行必須是 "CACHE MANIFEST"。

4. 清單第一行之後是與快取規則有關的正式內容，有三種可能的型式：

   - 空白行，包含空白字元或是 tab。

   - 註解，任意以「#」開頭的文字內容，包含空白字元，但是不包含 LF 與 CR 這兩字元。

   - 區段（section header）。

前兩項很容易理解，最後一項「區段」則描述與快取機制有關的 URL 清單，有三種不同類型的區段，每一種區段由區段標頭（section header）名稱的標示開始，後面緊接著冒號（:），接下來則逐行編寫快取資源檔案，最後於下一個區段標頭名稱出現時結束，如下式：

```
NETWORK:
comm.cgi
style/netstyle.css
```

代表這三種類型的區段標頭分別是 CACHE、FALLBACK 以及 NETWORK，後文會有進一步的說明，其中的 CACHE 是預設區段，如果沒有任何標示，則列舉的資源為所要快取的清單，也因此稍早提出的清單範例並沒有編寫任何區段標頭，同樣可以順利運作。以下是一個典型的快取清單檔案：

```
CACHE MANIFEST
# 此標示的內容是註解，第一行是必要的，表示這是一個快取清單

# 空白行與註都將被忽略
# 註解行允許空白，不可斷行

# 以下沒有任何標示的是快取檔案
# 也可以利用 CACHE: 標示，每一行只能表示一個檔案
```

(續)

```
images/myicon.png
images/mypic.png

# NETWORK 標示白名單（whitelist）-- it isn't cached, and
# 白名單中的列舉的檔案不會被快取必須透過網路存取
NETWORK:
comm.cgi

# 標示為 CACHE 的檔案，與未標示者意思相同，均表示被快取檔案
CACHE:
style/default.css
```

如你所見，第一行以 CACHE MANIFEST 開始，接下以「#」開頭的均是註解，說明各種區段的內容，然後是不同的區段名稱以及與特定區段有關的 URL 清單，快取清單同時支援相對以及絕對格式的 URL 字串，例如以下的快取清單內容：

```
CACHE MANIFEST

/main/default
/main/app.js
/main/style.css
http://img.kangting.com/name.png
http://img.kangting.com/logo.png
http://img.kangting.com/bar.png
```

前三行是相對路徑，後三行是完整的絕對路徑，均能合法被使用在清單中。

另外回到本章稍早提及的，一旦完成快取，除非清單改變，否則新的內容將無法被更新至使用者的電腦上，開發人員可以透過「#」進行版本設定，例如：

```
CACHE MANIFEST

# v1.0

girl.jpg
manifest-m.css
```

只要調整版本號碼即可達到重新載入快取資源的目的。

9.3　區段定義

快取清單列舉三種型式的 URL 字串，並且以特定的區段標頭名稱表示，有三種可能的區段，對應的標頭名稱列舉如下表：

區段	說明
CACHE	開始描述快取資源 URL 的區段。
FALLBACK	開始描述快取替代資源的 URL 區段。
NETWORK	開始描述禁止快取，必須直接從網路存取的資源 URL 區段。

表列的三種區段，構成快取清單的主要內容，以下來看看。

• CACHE

CACHE 名稱一旦出現，表示接下來列舉的 URL 清單為快取資源位址，只要比對符合此區段內容的 URL 資源，都會被瀏覽器快取下來，並且允許離線存取。由於 CACHE 是主要的預設區段，因此若是沒有指定任何區段標題，將被視為 CACHE 進行快取。

另外要提醒讀者的是，設定了快取的網頁本身，並不需要寫入快取清單，它會自動被截取。

• FALLBACK

當快取機制進行資源下載時，如果找不到指定的 URL，則離線瀏覽將失敗，為了避免相關的錯誤，可以透過 FALLBACK 區段進行設定，將其導向至替代資源。

要注意的是，FALLBACK 區段內容無論是連線或是離線狀態，均是有效的，如果在資源下載的過程中發生問題還是會轉向 FALLBACK 指定的替代資源。

• NETWORK

以 NETWORK 標示的區段，意義則與 CACHE 相反，這個區段內所記錄的 URL 資源是所謂的白名單（white-listed），其中指定的內容不允許快取，必須直接透過網路進行存取。以下是定義區段所需的語法：

```
CACHE MANIFEST
# 標示為 CACHE 的檔案，與未標示者意思相同，均表示被快取檔案
CACHE:
style/default.css

# NETWORK 標示白名單（whitelist）
# 白名單中的列舉的檔案不會被快取必須透過網路存取
NETWORK:
comm.cgi
```

前述討論快取清單語法時，已經看到相關的結構，如你所見，直接以區段關鍵字進行設定，並且以冒號標示，接下來則是區段的內容，有效範圍延續至下一個區段關鍵字出現之前。

9.4 設定區塊

接下來利用不同的範例，說明區段設定的效果，以下首先就 CACHE 與 NETWORK 進行討論。

範例 9-3 　示範 CACHE 與 NETWORK 區段

左圖是在網路連線的情形下所顯示的畫面，右圖則是離線快取畫面，由於在快取清單中，下方的圖檔 sky.jpg 被設定於 NETWORK 區段，因此這張圖不會被快取，它必須直接透過網路存取，在離線狀態下無法呈現出來。

```
<!DOCTYPE html>
<html manifest="section-demo.manifest" >
<head>
      <title>示範 CACHE 與 NETWORK 區段差異</title>

</head>
```
section/section-demo.html

(續)

```
<body>
<div>
        <img src="images/blade.jpg" width="360" /></div>
<div>
        <img src="images/sky.jpg" width="360" /></div>
</body>
</html>
```

此網頁需要在畫面上輸出的兩張圖片，分別是 blade.jpg 與 sky.jpg ，而快取清單則指定從不同的來源取得這些資源，以下列舉此清單。

```
CACHE MANIFEST                                    section/ section-demo.manifest

# 指定快取資源清單
CACHE:
images/blade.jpg

# 從網路存取
NETWORK:
images/sky.jpg
```

其中的 sky.jpg 這張圖片檔案設定於 NETWORK 區塊不會被快取，無法進行離線瀏覽，因此上述的執行結果畫面中，於斷線的情形下第二張圖無法正常呈現。

而除了特定的檔案，你可以將某個路徑底下的所有資源，均設定至 NETWORK 區段，例如以下的設定：

```
NETWORK：
/HTML/
```

經過此設定，則屬於 HTML 路徑底下的資源均需經過網路存取，另外，如果指定了「/」，則表示相同 URL 來源的資源，都必須透過網路存取。例如以下的設定：

```
NETWORK：
/
```

其中於 NETWORK 區段指定了符號「/」，因此每一次瀏覽網頁時，只要網路連線正常便能正確的顯示網頁，否則的話，在斷線的情形下都無法存取。

▌設定 FALLBACK 區塊

FALLBACK 能夠指定一個特定的 URL 作為替代網址，一旦瀏覽的網頁資源不存在，則會顯示這個替代網頁。語法如下：

```
FALLBACK:
/ offlinepage.html
```

其中的 offlinepage.html 為無法找到資源時的替代網頁。

範例 9-4　　示範 FALLBACK 效果

網頁第一次載入左圖的畫面,其中的網頁是 fb.html ,現在任意輸入一個不存在的網頁-例如 fb123.html 重新瀏覽,此時會出現右邊的圖,由於找不到指定瀏覽的網頁,因此內容改以替代網頁 fallback.html 顯示,但網址是不存在的錯誤 URL。

FALLBACK 區段指定的網頁作為替代網頁,第一次瀏覽時替代網頁連同快取資源一併被下載至客戶端,以支援下次的網頁錯誤導向,以下為快取檔案的內容:

```
CACHE MANIFEST                                    fallback/fallback.manifest

CACHE:
images/blade.jpg

FALLBACK:
/fallback/ fallback.htm
```

在 FALLBACK 區段,指定了替代網頁為 fallback.html ,這個網頁的內容呈現相關的說明,請讀者自行檢視。

到目前為止，我們完成了基本的快取機制討論，而除了網頁檔案的內容快取，針對各種少量、片段的暫存性資料儲存作業亦相當常見，例如網路購物車之類的程式，往往會將使用者的身分辨識資訊儲存在使用者的電腦上，以利程式辨識。另外，某些特定的應用程式，例如記錄簡要暫存資訊的筆記本程式，也可以透過相關的機制儲存網頁上的資料，有兩種方式支援暫存性網頁資料的儲存，分別是 Cookies 與 Web Storage，此章針對這兩種機制進行討論。

9.5 Cookies

在 HTML5 之前，Cookies 是網頁暫存資料的主要機制，目前所有的瀏覽器均支援 cookie，因此 cookie 的通用性相當高，你可以隨意使用 cookie 而不用考慮瀏覽器的支援問題。一個 cookie 是一組資料，通常為了辨識會以「名稱 / 值」的格式組合建立如下：

```
name=value
```

name 表示這個 cookie 的名稱，value 則是 cookie 值，假設要建立一個 cookie 來儲存書的資料，我們需要的程式碼如下：

```
var c = 'title=HTML5 從零開始';
```

接下來將其設定給網頁專屬的 cookie 進行儲存即可，如下式：

```
document.cookie = c;
```

而如果要將其取出，只要引用 document 的 cookie 即可，但是 cookie 可以儲存一組以上的資料，因此回傳的內容包含了所有 cookie 資料。而當資料儲存至 cookie，每一組資料之間，以分號 (;) 加上空白作為分隔符號，因此調用 split() 方法將其分隔成陣列，再透過迴圈逐一存取。

範例 9-5 存取 Cookies

這個範例示範將三組與書籍資訊有關的資料儲存至 cookie，然後再逐一將其取出，得到以下的結果：

```
title=HTML5 從零開始
price=650
author= 呂高旭
```

其中列舉三筆存入 cookie 的資料。以下是程式碼：

```
<script>                                              cookie-demo.html
    // 將資料存入 cookie
    var c = 'title=HTML5 從零開始';
    document.cookie = c;
    c = 'price=650';
    document.cookie = c;
    c = 'author= 呂高旭';
    document.cookie = c;
    // 取出 cookie 資料
    var cookies = document.cookie;
    cookies=cookies.split('; ');
    for (var i = 0; i < cookies.length; i++) {
        var cookie = cookies[i];
        console.log(cookie);
    }
</script>
```

首先將三組資料儲存至 cookie，然後再調用 split() 方法，將 document.cookie 取回的資料以「;」為依據進行分割，最後利用迴圈逐一輸出。這段程式碼最後將顯示如下的結果：

```
title=HTML5 從零開始
price=650
author= 呂高旭
```

寫入的 cookie 預設只能存活於目前的 session，一旦使用者關閉瀏覽器 session 結束，cookie 便會消失。讀者在上述的範例中，將其中寫入 cookie 的程式碼註解，然後關閉瀏覽器重新瀏覽，將發現 Console 已經沒有輸出任何內容。

如果想要讓 cookie 跨 session 存活，必須設定其存活時間，語法如下：

```
name=value; max-age=seconds
```

其中第二組資料是 max-age 表示 cookie 存活的時間長度，以秒為單位，例如：

```
var c = 'title=HTML5 從零開始; max-age=60';
```

這一行程式碼定義了一組名稱為 title 的 cookie，而其存活時間為 60 秒。

▌判斷 Cookie 功能

使用者可以關閉 cookie 功能，因此在使用 cookie 之前，可以先檢查是否瀏覽器的 cookie 功能被關閉，如下式：

```
navigator.cookieEnabled
```

這一行程式碼將回傳一個 true/false 布林值，如果是 true，表示目前瀏覽器支援 cookie，false 則不支援。

9.6　Web 儲存

Cookie 有很多缺點，除了相關資料被傳輸至伺服器，它的存取維護並不容易，針對複雜格式的資料，我們可以選擇使用 Web 儲存進行實作。

要實現 Web 儲存的功能，必須運用實作 Storage 介面的物件，調用 Window 物件的 localStorage 與 sessionStorage 屬性可以取得相關的物件。由於這兩個屬性是 Window 物件的成員，因此不需要任何物件參考即可直接調用。localStorage 與 sessionStorage 回傳的均是 Storage 物件，差異如下：

- **localStorage**

localStorage 物件表示一個存在於用戶端的永久性儲存區域，除非因為安全性的因素或是使用者對其進行異動（刪除或是更新），否則 localStorage 物件所儲存的資料將不會改變。

- **sessionStorage**

sessionStorage 物件是一個暫存性的儲存區域，其中的資料以 session 為基礎，每一個 session 有其專屬的儲存區域，除了使用者的異動之外，其中的資料隨著 session 結束而終結，它的生命期只存在於對應的 session 存活期間。

不考慮上述儲存時間的差異，程式的寫法與觀念兩者均相同，因此讀者只需瞭解其中一種物件的用法即可。

▌存取 Storage 資料

每一筆資料均是以鍵 / 值（key/value）格式儲存於 Storage 中，方法 getItem() 與 setItem() 支援 Storage 資料存取所需的功能，語法如下：

```
var item=storage.getItem(key);
```

其中的 storage 是 Storage 物件，而參數 key 則是所要取得的資料對應鍵名稱，回傳值 item 則是資料清單中，對應 key 的資料值。setItem 指定一組「鍵 / 值」資料，將其儲存至儲存區域的資料清單中，例如以下這一行程式碼：

```
storage.setItem(key, value);
```

其中將 key/value 這一組資料儲存至 Storage 當中。除了資料的存取設定，當然你也可以刪除其中的資料，直接調用 clear() 即可，以 localStorage 為例，語法如下：

```
localStorage.clear() ;
```

以下我們透過一個範例進行相關作業的說明。

範例 9-6　　Storage 資料清單存取

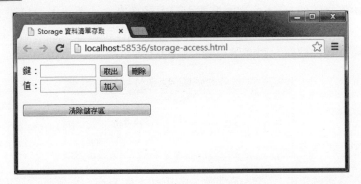

「鍵」與「值」兩個文字方塊，分別接受使用者輸入所要存取的「鍵/值」資料。

在「鍵」文字方塊右邊的兩個按鈕，分別根據使用者輸入的鍵名稱，從資料清單中取出或是刪除此鍵的相關資料。而「值」文字方塊右邊的「加入」按鈕，則將使用者輸入的「鍵/值」資料加入至儲存區資料清單中。

最後的「清除儲存區」按鈕，按一下則會完全清除資料清單的內容。來看看執行過程，於「鍵」與「值」兩個文字方塊中，分別輸入欲加入資料清單中的資料，按一下「加入」按鈕，這組「鍵/值」資料被加入儲存區當中。

接下來逐一加入其它的資料，為了測試，筆者加入了兩筆資料，分別是 CN1/kangting 與 CN2/HTML5。

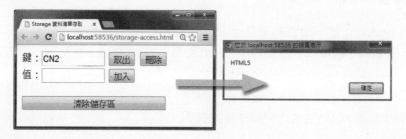

現在嘗試取出其中的資料，於「鍵」文字方塊中，輸入 CN2，按一下「取出」按鈕，此鍵所對應的值 HTML5 字串被取出顯示在畫面上。按一下「刪除」按鈕，則會將 CN2/HTML5 這一組資料從清單中刪除，如果重新按一下「取出」按鈕，則因為找不到這個鍵的資料，會導致一個 null 的結果。

最後，按一下畫面上的「清除儲存區」的按鈕，會將資料清單的內容完全清空。

```
function storeageaccess(accessid) {          storage-access.html
    var storage = localStorage;
    var key = document.getElementById("keyText").value;
    var value = document.getElementById("valueText").value;
    switch (accessid) {
        case 0:
            var item = storage.getItem(key);
            alert(item);
            break;
        case 1:
            storage.setItem(key, value);
            alert(key + "/" + value + "：新增完成 ");
            break;
        case 2:
            storage.removeItem(key);
            alert(key+"：刪除完成 ");
            break;
        case 3:

            storage.clear();
            alert(" 刪除資料清單完成 ");
            break;
    }
}
```

這是主要的程式碼，首先透過 localStorage 屬性取得 Storage 物件 storage，然後取得使用者於畫面上輸入的鍵與值兩個文字方塊的內容，儲存至 key 與 value 變數。

接下來的 case 區塊根據參數 accessid 執行不同的存取作業，以下列舉說明：

- case 0：呼叫 getItem() 方法，取回鍵 key 的對應值。
- case 1：呼叫 setItem() 方法，將 key/value 資料加入儲存區資料清單。
- case 2：呼叫 removeItem() 方法，刪除鍵 key 的資料。
- case 3：呼叫 clear() 方法，將儲存區的資料清空。

來看看網頁的畫面配置：

```
<body>
    鍵：<input id="keyText" type="text" />
    <button id="getButton" onclick="storeageaccess(0)"> 取出 </button>
    <button id="removeButton" onclick="storeageaccess(2)"> 刪除 </button><br />
    值：<input id="valueText" type="text" />
    <button id="setButton" onclick="storeageaccess(1)"> 加入 </button>
    <p>
        <button id="clearButton" onclick="storeageaccess(3)"> 清除儲存區 </button>
    </p>
</body>
```

畫面中的每一個按鈕，分別呼叫 storeageaccess()，並且傳入所要執行的動作代碼，完成相關的工作。

透過索引值取得鍵值資料

從上一節的示範中我們看到了儲存區允許使用者加入一組以上的資料，除了透過索引鍵取得其對應值，另外一個方法 key() 則接受一個代表索引位置的參數，透過參數找到對應位置取出其中的鍵 / 值資料。例如以下的程式片段：

```
var key = storage.key(index);
```

其中的 index 為索引值，key 則為資料清單中此索引位置的鍵，接下來透過此鍵即可取得對應值。

範例 9-7　示範透過索引取得鍵值操作

畫面上的文字方塊接受一個數字型態的索引值，按一下「取出索引資料」按鈕，即會顯示此索引值的對應資料。

```html
<!DOCTYPE html>                                    storage-acc-index.html
<html>
<head>
      <title> 示範透過索引取得鍵值操作 </title>
      <style type="text/css">
          #indexText
          {
              width: 88px;
          }
      </style>
</head>
<body>
      索引：<input id="indexText" type="text" />
      <button id="getButton" onclick="getItembyIndex()"> 取出索引資料 </button>
      <script>
          var storage = localStorage;
          for (i = 0; i < 10; i++) {
              storage.setItem("CN" + i, "KT" + i);
          }
          function getItembyIndex() {
              var index = document.getElementById('indexText').value;
              var key = storage.key(index);
              var value = storage.getItem(key);
              alert(" 索引 " + index + "：" + key + "/" + value);

          }
      </script>
</body>
</html>
```

網頁載入後將十筆「鍵／值」資料加入至儲存區以提供測試之用。畫面上的按鈕「取出索引資料」調用 getItembyIndex()，將文字方塊內的數字當作索引，傳入呼叫的 key() 方法，取得對應的鍵，然後進一步呼叫 getItem() 取得真正的值。

存取 localStorage 內容的簡易方式

透過 Storage 定義的方法存取儲存區域中的資料有些累贅，直接透過鍵識別名稱即可將其取出，所需的語法如下：

```
localStorage[keyName] = value ;
var myValue = localStorage[keyName] ;
```

其中的 keyName 是一個字串，用來識別儲存值 value，第一行將 value 儲存至 keyName 所參考的儲存區空間，第二行則反向將資料取出。

9.7　localStorage 與 sessionStorage 的差異

無論語法或實作，將 localSorage 換成 sessionStorage，基本上同樣可以運作的很好，這兩者的差異在於存活的期間，如果透過 sessionStorage 來儲存資料，一旦瀏覽器關閉，其中的資料將會消失，而 localStorage 還會保留下來，以下利用一個範例進行說明。

範例 9-8　　sessionStorage 與 localStorage 的差異

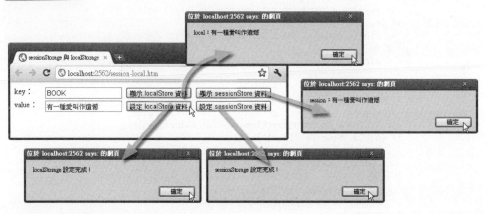

於畫面上左邊的 key 與 value 文字方塊欄位輸入指定的資料，按一下「設定 localStorage 資料」按鈕，出現「localStorage 設定完成」訊息，表示資料被儲存進 localStorage。另外按一下「設定 sessionStorage 資料」按鈕，出現「sessionStorage 設定完成」訊息，表示資料被儲存進 sessionStorage。接下來分別按下上方兩個顯示按鈕，根據 key 文字方塊取出 localStorage 與 sessionStorage 指定的 BOOK 對應的值。

現在將這個畫面關掉，開啟新的視窗重新瀏覽此網頁，此次於 key 文字方塊欄位輸入 BOOK ，不要設定任何值，直接按下「顯示 localStorage 資料」，此時出現以下左邊的訊息方塊：

按下另外一個「顯示 sessionStorage 資料」按鈕，出現右邊的訊息方塊，如你所見，原來儲存至 sessionStorage 的資料不見了，因為關閉了原來的視窗，因此原來設定 BOOK 的使用者 session 結束，其中的資料亦同時消失，而 localStorage 資料則會被儲存下來，除非將其清空。

```
<!DOCTYPE html>                                          session-local.html
<html>
<head>
    <title>sessionStorage 與 localStorage 的差異 </title>
    <style>
        label{width:60px; float:left;}
    </style>
    <script>
        function readStore(o) {
            var keyname = document.getElementById('key').value  ;
            if (o.className == 'local') {
                alert('local：'+localStorage[keyname]);
            } else {
                alert('session：' + sessionStorage[keyname]);
            }
        }
        function setStore(o) {
            var keyname = document.getElementById('key').value;
            var svalue = document.getElementById('value').value;
            if (o.className == 'local') {
                localStorage.setItem(keyname, svalue);
                alert('localStorage 設定完成 !');
            } else {
                sessionStorage.setItem(keyname, svalue);
                alert('sessionStorage 設定完成 !');
            }
        }
    </script>
</head>
<body>
<div>
    <label>key：</label><input id="key" type="text" />
    <button onclick="readStore(this)"  class="local" >
    顯示 localStore 資料 </button>
```

(續)

```
        <button onclick="readStore(this)"  class="session" >
        顯示 sessionStore 資料 </button>
</div>
<div>
        <label>value：</label><input id="value" type="text" />
        <button onclick="setStore(this)" class="local" >
        設定 localStore 資料 </button>
        <button onclick="setStore(this)" class="session" >
        設定 sessionStore 資料 </button>
</div>
</body>
</html>
```

網頁 body 區塊配置的按鈕，分別執行 setStore() 以及 readStore() 函式，並根據按下的按鈕分別透過 localStorage 或是 sessionStorage 進行 key/value 資料的指定存取。

最後透一個簡單的範例，說明 Storage 的實際應用。

9.8　線上便利貼

利用 Storage 支援的 Web 儲存機制，可以實作一個簡易版的線上便利貼備忘程式，以下是範例的畫面：

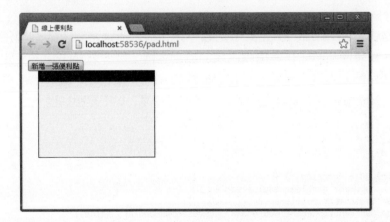

網頁一開始載入時，左上角有一個用來提供記事的便利貼黃色方塊，使用者於其中點一下，出現一個可供輸入的文字方塊，便可以開始輸入文字。輸入完成之後，按一下「確定」按鈕即可完成一張備忘便利貼，按下黑色條狀區域可任意拖曳至其它位置。

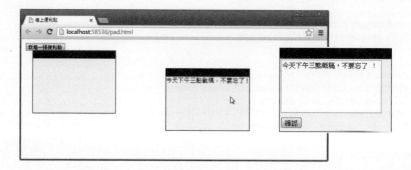

按一下「新增一張便利貼」按鈕即可另外建立一張新的便利貼紙，重複前述的操作，即可建立一筆新的備忘記錄。這個範例網頁是 pad.html ，位於其中的內容包含幾段區塊，針對介面的部分，於網頁載入時預設配置一個便利貼區塊，方便使用者直接使用，內容如下：

```
<body>                                                    pad.html
    <div><button id='newPadButton' onclick="newpad()">
        新增一張便利貼 </button></div>
    <div id="padarea">
        <div id='pad0' class="stickypad">
            <section id="padbar" class="stickypadbar">
            </section>
        </div>
    </div>
</body>
```

便利貼是由 id 設為 pad0 的元素所定義，其 class 為 stickypad ，這個類別名稱將於使用者點擊便利貼時作為編輯區域的識別名稱，接下來 section 元素定義的區塊則是便利貼的內容。另外，一開始配置的 button 按鈕中，其 onclick 事件屬性 newpad() 於使用者按下時新增一個新的便利貼物件，以下是程式碼。

```
var drag = false;
var x, y;
var dx, dy;
var o;
window.onload = function () {
    o = document.getElementById('pad');
    bar = document.getElementById('padbar');
    bar.addEventListener("mousedown", bmousedownHandler, false);
    bar.addEventListener("mouseup", bmouseupHandler, false);
    document.addEventListener("mousedown", mousedownHandler, false);
    document.addEventListener("mousemove", mousemoveHandler, false);
    if (sessionStorage['pad0'])
        sessionStorage['pad0'] = sessionStorage['pad0'];
    else
        sessionStorage['pad0'] = '' ;
}
```

首先來看預先定義的六個變數，drag 表示目前為拖曳狀態、x 與 y 記錄拖曳位置座標、dy 與 dy 為座標偏移值，最後的變數 o 儲存正在進行操作的便利貼參考。這一段是網頁載入完畢後立刻執行的程式碼，其中註冊了數個必要的事件。由於每一個便利貼的內容均會儲存至專屬的 sessionStorage 當中，因此針對第一個 session 進行設定，識別名稱則是 pad 字首加上流水編號。

```
var padNO = 1;
function newpad() {
    try {
        var divpad = document.createElement('div');
        divpad.setAttribute('class', 'stickypad');

        divpad.setAttribute('id', 'pad' + padNO);
        divpad.className = 'stickypad';
        document.getElementById('padarea').appendChild(divpad);

        var barpad = document.createElement('section');
        barpad.setAttribute('class', 'stickypadbar');
        barpad.addEventListener("mousedown", bmousedownHandler, false);
        barpad.addEventListener("mouseup", bmouseupHandler, false);
        divpad.appendChild(barpad);
        sessionStorage['pad' + padNO] = '';
        padNO++;
    } catch (ee) {
        alert(ee);
    }
}
```

接下來這一段函式 newpad() 的內容，為使用者按下「新增一張便利貼」按鈕所執行的函式，其中新增一個 class 設定為 stickypad 的 div 元素，定義新的便利貼內容，然後建立配置內容的 section 區塊。一開始的 padNO 變數最後被加 1，提供下一張新的便利貼使用。

```
function bmousedownHandler(event) {
    drag = true;
}
function bmouseupHandler(event) {
    drag = false;
}
function mousedownHandler(event) {
    if (window.event) {
        x = event.clientX;
        y = event.clientY;
    }
    else {
        x = event.pageX;
        y = event.pageY;
    }
    var src = event.target || event.srcElement;
```

(續)

```
    o = src.parentNode;
    if (o.style.pixelLeft) {
        dx = x - o.style.pixelLeft;
        dy = y - o.style.pixelTop;
    } else {
        dx = x - 20;
        dy = y - 20;
    }
    // 確定使用者是按下 pad 元素才新增
    var srcText = '';
    if (src.getAttribute('class') == 'stickypad') {
        if (src.getElementsByTagName('article').length > 0) {
            var article = src.getElementsByTagName('article')[0];
            src.removeChild(article);
        }
        if (src.getElementsByTagName('textarea').length == 0
            && drag == false) {
            var txt = document.createElement('textarea');

            txt.rows = 6;
            txt.cols = 22;
            txt.noresize = true;
            txt.setAttribute('id', 'txt_' + src.id);

            txt.value = sessionStorage[src.id];
            var btn = document.createElement('button');
            btn.innerHTML = ' 確認 ';
            btn.addEventListener('click', clickHandler, false);
            btn.setAttribute('r_txt', 'txt_' + src.id);
            btn.setAttribute('class', 'okbutton');
            src.appendChild(txt);
            src.appendChild(btn);
        } else {
            // document.getElementById('pad').removeChild(txt);
        }
    }
}
```

接下來是滑鼠的相關事件處理函式，當使用者按下與放開便利貼的黑色列時，
bmousedownHandler() 與 bmouseupHandler() 這兩個函式被執行，其中切換 drag 變
數的 true/false 狀態，如果這個值是 true，表示使用者正在拖曳便利貼，否則執行
其它的動作。

函式 mousedownHandler() 於使用者按下滑鼠鍵的時候執行，取得目前滑鼠游標的
位置座標，由於初始建立的便利貼位於（20,20）的座標位置，因此如果是第一
次使用者嘗試拖曳便利貼，必須將其 x 與 y 座標同時減去 20，否則的話則透過
pixelLeft 與 pixelTop 取得偏移值。

此事件回應函式註冊於 document ，使用者於任何元素的 click 動作均會觸發，因此須判斷此事件的觸發元素其 class 屬性為 stickypad 才進行處理，同時檢視便利貼目前是否處於編輯狀態，如果存在 article 元素表示要進入編輯模式，因此將其移除。

接下來判斷若是沒有 textarea 元素，同時 drag 為 false ，則表示非拖曳狀態，此時配置需要的文字方塊與按鈕，以提供使用者編輯便利貼內容。

```javascript
function mousemoveHandler(event) {
    if (window.event) {
        x = event.clientX;
        y = event.clientY;
    }
    else {
        x = event.pageX;
        y = event.pageY;
    }
    if (drag) {
        o.style.left = x - dx + 'px';
        o.style.top = y - dy + 'px';
    }
    event.preventDefault();
}
```

此函式於使用者拖曳便利貼的時候被執行，其中根據使用者按下滑鼠按鍵所取得的座標位置，經過偏移座標值 dx 與 dy 的校正，重設目前便利貼的座標位置來達到移動的效果。

```javascript
function clickHandler() {
    // 移除文字方塊與按鈕
    try {
        var contentAreaText =
            document.getElementById(this.getAttribute('r_txt'));
        var activepad = contentAreaText.parentNode; //
        var padmsg = contentAreaText.value;
        sessionStorage[activepad.id.toString()] = padmsg ;
        padmsg = padmsg.replace(/\n/g, '<br>');

        activepad.removeChild(contentAreaText);
        activepad.removeChild(this);
        var memo = document.createElement('article');
        memo.setAttribute('class', 'memo');
        memo.innerHTML = padmsg;
        activepad.appendChild(memo);
    } catch (e) {
        alert(e);
    }
}
```

最後當使用者完成便利貼內容的編輯，按下確定按鈕則執行此函式，其中取得使用者輸入的文字，將其儲存至 sessionStorage 中，然後轉換斷行字元為
 ，移除文字方塊與按鈕，並且重新建立 article 元素，呈現使用者輸入的內容。

如你所見，此範例透過 sessionStorage 儲存便利貼的內容，因此只要使用者關掉網頁，其中的資料便會被刪除，只要將其調整為 localStorage 即可進行跨 session 的儲存。

9.9　存取檔案特性

HTML5 本身提供完整的檔案系統以支援檔案的存取操作，然而必須注意的是，由於安全的因素，檔案系統本身是封閉的，存取僅限於瀏覽器的範圍，無法與瀏覽器範圍以外的環境進行溝通，除此之外，你也可以透過 <input> 標籤與相關 API 提供使用者讀取外部檔案內容的功能，來看相關的實作。

於網頁上配置一個 <input> 標籤，識別 id 設定為 myfile ，並且將其 type 屬性設定為 file 如下：

```
<input id="myfile" type="file"/>
```

此時畫面上出現一個檔案選取功能控制項，使用者可以透過這個控制項選取任意檔案，而當使用者選取特定檔案的動作完成，會觸發一個 change 事件，選取的檔案會被包裝成 File 物件傳入，我們可以進一步透過這個物件，存取包含檔案名稱與容量大小等相關的檔案特性。考慮以下的程式片段：

```
function change_handler(){
        var file=this.files[0];
        // 透過存取檔案特性
}
```

這是 change 事件的回應函式，由於 <input> 標籤可以允許使用者選取一個以上的檔案，因此其回傳的內容是一個包含所有選取檔案的 FileList 陣列物件，透過 files 屬性可以取得此物件，而每一個選取的檔案被包裝成為 File 物件儲存於其中，這裡假設使用者只選取了一個檔案，因此僅取出其中的第一個 File 物件。

取得 File 物件之後，將其儲存至變數 file ，接下來就可以引用其相關的屬性取出與選取檔案有關的特性，相關的成員列舉如下表：

	成員	說明
屬性	name	檔案名稱。
	lastModifiedDate	最後修改日期時間。(目前只有 Chrome 支援)
	size	檔案大小。
	type	檔案型態。
方法	slice	切割檔案區塊。

以下透過一個範例進行說明。

範例 9-9 示範 File 介面操作

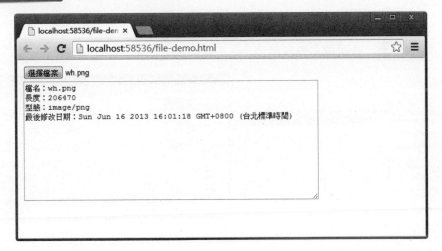

按一下「選擇檔案」按鈕，出現檔案開啟對話方塊，於其中點選任意檔案，對話方塊關閉之後，出現畫面上的結果，其中顯示檔案的相關資訊。

```
                                                            file-demo.html
function cfile_change() {
    var file = document.getElementById('cfile').files[0];
    if (file) {
        var message = '檔名：' + file.name + '\n';
        message += ('長度：' + file.size + '\n');
        message += ('型態：' + file.type + '\n');
        message += ('最後修改日期：' + file.lastModifiedDate + '\n');
        document.getElementById('fileContent').value = message;
    }
}
```

函式 cfile_change() 回應使用者變更檔案時觸發的 onchange 事件,其中 file 為使用者選取的檔案,if 判斷式檢視使用者是否選取了檔案,否則的話不執行任何動作。

接下來逐一引用各項屬性取得此檔案的相關特性,最後將其合併成為字串顯示在網頁上。

你可以透過 multiple 屬性的設定,允許使用者一次選取多個檔案,然後透過迴圈取得所有選取的檔案資訊,例如以下的 <input> 設定:

```
<input type=file id="cfile"    onchange="cfile_change()"
       multiple="multiple" />
```

其中設定了 multiple 屬性,如此一來,即可選取多重檔案,使用者可以透過同時按下 Crtl 複合鍵選取一個以上的檔案,緊接著來看另外一個例子。

範例 9-10　多重檔案選取示範

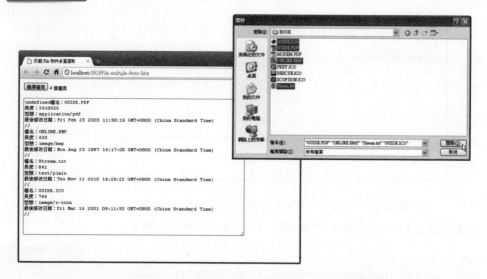

按一下畫面上方的「選擇檔案」按鈕,再於「開啟」對話方塊中,按下 Ctrl 鍵,點選四個檔案。由於設定了 multiple 屬性,因此可以進行多重選取,畫面下方的「檔名」欄位中,顯示了所選取的檔案,按一下「開啟」按鈕,所選定的四個檔案內容,會顯示在網頁中。

```
function cfile_change() {                              file-multiple-demo.html
    var files = document.getElementById('cfile').files;
    if (files) {
        var message
        for (var i = 0; i < files.length; i++) {
            var file = files[i];
            message += ('檔名：' + file.name + '\n');
            message += ('長度：' + file.size + '\n');
            message += ('型態：' + file.type + '\n');
            message += ('最後修改日期：' + file.lastModifiedDate + '\n' +
                '//' + '\n');
        }
        document.getElementById('fileContent').value = message;
    }
}
```

首先透過 files 屬性，取得包含所有使用者選取的檔案清單 files ，然後進一步透過 for 迴圈，根據清單的長度進行迴圈，逐一取出其中的檔案內容。

9.10　讀取檔案內容

讀取檔案必須調用 FileReader 介面定義的檔案讀取方法，如果是單純的文字檔，調用 readAsText() 方法即可，所需的語法如下：

```
fileReader.readAsText(file, 'UTF-8');
```

其中的 file 為 file 控制項所取得的檔案物件，調用 readAsText() 針對檔案內容進行讀取，完成讀取之後，會觸發 load 事件，並且執行其 onload 事件屬性所設定的回應函式，樣式如下：

```
function openfile(event) {
    // event.target.result 取得檔案的內容讀取的結果
}
```

其中針對參數 event 引用 event.target.result 即可取得檔案的內容。

範例 9-11 示範檔案讀取

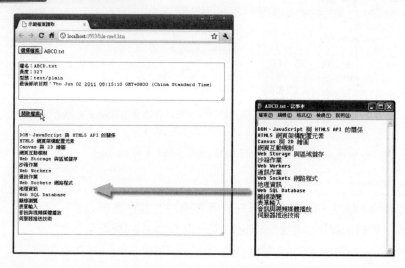

畫面中間配置的「開啟檔案」按鈕，按一下會在畫面下方的 <textarea> 中，顯示所選取的檔案 ABCD.txt 的內容。

```
<!DOCTYPE html>                                          file-read.html
<html>
<head>
    <title> 示範檔案讀取 </title>
    <script >
        var file ;
        var fileReader ;
        function cfile_change() {
            file = document.getElementById('cfile').files[0];
            if (file) {
                var message = ' 檔名：' + file.name + '\n';
                message += (' 長度：' + file.size + '\n');
                message += (' 型態：' + file.type + '\n');
                message += (' 最後修改日期：' + file.lastModifiedDate + '\n');
                document.getElementById('filep').value = message;
                fileReader = new FileReader();
                fileReader.onload = openfile;
            }
        }
        function openfile(event) {
            document.getElementById('fileContent').value = event.target.
                result;
        }
        function readFileContent() {
            fileReader.readAsText(file, 'UTF-8');
        }
```

(續)

```
        </script>
        <style type="text/css">
            #cfile
            {
                width: 490px;
            }
        </style>
</head>
<body>
<input type=file id="cfile"    onchange="cfile_change()"    />
<p>
        <textarea id="filep" cols="68" rows="6"    ></textarea>
</p>
<button onclick="readFileContent()"  > 開啟檔案 </button>
<p>
        <textarea id="fileContent" cols="68" rows="18"    ></textarea>
</p>
</body>
</html>
```

為了支援檔案讀取，此範例宣告另外一個變數 fileReader ，然後在開啟檔案的過程中，設定其 onload 事件屬性 openfile 為函式 openfile() ，在這個函式中，藉由引用 result 取得讀取的檔案內容，並且將其設定給名稱為 fileContent 的 textarea 標籤以顯示其內容。

最後的函式 readFileContent() 調用 readAsText() 方法，讀取 file 檔案物件的內容，也就是使用者選取的檔案，當使用者按下「開啟檔案」的按鈕，這個函式被執行，開始進行讀取，一旦讀取完成，load 事件被觸發，openfile() 被執行，檔案的內容顯示在畫面上。

9.11　讀取圖檔

除了單純的文字檔，也可以透過相關的 API 讀取圖檔，然後將其呈現出來。

配置 img 元素並設定其 src 屬性，是網頁呈現圖檔的典型方式，針對讀取的圖檔，如果想要將其呈現出來，我們要讀取的是圖檔轉換後的對應位址字串而非圖檔本身，方法 readAsDataURL() 支援相關的操作，它的定義如下：

```
void readAsDataURL(in Blob blob);
```

將所要讀取的檔案當作參數傳入這個方法即可，當它完成讀取時，會產生圖檔本身的位址字串，接下來只要如同讀取文字檔一般，透過 result 即可取得所需的位址字串，將其設定給 img 元素的 src 即可完成圖檔的呈現。

範例 9-12　示範圖檔讀取

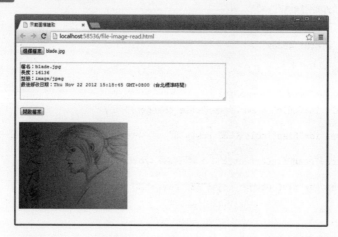

此範例為了呈現圖檔，下方配置的是一個 img 元素，完成圖檔選取，再按一下「開啟檔案」按鈕，即可將圖片呈現出來。

```
<!DOCTYPE>                                            file-image-read.html
<html>
<head>
    <title>示範圖檔讀取</title>
        <script >
            var file;
            var fileReader;
            function cfile_change() {
                file = document.getElementById('cfile').files[0];
                if (file) {
                    // 選取檔案內容
                }
            }
            function openfile(event) {
                document.getElementById('imgx').src =
                    event.target.result;
            }
            function readFileContent() {
                fileReader.readAsDataURL(file);
            }
    </script>
</head>
<body>
<input type=file id="cfile"    onchange="cfile_change()"   />
<p>
    <textarea id="filep" cols="68" rows="6"   ></textarea>
</p>
<button onclick="readFileContent()"  >開啟檔案</button>
<p><img id="imgx" width="300px"/></p>
</body>
</html>
```

同樣的，程式原理完全相同，呈現檔案內容的程式碼請參考前述範例，而其中 readFileContent() 調用了 readAsDataURL() ，將檔案物件當作參數傳入，取得此檔案的 URL ，而 openfile() 於檔案載入完成後，將此 URL 字串設定給 HTML 中配置用來顯示檔案的 img 元素。

從這個範例的實作過程中，我們看到了 readAsDataURL() 方法的用法，不僅僅是圖檔，對於需要透過位址字串進行連結的檔案格式，都可以經由此方法的調用來達到檢視內容的目的。

稍微調整一下 openfile() 函式的程式碼，來看看取得的 URL 字串格式，如下式：

```
function openfile(event) {
    document.getElementById('imgx').src =
        event.target.result;
    alert(event.target.result);
}
```

下圖是調用 alert() 顯示所取得的圖檔路徑，讀者不需在意其中的內容，只要瞭解這一段長字串會指向所要讀取的檔案即可。

Summary

本章針對數種不同的儲存機制進行快速的入門討論，從最簡單的網頁快取，到必須撰寫程式進行存取的檔案處理，讀者從本章討論的課程內容當中看到了 HTML5 最基本的數種資料儲存機制，而 HTML5 有更複雜的資料庫系統，礙於本書篇幅無法收錄，讀者可以更進一步研讀我們出版的《HTML5 完美風暴》以瞭解相關細節。

評量

1. 有一個快取檔案 cache.manifest，假設網頁要透過此快取檔案設定快取功能，將其配置於相同的目錄，請說明在網頁中如何進行設定。

2. 快取檔案有三個區段，請列舉之。

3. 承上題，請分別說明三個區段的功能。

4. 快取清單中，區段的設計可以指定所謂的白名單，請說明意義為何？

5. 考慮以下的快取配置，請說明當快取的區段中完成了相關的配置，會有什麼效果，其中的檔案 of.html 意義為何？

```
FALLBACK:
/ of.html
```

6. 請簡述如何關閉 Cookies 的功能。

7. Web 儲存包含兩個物件，請分別簡述兩者差異。

8. 假若有一筆資料「BOOK/HTML5」，請撰寫程式碼將其儲存至 Storage 中，然後再從 Storage 中取出，輸出控制台。

9. 承上題，若是要將儲存至 Storage 的資料清空，所需的程式碼為何？

10. 承第 8 題，請透過索引數值取出 Storage 中的資料。

11. 承上題，請透過另外的方式，存取 Storage 中的資料。

```
localStorage['BOOK']= 'HTML5';
var book = localStorage['BOOK'];
console.log(book);
```

第十章

通訊技術

Web

前端開發完全入門

通訊泛指網頁彼此或是網頁與伺服器之間，甚至透過 Socket 等相關技術執行的溝通行為，HTML5 導入了一組應用相當廣泛的通訊（communication）API，支援跨文件甚至跨越網路的通訊作業，本章針對相關議題進行討論。

10.1　關於通訊作業

HTML5 通訊 API 支援數種不同類型的通訊服務實作，從客戶端瀏覽器頁面之間單純的跨網頁溝通，到跨越網路向伺服器提出要求、取得伺服器資料的伺服器推播技術均是通訊作業的領域，以下列舉說明之。

▍跨文件通訊

這是最簡單的通訊作業，資料在兩個網頁之間彼此傳送，如下圖：

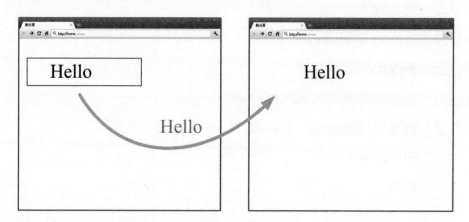

左邊是一個訊息發送網頁，右邊則是訊息接收網頁，當使用者於文字方塊輸入欲傳送的訊息文字，並將其傳送至右邊的網頁當中，這中間的過程，不需要透過伺服器即可處理。

跨文件通訊除了獨立網頁之間彼此相互進行資料傳輸，也可以針對 iframe 的內容進行溝通，如下圖：

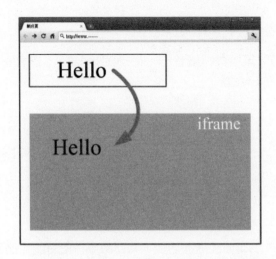

跨文件通訊是 HTML5 支援的數種通訊技術中最單純的，無論獨立網頁或是內嵌的 iframe 內容，只要針對目標進行資料的傳送，並且透過適當的事件處理器進行回應即可。

▌多執行緒

瀏覽器載入網頁時，會從第一行開始逐步往下執行，只有當目前的程式碼執行完畢才會繼續往下一行執行，在這種情形下，如果遇到需要長時間執行的程式碼，網頁便會被卡住，為了避免這種狀況，我們可以考慮將 JavaScript 程式碼移出於外部執行，如下圖：

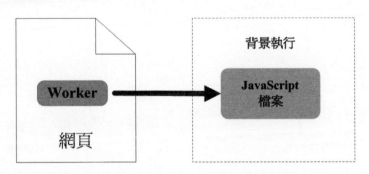

HTML5 支援 Web Workers 機制，透過 Worker 物件執行外部 JavaScript 程式碼，然後將結果回傳即可，如此一來執行的過程就不會影響網頁。

伺服器推播事件

伺服器推播事件可以讓網頁持續性的,從指定 URL 的 HTTP 伺服器取得特定的資料內容,例如以下的示意圖:

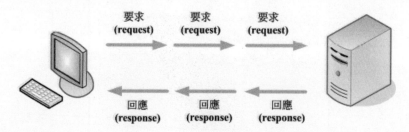

調用相關功能的 API 即可實現推播功能,網頁每隔一段時間(例如 500 毫秒),向伺服器提出資料要求,透過 HTTP 或是其它專屬的協定技術,由伺服器將資料傳送至瀏覽器網頁。

此種類型的通訊作業,整個過程以非同步的方式在背景執行,因此網頁本身的運算不會被影響,同時不需要重新載入即可取得全新的網頁內容。

Web Sockets

Sockets 是運用於網路通訊的技術,與頻道通訊的原理相當類似,將網路視為資料傳輸的管路,而管路兩端的 Socket 則支援資料的傳輸,應用程式只要銜接上 Socket 即可透過網頁進行資料的通訊作業,考慮以下的示意圖,資料透過 Socket 進入網路,同時從 Socket 取得資料。

以上四種通訊技術中,前兩種比較單純,後兩者牽涉跨網路的伺服器作業,由於本書定位於入門,並不會詳細討論伺服器端的議題。

10.2 跨文件訊息傳遞

HTML5 通訊 API 支援網頁之間訊息傳遞的通訊作業，考慮以下的圖示：

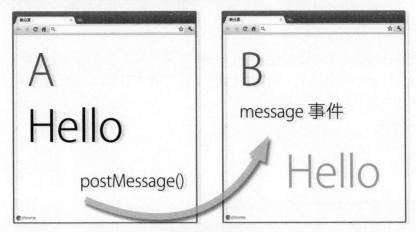

其中是兩個獨立的網頁 A 與 B，透過跨文件訊息傳遞技術彼此交換資訊，將字串 Hello 從 A 傳送至 B 視窗。實作相關的功能最簡單的作法便是調用 window 物件的 postMessage () 方法，其定義如下：

```
void postMessage(
    in any message,
    in DOMString targetOrigin,
    in optional sequence<Transferable> transfer);
```

參數 message 為所要傳送的訊息資料，targetOrgin 為所要傳送的目標網頁 URL，這個值可以是一個「*」，或是一個「\」，最典型的是代表所要傳輸目標的 URL，而最後的 transfer 則是序列化轉換的物件清單，這個參數可以直接忽略。

調用此方法必須先取得目標網頁的 window 參照物件，此物件除了透過 window. open 取得，亦支援 iframe 元素。根據訊息所要傳遞的目標網頁，postMessage () 方法的調用有不同的作法，最典型的是將訊息從目前的網頁傳遞至另外一個獨立的網頁，考慮以下的程式碼：

```
var newPage = window.open("message.html");
newPage.postMessage("Hello post message ANOTHERPAGE !", locationurl);
```

首先取得目標網頁的參考變數 newPage，其中的 message.html 為訊息所要傳遞的目標網頁，假設它位於目前網頁相同的目錄位置，直接調用 open 指定網頁檔案名稱將其開啟，然後透過 newPage 調用 postMessage () 將資訊傳遞過去即可。

完成了訊息的傳遞，接下來就是接收訊息的目標網頁處理，其中必須支援訊息的接收功能，這一部分則是透過監聽 message 事件，並且藉由其事件處理器來獲取傳送過來的資料。

當 postMessage() 方法將資料傳送至目標網頁，將於其上觸發 message 事件，因此於其中設定事件處理器以回應事件，進一步處理其中的資料，註冊 message 事件所需的語法如下：

```
window.addEventListener("message", function (e) {
      // message 事件處理器內容 …
      // e.data 取得傳送的資料 …
}, false);
```

事件處理器當中的參數 e 是一個 MessageEvent，透過其屬性 data 可以取回傳遞的資料內容。要特別注意的是，MessageEvent 相當重要，它廣泛的出現在各種不同的通訊作業中，負責資料的傳送，目前讀者只需瞭解這裡提及的 data 屬性即可，後續針對 MessageEvent 介面將有更進一步的說明。

現在回到本節一開始的示意圖中，搭配上述的方法與事件處理器，可以得到下方的結果：

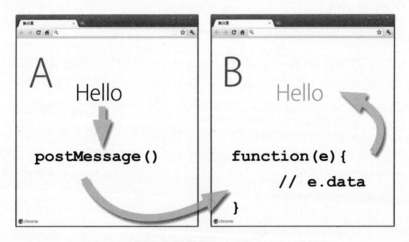

從這個示意圖中，讀者可以很清楚的看到如何調用 postMessage() 以及設定事件處理器以完成跨文件的訊息傳輸。

範例 10-1 網頁之間的訊息傳遞

這個範例包含兩個網頁,分別是左圖的 source.html 與右圖的 target.html ,瀏覽器檢視 source.html 網頁時,會同時開啟 target.html ,於 source.html 輸入訊息文字,按一下「傳送訊息」按鈕,這一段訊息文字會被傳送至 target.html。

```
                                                          st/source.html
<head>
     <title></title>
     <script>
         var target = window.open("target.html","cwin");
         function sendMessage() {
             var locationurl = location.protocol + "//" + location.host;
             var message = document.getElementById("messageText").value;
             target.postMessage(message, locationurl);
         }
     </script>
</head>
<body>
<input id="messageText"  type="text" style="width:281px" />
<button onclick="sendMessage()"> 傳送訊息字串 </button>
</body>
```

一開始調用 open() 開啟另外一個測試網頁 target.html ,取得其參照 target。接下來於 sendMessage() 當中,取得網頁的協定以及主機資訊字串,然後截取使用者輸入文字方塊中的資訊,透過 target 調用 postMessage() ,將資訊傳遞至 target.html。

```
                                                          st/target.html
<script>
     var locationurl = location.protocol + "//" + location.host;
     window.addEventListener("message", function (e) {
         if (e.origin == locationurl)
             document.body.innerHTML = e.data;
     }, false);

</script>
```

這個檔案只有 JavaScript 程式碼，其中調用 addEventListener() 監聽 message 事件，一旦外部網頁透過 postMessage() 傳送資訊至目前網頁，其中透過 e.data 取得傳遞的相關資料，然後將其顯示在畫面上。

在這個範例中，我們透過其中 message 事件處理器的參數 e 取得傳輸的資料內容，其中的 e 是一個 MessageEvent 物件，由 MessageEvent 介面所定義，這是一個相當重要的介面，HTML5 數種重要的通訊機制都依賴這個介面進行資料的傳輸作業，後文針對此介面進一步作說明。

另外，請讀者特別注意取得資料之前的 if 判斷式，這一行程式碼的用意在於檢核資料來源是否與目前的網頁檔案來源相同，是的話才會進行接下來的作業，相關的細節，後文討論安全議題時，會有進一步的說明。

▌圖片傳送

除了一般的字串格式資料，postMessage() 方法同時支援檔案型態的資料傳送，透過 fileReader 處理即可達到這個需求，以下直接來看範例。

範例 10-2　傳送圖片檔案

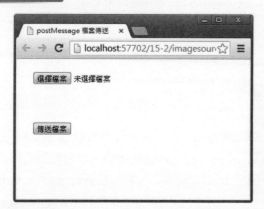

當網頁一開始載入時，同時出現兩個視窗，左邊的視窗讓使用者選擇特定檔案並傳送至右邊視窗網頁。此範例以圖片型態的檔案作示範，於左邊視窗中的「選擇檔案」按鈕按一下選擇指定的圖片檔案，此時圖片檔案出現在其中，如下左圖：

按一下畫面下方的「傳送檔案」按鈕,則這個檔案會被傳送至右邊的視窗,並且以全尺寸呈現。

```
<!DOCTYPE html>                                    st-img/imagesource.html
<html>
<head>
    <title>postMessage 檔案傳送</title>
    <style>
        樣式設定…
    </style>
    <script>
        var imgobject;
        var target = window.open("imagetarget.html", "cwin");
        function sendImage() {
            var locationurl = location.protocol + "//" + location.host;
            if (imgobject) {
                target.postMessage(imgobject, locationurl);
            } else {
                alert(' 請選取欲傳送的圖片的檔案!')
            }
        }
        function imgfile_change() {
            imgobject = document.getElementById('imgfile').files[0];
            if (imgobject) {
                var fileReader = new FileReader();
                fileReader.onload = function (event) {
                    document.getElementById('simage').src = event.target.result;
                };
                fileReader.readAsDataURL(imgobject);
            }
        }
    </script>
</head>
```

(續)

```
<body>
    <div>
        <input type="file" id="imgfile" onchange="imgfile_change()" /></div>
    <div>
        <img id="simage" /></div>
    <div>
        <button onclick="sendImage()"> 傳送檔案 </button>
    </div>
</body>
</html>
```

於 body 主體中，配置 file 型態的檔案選取控制項，並且在使用者完成檔案選取時執行 imgfile_change() 函式，其中將使用者選取的檔案透過 fileReader 進行讀取，顯示於畫面上。另外一個按鈕則執行 sendImage()，將使用者選取的檔案傳送至另外一個視窗。

```
<!DOCTYPE html>                                          st-img/imagetarget.html
<html>
<head>
    <title></title>
    <script>
        var locationurl = location.protocol + "//" + location.host;
        window.addEventListener("message", function (e) {
            if (e.origin == locationurl) {
                var fileReader = new FileReader();
                fileReader.onload = function (event) {
                    document.getElementById('targetimg').src = event.target.result;
                };
                fileReader.readAsDataURL(e.data);
            }
        }, false);
    </script>
</head>
<body>
    <img id="targetimg" />
</body>
</html>
```

此網頁於 message 事件處理函式中，再次透過 FileReader 物件取得接收到的圖片物件其 URL 位址，設定給 img 元素呈現出來。

▍取得目標網頁回傳訊息

我們已經看到了如何將資料傳遞給指定開啟的目標網頁，除此之外，反向的傳遞一樣是可行的，只需在目標網頁取得開啟它的上層網頁物件，然後透過相同的機

制即可完成，至於如何取得上層網頁物件？這並不困難，直接引用 window 物件
內建的 opener 屬性即可，以下利用一個範例作說明。

範例 10-3　取得目標網頁回傳訊息

左邊網頁一開始載入空白內容，它同時開啟右邊的網頁，於其中的文字方塊輸入
文字訊息，按一下「傳送訊息字串」，文字方塊的內容會傳送至左邊網頁，經過
整理之後呈現出來。

```
                                                            st-r/source-r.html
<!DOCTYPE html>
<html>
<head>
    <title> 取得目標網頁回傳訊息 </title>
    <script>
        var target = window.open("target-r.html", "cwin");
        window.addEventListener("message", function (e) {
            var data = e.data;
            document.getElementById('message').innerHTML =
                ' 接收目標網頁回傳資料：' + data ;
            }, false);
    </script>
</head>
<body>
<p id="message" style=" font-size:xx-large; font-weight:600;" ></p>
</body>
</html>
```

這個網頁一開始載入時，調用 open() 方法開啟目標網頁 target-r.html ，緊接著設
定 message 事件的回應函式，其中取得目標網頁的回傳資料，將其輸出於網頁。

```
                                                            st-r/target-r.html
<!DOCTYPE html>
<html>
<head>
    <title></title>
        <script>
            function sendMessage() {
```

（續）

```
            try {
                var locationurl =
                    location.protocol + "//" + location.host;
                this.opener.postMessage(
                    document.getElementById('message').value,
                    locationurl);
            } catch (e) {
                alert(e);
            }
        }
        </script>
</head>
<body>
    <input id="message" type="text" />
<button onclick="sendMessage()"> 傳送訊息字串 </button>
</body>
</html>
```

透過 this.opener 調用 postMessage() 方法，將使用者於文字方塊中傳入的訊息文件回傳至來源網頁。

為了方便理解，這裡簡化了網頁的內容，事實上你可以同時針對來源與目標網頁，設定傳遞與接收資料的功能。

10.3 關於安全

資料一旦跨越網路傳輸，伴隨而來的便是各種安全議題，因此撰寫這一類的程式要特別小心，避免惡意程式攔截傳輸的資料。而針對跨文件通訊，最基本的便是在調用 postMessage() 時要明確指定目標 URL。還有，除非你確定要接收傳送的資訊，否則不要隨意監聽 message 事件。

回到 postMessage() 方法的定義，我們曾經提及其中的第二個參數 targetOrigin，除了 URL 之外，還可以接受萬用字元（*）或是斜線（/），以下說明這幾種參數的差異。

• 絕對 URL

如果指定了一段絕對 URL 字串，則會以其為標準比對調用此方法的文件來源，如果不符則不會觸發任何事件。

• 斜線（/）

如果此參數被指定為斜線，則調用此方法的文件所屬 window 物件與所要傳送的目標必須屬於相同的來源。

- **萬用字元（＊）**

指定了「＊」不會進行任何檢核的動作。

在這三種設定當中，只要指定了最後一個「＊」，在資料的傳輸過程中，並不會檢查資料的來源，也因此導致安全上的問題。現在透過一個範例，來看看這中間的差異。

範例 10-4　示範 targetOrigin 參數設定

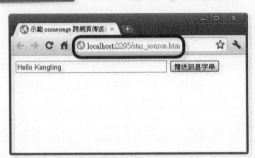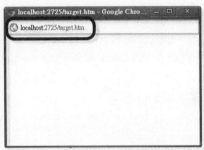

啟動 Communication 與 CommSec 兩個專案，於前者 Communication 專案中檢視 star_source.html，此時會同時開啟 CommSec 專案中的 target.html，在這個執行畫面中，請特別注意其中兩個網頁的 URL，雖然都在本機（localhost），但是它們的通訊埠編號並不相同，因此嘗試傳送訊息字串時，會發現訊息無法傳送過去，因為它無法通過來源 URL 的檢核。

```
                                                              star_source.html
<!DOCTYPE html>
<html>
<head>
    <title>示範 targetOrigin 參數設定</title>
    <script>
        var locationurl = location.protocol + "//" + location.host;
        var target = window.open("http://localhost:2725/target.html", "cwin");
        function sendMessage() {
            var message = document.getElementById("messageText").value;
            target.postMessage(message, locationurl);
        }
    </script>
</head>
<body>
<input id="messageText"  type="text" style="width:281px" />
<button onclick="sendMessage()">傳送訊息字串</button>
</body>
</html>
```

其中調用 window.open() 取得所要開啟的文件所屬 window 參照 target ，指定的 URL 是另外一個專案，然後於調用 postMessage() 時，指定的 URL 為目前專案的位址，這兩個 URL 的通埠編號並不相同，因此在比對目標與來源檔案的差異之後，導致資訊的傳輸失敗。

現在調整其中的 postMessage() ，將第二個參數從 locationurl 改成「*」如下：

```
target.postMessage(message, '*');
```

重新執行網頁，由於不會檢核 URL ，因此這一次的資料傳送便正常了。

跨文件通訊潛藏著安全上的問題，如果沒有確認資料來源，惡意程式很容易將有安全風險的資料傳送至網頁中，因此在接收資料之前，確認其來源相當重要，而 MessageEvent 提供的 origin 屬性提供這一方面操作所需的資訊，包含來源網域、主機與通訊埠等等。

除了 postMessage() 方法指定來源 URL ，在目標 window 中的文件，其 message 事件處理中可以進一步判斷訊息來源 URL ，在接受資料的 message 事件處理程式中，透過 MessageEvent 參數的引用，將其與認可的 url 進行比對，例如以下的程式片段：

```
window.addEventListener('message', receiver, false);
function receiver(e) {
    if (e.origin == 'http://example.com') {
        // 這裡進行 e.data 資料處理
    }
}
```

參數 receiver 為 message 事件處理器，e.origin 取得此訊息資料的來源，藉由此判斷式即可阻絕惡意程式的攻擊，進一步提供更嚴格的安全控管。現在將兩個專案裡面的 target.html 的內容修改如下：

```
window.addEventListener('message', function (e) {
    if (e.origin == locationurl)
        document.body.innerHTML = e.data;
    else
        document.body.innerHTML = '安全疑慮：跨來源資料 [ '+e.data + ' ]';
}, false);
```

這一次加入了資料來源檢核，如果與目前的網頁來源相同，則直接取出資料，否則的話，提供警告訊息。在 star_source. html 網頁中調用 postMessage() 時，指定第二個參數為「*」，然後分別針對相同專案與不同專案的 target.html 進行訊息的傳送，重新執行 star_source.html 網頁，若開啟同一個專案的 target.html ，將會顯示傳送的資料，否則出現警告訊息，結果如下圖：

右邊兩張截圖中，上圖是開啟同一個專案中的 target.html ，下圖則是不同的專案來源，因此其結果為警告訊息。

另外，除了事件觸發來源，最好同時檢查 e.data 所回傳的資料格式是否符合需求，這可以進一步避免 XSS 之類的攻擊。

10.4　iframe 資訊傳遞

本章到目為止所討論的技巧，同樣可以跨越 iframe 進行資料的傳送，考慮以下的 iframe 元素，其 id 屬性設定為 targetframe：

```
<iframe id="targetframe" src="target.html">
```

src 屬性的 target.html 負責接受來源網頁傳送過來的資訊。

以 iframe 為資料傳送對象的作業原理與獨立視窗網頁的作法相同，只是你必須取得 iframe 內容網頁的參照，例如以下的程式碼，其中在調用 postMessage() 之前，預先透過 contentWindow 取得參照，並以此調用 postMessage() 方法：

```
var target = document.getElementById("targetframe");
target.contentWindow.postMessage(message, locationurl);
```

同樣的，在 iframe 這一部分，一旦 postMessage() 方法被執行，會觸發 message 事件，透過 addEventListener 註冊其事件處理器，以回應此事件並且作進一步的處

理，原理同跨網頁通訊。接下來建立另外一個範例，將之前範例中的 target.html
嵌入網頁中的 iframe ，說明 iframe 的資訊傳遞機制。

範例 10-5　　iframe 網頁資訊傳遞

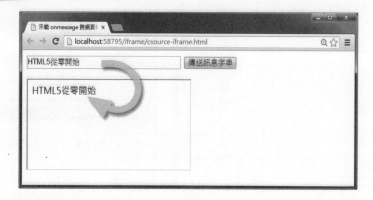

網頁中嵌入了一個 iframe ，其中的來源網頁是前述的 target.html ，在文字方塊裡
面輸入一段訊息字串，按一下「傳送訊息字串」按鈕，這段字串就會被傳送至
target.html 當中，並且顯示在畫面上的 iframe 區塊裡面。

iframe 的來源網頁是前述範例的 target.html ，現在來看看這個範例網頁。

```
                                                          iframe/csource-iframe.html
<!DOCTYPE html>
<html>
<head>
    <title>示範 onmessage 跨網頁傳遞資訊 - iframe</title>
    <script>
        function sendMessage() {
            var locationurl = location.protocol + "//" + location.host;
            var message = document.getElementById("messageText").value;
            var target = document.getElementById("targetframe");
            target.contentWindow.postMessage(message, locationurl);
        }
    </script>
</head>
<body>
<input id="messageText"  type="text" style="width:281px" />
<button onclick="sendMessage()">傳送訊息字串 </button>
<p><iframe id="targetframe" src="target.html">
</iframe></p>

</body>
</html>
```

其中 iframe 的 src 設定為 target.html 。

當按鈕被按下時，JavaScript 中的 sendMessage() 被執行，其中首先取得 iframe 的參照，然後針對其內容調用 postMessage() 方法，將訊息文字傳送進去，目標網頁的 message 事件處理器則針對傳送進來的資訊進行處理。

10.5 　多執行緒網頁運算

HTML5 導入了 Web Workers 機制以支援多執行緒作業，將所要執行之特定 JavaScript 程式以背景模式執行，如此一來便不會影響目前的網頁，這對於長時間的資料運算作業相當有用。

實作多執行緒運算的原理同上述跨文件通訊，後續逐一作說明。先來看一個簡單的範例，其中展示長時間運算作業的網頁執行過程。

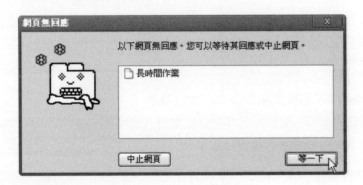

執行此網頁的結果是空白的內容，然後出現此警告訊息，顯示這是一個進行長時間運算的網頁，而如果持續任其執行會導致瀏覽器當掉。

```
                                                        long-time-calc.html
<body>
    <img src="ktlogo.png" width="360" />
    <output id="message" ></output>
    <script>
        var x = 1;
        var y = 1;
        var message = "";
        while (true) {
            y += 1;
            for (var i = 2; i <= Math.pow(y, 2); i += 1)
                x++;
            document.getElementById("message").textContent = x;
        }
    </script>
</body>
```

while 迴圈被指定了一個 true 參數，導致無窮迴圈的效果，程式反覆執行無法跳出迴圈，整個網頁的載入過程將會陷在這個區段而無法結束，所有的網頁視覺化內容亦無法呈現，在這種情形下既使配置結束運算功能的按鈕，也完全無效。

我們可以透過 HTML5 支援的 Web Workers 機制處理這一類的問題。Web Workers 機制針對特定的運算作業，於背景開啟一條獨立的執行緒進行運算，將需要長時間運算的工作與網頁切割開來，彼此間透過事件進行溝通，如此一來，長時間的運算作業就不會影響到目前網頁的工作。

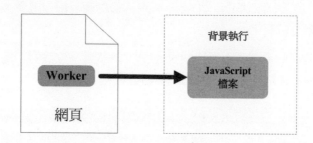

Web Workers 機制由 Worker 物件提供所需的功能支援，用法如下：

1. 將 JavaScript 程式寫在獨立的 JavaScript 檔案。

2. 將參考此檔案的完整路徑名稱當作參數傳入建構式以建立 Worker 物件。

3. Worker 物件於背景執行運算作業。

來看看實作的過程，首先建立一個 Worker 物件以產生新的執行緒，例如以下的程式片段：

```
var worker = new Worker(path) ;
```

參數 path 表示將在背景執行的 JavaScript 檔案路徑名稱，worker 為參考此檔案的 Worker 物件，透過此物件，瀏覽器會另外建立一條獨立的執行緒於背景執行 path 參考的 JavaScript 檔案內容。

完成 Worker 物件的建立，網頁便能透過 onmessage 事件以及 postMessage() 方法，支援網頁與背景執行程序之間的雙向資料傳輸作業。

範例 10-6　示範 Web Workers 背景執行機制

網頁載入後會在背景執行指定的 JavaScript 檔案 calc.js，然後即時接收回傳的值顯示在畫面上，因此網頁載入之後，這個值會不斷的持續增加。按一下左邊的「終止計算」按鈕，可以停止 Worker 物件的背景執行作業，跳動的數字將會停止。

這個範例有兩個檔案，分別是示範背景運算的 JavaScript 檔案 calc.js 以及顯示執行結果的網頁檔案 worker-demo.html。

```
                                                                workera/calc.js
var x = 1;
var y = 1;
var message = "";
while (true) {
      y += 1;
      for (var i = 2; i <= Math.pow(y, 2); i += 1)
          x++;
      postMessage(x);
}
```

當這個檔案被載入於背景執行，while 是一個無窮迴圈，其中 for 迴圈每一次均會將 y 的值平方，作為執行迴圈的次數，因此導致不間斷的長時間運算，而呼叫 postMessage() 方法於每一次 while 運算結束時，輸出 x 的累計結果。

```
                                                        workera/worker-demo.html
<!DOCTYPE html />
<html>
<head>
      <title> 示範 Web Workers 背景執行機制 </title>
</head>
<body>
<p> 計數：<output id="message"></output></p>
<button onclick="terminateworker()"> 終止計算 </button>
<script>
      var worker = new Worker("calc.js");
      worker.onmessage = function (event) {
          document.getElementById("message").textContent = event.data;
      };
      function terminateworker() {
```

(續)

```
        worker.terminate();
    }
</script>
</body>
</html>
```

首先建立一個支援背景作業的 worker 物件，並且指定其背景執行檔案為 calc.
js，接下來設定 onmessage 事件，其中引用 event 的 data 取得背景作業中，呼叫
postMessage() 方法回傳的訊息字串。函式 terminateworker() 為「終止計算」按鈕
的 onclick 事件處理程序，其中呼叫 terminate 終結背景作業。

10.6 網頁與背景執行緒的雙向溝通

執行背景作業的 JavaScript 可以將資訊傳遞給調用 Worker 物件的網頁，當然網
頁也可以執行反向作業，原理完全相同，於背景執行程序的 JavaScript 當中註冊
onmessage 事件，網頁則調用 postMessage() 方法傳送資訊至背景執行檔案，至於
資料接收的方式則完全相同。

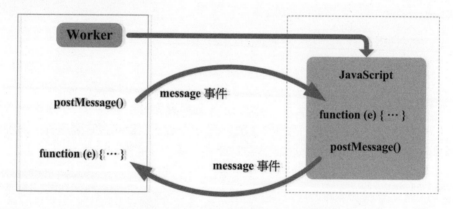

如圖所示，與跨文件溝通意義相同，以下透過另外一個範例作說明。

範例 10-7　　示範 Web Workers 背景執行機制 — 資料雙向傳輸

其中所顯示的訊息「Hello 康廷數位」有兩個部分,「康廷數位」是網頁傳給背景
執行緒中所執行的 JavaScript , 而 JavaScript 接收到這段字串將其加上 Hello 合併之
後進行回傳。

```
                                                          workerb/hello.js
onmessage=function(event) {
     var data = event.data;
     postMessage('Hello '+data);
}
```

這是 onmessage 事件的回應處理程序,其中透過 event 的 data 屬性取得傳送過來
的訊息字串,緊接著透過呼叫 postMessage 將合併 Hello 的訊息字串回傳。

```
                                              workerb/worker-response.html
<body>
<p>訊息:<output id="message"></output></p>
<script>
     var worker = new Worker("hello.js");
     worker.postMessage(" 康廷數位 ");
     worker.onmessage = function (event) {
         document.getElementById("message").textContent = event.data;
     };
</script>
</body>
```

建立 worker 物件時,指定所要執行的檔案為 hello.js ,然後呼叫 postMessage 將
訊息字串「康廷數位」當作參數傳入 hello.js 中,由其中的 onmessage 事件回應
處理程序接收並且進一步處理。接下來 onmessage 事件的回應處理程序中,透過
event.data 取得參數中所包含的 hello.js 回傳資料,並且將其設定給 input 標籤的
textContent 屬性,顯示於網頁上。

多執行緒執行的錯誤捕捉

一旦背景執行的 JavaScript 出現錯誤，它會觸發 Worker 物件的 error 事件，透過捕捉這個事件可以掌握錯誤的原因，有效的排除問題。

範例 10-8　　Worker 錯誤處理

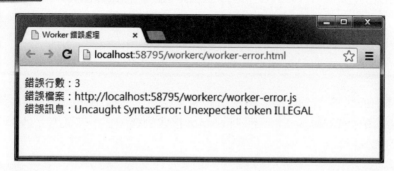

為了示範 Worker 物件作業所產生的錯誤，這個範例使用了一個錯誤的 JavaScript 檔案，當 Worker 物件於背景執行此 JavaScript 時觸發 error 事件，網頁捕捉錯誤的內容，輸出相關的資訊，包含錯誤的檔案、行數以及說明訊息。以下列舉所執行的 JavaScript 檔案 worker-error.js。

```
var msg = '' ;
msg = 'Hello HTML5   ;
postMessage(msg);
```
`worker-error.js`

這段程式碼的問題在於其中第二行字串少了一個單引號。

```
<!DOCTYPE html>
<html>
<head>
    <title>Worker 錯誤處理 </title>
</head>
<body>
<p id="message"></output></p>

<script>
    var worker = new Worker("worker-error.js");
    worker.onmessage = function (event) {
        document.getElementById("message").textContent = event.data;
    };
    worker.onerror = function (event) {
        document.getElementById("message").innerHTML =
```
`worker-error.html`

(續)

```
                  '錯誤行數：' + event.lineno + '<br/>' +
                  '錯誤檔案：' + event.filename + '<br/>' +
                  '錯誤訊息：' + event.message ;
        };
</script>
</body>
</html>
```

其中透過設定 onerror 屬性以回應可能觸發的 error 事件，分別經由引用 lineno、filename 以及 message 屬性來取得相關的錯誤資訊。

10.7　伺服器推播技術 ─ Server Sent Events

通訊技術的原理，除了前述的跨文件以及多執行緒作業，還被進一步運用在跨網路溝通上，伺服器推播機制（Server Sent Events）即是最重要的應用之一。

所謂的伺服器推播，是指透過 HTTP 或是其它專屬的協定技術，從伺服器將資料透過網路「推送」至客戶端瀏覽器網頁，這對於跨越網路的資料即時更新相當有用。以選舉開票的網路服務功能為例，運用推播技術，由於伺服器會持續不斷的將資料推送至網路，網頁只要調用此服務，持續接收新的資料，即可達到即時動態更新開票結果的效果。

伺服器推播技術由 EventSource 物件所支援，並透過 message 事件訊息系統進行資料的傳送：

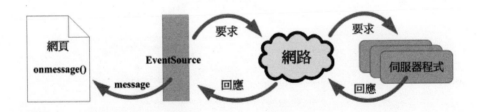

相較於稍早討論的兩種通訊機制：

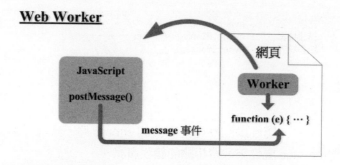

Web Worker

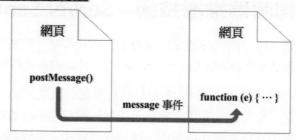

跨文件訊息傳遞

當訊息在網頁或是其它目標之間傳送,如果對象是 JavaScript 檔案,必須建立 Worker() 物件以具體化彼此間的溝通管道,然後經由 postMessage() 與 message 事件溝通,若對象同樣是網頁,則直接指定 URL 位址即可。而此節所討論的推播技術原理相同,只是網頁溝通的對象變成在網路另外一邊的伺服器端程式,如下圖:

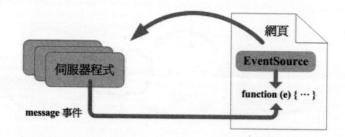

此圖示以另外一種方式表現伺服器推播技術,方便讀者與上述的兩組圖示作比較,如你所見,當伺服器端回傳資料訊息,網頁這一端同樣必須經由 message 事件回應處理函式進行處理,而與伺服器端程式的溝通管道則是由 EventSource 建立。

要特別注意的是,伺服器端程式的資料是定時自動推送的,不同於前述兩種機制必須透過 postMessage() 方法調用,這是一種單向作業,因此網頁只需監聽

message 事件即可，而運用推播技術的關鍵在 EventSource 介面，它的原理與背景
執行緒 Worker 相同，我們繼續往下看。

▍簡單的伺服器推播實作

在網頁上運用伺服器推播技術必須同時處理兩個部分，分別是向伺服器提出資料
要求的網頁程式，以及所要連線的後端伺服器資料推送程式，本書並不討論伺服
器端的部分，但為了完整性，還是提供需要的程式，來看看所需的程式碼。

首先在網頁上建立 EventSource 物件，並且指定連線要求的 URL 網址，所需的程
式碼列舉如下：

```
var es = new EventSource(url);
```

其中的 url 參數是一個 URL 字串，表示推送資料的來源網頁位址，當 es 建立之
後，即會自動對參數 url 的 URL 提出 Get 要求。

接下來於定期提出 Get 要求之後，捕捉伺服器針對此要求的回應資料，這一部分
在背景執行，必須透過 onmessage 事件屬性設定其事件處理器以支援相關的回
應，於資料傳送過來之後，進行處理。

為了測試，我們還需要準備伺服器程式以接受連線，並且推送資料至網路，這可
以藉由 ASP.NET 或是 PHP 等伺服器端的技術來達到目的，這裡以 ASP.NET 的泛型
處理常式進行示範。

範例 10-9　示範 EventSource 伺服器推送

當網頁被載入瀏覽器，會不斷的顯示從伺服器傳送過來的資訊。這個範例包含兩個網頁，分別在伺服器端執行的 server-message-send.ashx 與接收推送資訊的網頁 server-sent.html，前者從伺服器端推送測試用的資料，後者接收資訊，並且將其顯示在網頁上。

```
<head>                                        server-send.html
    <title> 示範簡單的伺服器推送技術 </title>
    <script>
        function init() {
            var es = new EventSource('server-send.ashx');
            es.onmessage = function (event) {
                var datas = event.data.split('\n') ;
                document.writeln("<br/>datas[0]：" + datas[0]);
                document.writeln("<br/>datas[1]：" + datas[1]);
                document.writeln("<br/> // -----------------");
            }
            es.onopen = function (event) {
                document.writeln('<br/><br/> 開啟連線（open)：' +
                this.readyState );
            }
        }
    </script>
</head>
<body onload="init()">

</body>
```

這個網頁只於網頁載入之後執行，首先建立 EventSource 物件 es，並且指定事件來源的目標伺服器網頁。

接下來設定 es 的 message 事件處理程序，當伺服器端推送訊息進來，message 事件被觸發，其中透過事件參數 event.data 取得推送資料，並且利用 \n 切割資料字串回傳包含其內容的物件，然後逐一取出字串陣列中的推送資料，由於伺服器只傳送兩組資料，因此這裡僅取出索引值等於 0 與 1 的元素。

另外，此段 JavaScript 亦設定了 open 事件處理器，此事件於連線開啟時被觸發，在事件處理器的回應函式中，透過 readyState 即可取得推播程序中的狀態資訊。

Summary

通訊技術被運用在數種不同的資訊傳輸場合，本章討論了相關的原理及運用，為讀者建立 postMessage 方法與 message 事件處理機制的理論與實作基礎能力，完成三種資料通訊功能的入門討論。

下一章我們將討論 Web 前端應用開發經常使用的 JavaScript 函式－ jQuery，為讀者建立更強固的技術能力。

評量

1. 請列舉四項通訊技術。

2. 請說明在網頁通訊的機制中，postMessage() 與 message 事件所扮演的角色。

3. 針對跨文件通訊，請簡述以下調用 postMessage 方法的程式碼意義，其中的 mseeage 為一文字訊息字串，而 url 為一網址字串。

```
newPage.postMessage(message, url);
```

4. 以下為 message 事件註冊程式碼，請說明如何取得傳送過來的資料：

```
window.addEventListener("message", function (e) {
    //
}, false);
```

5. 針對跨文件通訊，當資料透過 postMessage() 傳送出去，必須經過何種程序來取得目標網頁回傳的訊息資料。

6. 考慮以下的程式碼，其中的「*」有什麼意義？

```
target.postMessage(message, '*');
```

7. 承上題，其中參數「*」的設定導致了一些問題，請說明在 message 事件處理器中如何處理。

8. 若是要針對 iframe 進行資料通訊，請說明如何取得 iframe 的來源參照，以下為要傳送資料的 iframe。

```
<iframe id="targetframe" src="target.html">
```

9. 假設有一段程式碼，將其配置於獨立的 JavaScript 檔案並且命名為 hello.js，儲存於網頁的相同目錄，請撰寫程式碼說明如何利用 Worker 物件，於背景調用此 JavaScript 檔案。

10. 承上題，如果要接收 JavaScript 執行完畢之後回傳的資料，必須註冊 message 事件，請說明如何透過 worker 物件進行註冊，並說明如何取出資料。

11. 請說明運用推播技術需要使用何種物件？

第十一章

jQuery 入門

Web

前端開發完全入門

隨著網頁技術在 Web 世界扮演舉足輕重的角色，JavaScript 成為開發人員最常使用的程式語言，而 jQuery 函式庫則為 JavaScript 提供了快速開發的捷徑，寫得更少，作得更多（write less, do more），導入 jQuery 除了簡化 JavaScript 的開發撰寫，同時消除因為不同瀏覽器所導致的 JavaScript 差異，接下來這一章，我們將針對 jQuery 最重要的入門基礎與廣受歡迎的行動開發套件 jQuery Mobile 進行完整的基礎討論。

11.1　引用 jQuery 函式庫

jQuery 是一套 JavaScript 函式庫，可以到以下網址下載：

```
http://jquery.com/download/
```

進入此網站的畫面如下：

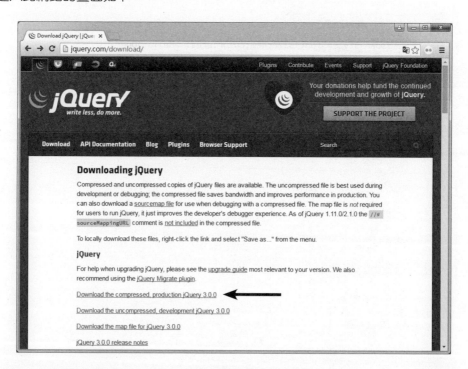

jQuery 不斷的持續更新，jQuery 3.0.0 是本書付梓之際的最新版本，下載頁提供數種不同的版本，針對入門學習直接點擊「Download the compressed, production jQuery 3.0.0」下載即可，完成後，你會得到一個 JavaScript 檔案「jquery-3.0.0.min.js」，將其配置於網站的指定路徑下即可。

建立本章的範例資料夾 CH11，於其中新增一個配置 JavaScript 檔案的專屬資料夾 js ，然後將 jquery-3.0.0.min.js 儲存於其中，接下來我們就可以開始使用 jQuery ，以下建立一個範例作說明。

範例 11-1　　jQuery

```
                                                                    jqfirst.html
<!DOCTYPE html>
<html>
<head>
<title></title>
<scriptsrc="js/jquery-3.0.0.min.js"></script>
</head>
<body>
<p>
</p>
<script>
     $("p").html(
            "<span style='font-size:4em;color:grey;'>Hello jQuery</span>"
     );
</script>
</body>
</html>
```

使用 jQuery 之前，必須先對其進行引用，於 head 區域中透過 <script> 標籤指定 jQuery 檔案 jquery-3.0.0.min.js 的相對路徑即可。接下來就能撰寫 jQuery 語法建構網頁內容，這段語法針對網頁中的 <p> 標籤，配置一段 <span> 標籤構成的特定樣式文字訊息。

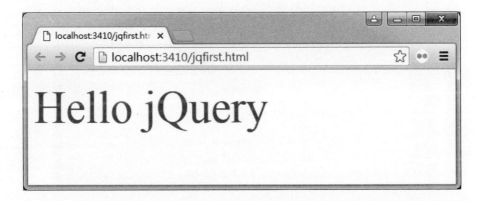

在原始檔案中，<p> 並沒有任何內容，而是在網頁載入的過程中，執行 jQuery 填入訊息文字，並且設定其樣式。

jQuery 同時提供 CDN 連結，開啟網址 https://code.jquery.com/：

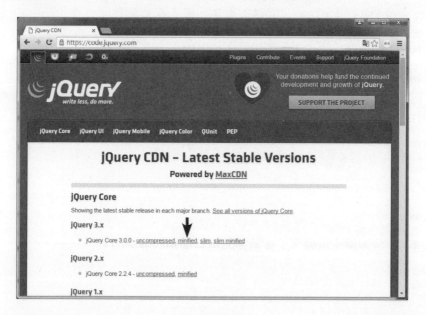

其中列舉數種不同版本的 CDN ，使用最新版本「jQuery 3.x」，點擊其中的「minified」項目，開啟畫面如下：

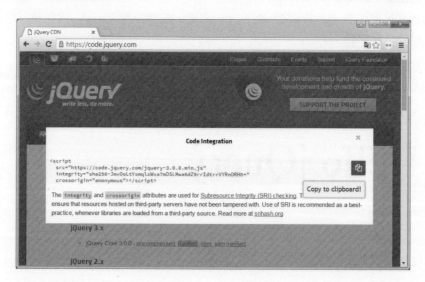

直接複製其中的 <script> 內容，取代相對路徑下的 jQuery 檔案即可。

11.2　從 $() 開始使用 jQuery

jQuery 定義了一個全域函式 jQuery() 以支援相關功能的調用與設定，由於 jQuery() 的使用頻率相當高，幾乎無時無刻都會用到它，因此 jQuery 同時亦支援 $ 符號作為調用此全域函式的捷徑，調用 $() 與 jQuery() 意思完全相同。

查詢 DOM 元素是 jQuery 核心功能，它透過 CSS 選擇器搭配全域函式 jQuery() 支援查詢作業，考慮以下這一行 jQuery 程式：

```
var divs = jQuery('div') ;
```

變數 divs 儲存網頁中的所有 div 元素，當然，我們更常見到以下的寫法：

```
var divs = $('div') ;
```

當你將一個選擇器字串傳入，所得到的是一個類似陣列的 jQuery 物件，其中包含了所有符合選擇器條件的 DOM 元素，透過 length 屬性回傳取得的元素數量。以上述的程式碼為例，如果網頁上配置了兩個 div 標籤，則 divs 變數將儲存這兩個元素物件，考慮以下這一行程式碼：

```
var l = divs.length ;
```

其中引用了 length ，由於有兩個 div 標籤，因此它的回傳值是 2，這個值被儲存於 l 變數。而除了標籤名稱，你也可以指定其它合法的 CSS 選擇器，例如常見的 ID 或是類別選擇器：

```
var x = $('#idname'); // 取得文件中 ID 屬性值為 idname 的單一個元素
var y = $('.clsname'); // 取得文件中 class 屬性值為 clsname 的所有元素
```

結合選擇器是 $() 最普遍的用法，然而它支援各種不同的調用方式，並非只能傳入選擇器字串，你也可以傳入元素或是各種物件，例如 $(document) 敘述，這將回傳一個包含 Document 物件參照的 jQuery 物件，如此一來我們就可以直接操作這個物件，例如以下這段程式碼：

```
$(document).ready(f);
```

這一行程式碼調用 ready() 方法，並傳入一個名稱為 f 的回呼函式，ready() 函式表示當網頁中的 DOM 結構載入完成後，即刻執行其中的 f 函式，而如果 f 沒有其它需要共用的地方，可以考慮直接撰寫如下：

```
$(document).ready(
     function () {
          //  網頁入完成後要執行的程式碼功能
     };
);
```

範例 11-2　　示範 $

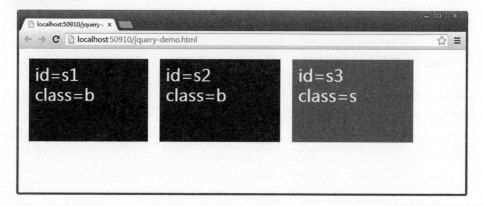

畫面中配置了三個 <div> 標籤，並且分別指定了識別 id 名稱，然後套用 class 類別，以不同顏色的方塊外型呈現，以下列舉所配置的 HTML 標籤。

```
<body>                                                    jquery-demo.html
     <div id="s1" class="b" > id=s1 <br /> class=b </div>
     <div id="s2" class="b" > id=s2 <br /> class=b </div>
     <div id="s3" class="s" > id=s3 <br /> class=s </div>
</body>
```

現在撰寫如下的 jQuery 程式碼：

```
<script>
$(document).ready(
     function () {
          var divs = $('div'); // 取得所有 <div> 標籤元素
          var divs_b = $('.b'); // 取得所有 class 屬性名稱等於 b 的標籤元素
          var divs_s = $('.s'); // 取得所有 class 屬性名稱等於 b 的標籤元素
```

(續)

```
        var div_id = $('#s1'); // 取得識別 id 等於 s1 的標籤元素

        console.log('div 標籤：' + divs.length);
        console.log('.b 類別：' + divs_b.length);
        console.log('.s 類別：' + divs_s.length);
        console.log('#s1：' + div_id.length);
    }
);
```

這段程式碼於文件載入之後開始執行，其中分別指定不同的選擇器來取得符合條件的標籤元素。最後取得元素數量，輸出結果如下：

```
div 標籤：3 http://localhost:50910/jquery-demo.html
.b 類別：2
.s 類別：1
#s1：1
```

輸出結果符合前述的說明，總共有三個 <div> 標籤，其中兩個套用 b 類別、一個套用 s 類別，另外到一個 id 識別名稱為 s1 的標籤元素。

11.3　巡覽所取得的元素

透過 $() 根據選擇器取回的元素集合，可以利用索引值進行存取：

```
$(s)[n]
```

其中的 s 是選擇器，而 n 是一個整數，表示取出集合中的第 n-1 個元素。你可以再將取得的特定索引物件直接傳入 $()，即可再利用 jQuery 進行物件操作。

若是要直接使用迴圈語法即可將其中所有的元素取出，程式如下：

```
var sa = $(s);
for (var i = 0; i < sa.length; i++) {
    // sa[i] 取出索引位置 I 的物件元素
}
```

每一次迴圈的 i 代表索引位置。

範例 11-3　示範巡覽

於網頁上配置三個 <div> 標籤，並且設定其樣式與內容文字，以下為輸出畫面：

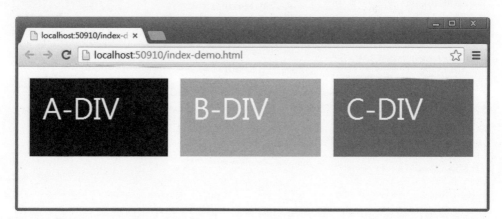

其中配置的 HTML 標籤內容如下：

```
                                                              index-demo.html
<body>
      <div style="background-color:black;">A-DIV</div>
      <div style="background-color:silver;">B-DIV</div>
      <div style="background-color:gray;">C-DIV</div>
</body>
```

現在撰寫程式碼，嘗試截取三個 <div> 標籤的內容文字，列舉如下：

```
$(document).ready(
      function () {
          var divs = $('div');
          console.log($(divs[0]).html());
          console.log($(divs[1]).html());
          console.log($(divs[2]).html());
          for (var i = 0; i < divs.length; i++) {
              console.log('for：' + $(divs[i]).html());
          }
      }
);
```

首先指定要取出的標籤選擇器，由於網頁中包含三個 <div> 標籤，因此最後的結果變數 divs 包含了三個 <div> 標籤物件元素，逐一透過索引值調用 html() 萃取內容文字輸出。

接下來 for 迴圈則取出其中所有的物件元素，並於前端加上 for 以識別此次迴圈取出的結果。

```
A-DIV
B-DIV
C-DIV
for：A-DIV
for：B-DIV
for：C-DIV
```

除了迴圈也可以選擇進一步調用 each() 逐一巡覽其中的內容，以此範例中所取得的 divs 為例，所需的語法如下：

```
$.each(divs,
    function (index, value) {
        console.log($(value).html())
    }
);
```

在 each() 中第二個參數的回呼函式中，value 是每一次迭代過程中取出的物件元素，同樣的，透過 $() 調用 html() 取得其內容文字。

11.4　簡化 ready() 調用

讀者現在具備基本的 jQuery 基礎，繼續往下討論之前，這裡先回到本章一開始提及的 ready() 方法，此方法的使用相當常見，它允許我們省略調用 $() 所指定的 document ，簡化寫法如下：

```
$().ready(…) ;
```

更進一步的，基於 ready() 方法會被自動呼叫，你甚至可以直接將調用的方法完全省略，得到最簡潔的寫法：

```
$(…) ;
```

程式碼太過簡化容易導致程式碼難以閱讀，因此本書後續還是維持標準寫法。

範例 11-4   簡化 ready() 調用示範

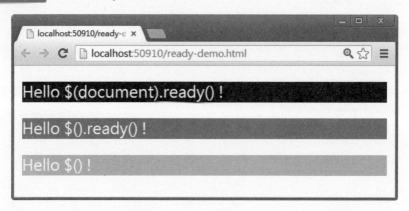

網頁上有三行文字訊息，分別調用 ready()，將其配置於不同背景顏色的 p 標籤構成的區塊中，而訊息的內容表示 ready() 的調用語法。

於網頁中配置如下三個 p 標籤，並設定不同的背景顏色以方便示範說明：

```
                                                            ready-demo.html
<body>
    <p style="background-color:black;color:white;"  id="msg0"></p>
    <p style="background-color:gray;color:white;" id="msg1"></p>
    <p style="background-color:silver;color:white;" id="msg2"></p>
</body>
```

接下來撰寫示範 ready() 調用方式的程式碼：

```
<script>
        $(document).ready(function () {
            $('#msg0').html('Hello $(document).ready() !');
        });
        $().ready(function () {
            $('#msg1').html('Hello $().ready() !');
        });
        $(function () {
            $('#msg2').html('Hello $() !');
        });
</script>
```

其中調用了三次 ready() 方法，第一次是完整的典型寫法，第二次則省略了 document 物件，第三次甚至省略了整個 ready() 方法名稱，讓 jQuery 進行 ready() 的隱含呼叫，直接執行其中的 function 內容。

11.5　存取元素內容文字

一旦取得元素，就可以進一步針對元素進行各項操作，包含存取元素屬性，設定元素類別等等。首先來看最簡單的 text() 方法，它回傳元素的文字節點，例如以下配置：

```
<p id="msg">HTML5 從零開始 </p>
```

現在調用 text() 方法即可取得其中的文字「HTML5 從零開始」：

```
$('#msg').text()
```

如果將一字串參數傳入，則會取代其中的內容，例如：

```
$('#msg').text('HTML5 從零開始到 App 作品上架課程 ')
```

這一行程式碼會將 p 標籤中原來的字串「HTML5 從零開始」取代成「HTML5 從零開始到 App 作品上架課程」。

範例 11-5　　存取內容文字

畫面的上方是一個顯示 BLACK 純文字的 p 標籤，於下方任意點選其中一個方塊，則上方會呈現表示此方塊背景顏色的字串。以下為畫面配置：

```
                                                        text-demo.html
<body>
    <p id="msg">BLACK</p>
    <div id="b" style="background-color:#000000;"
        onclick="click_handler('#b')">BLACK</div>
```

（續）

```
        <div id="s" style="background-color:silver;"
            onclick="click_handler('#s')">SILVER</div>
</body>
```

其中的 div 標籤設定了 onclick 事件屬性為 click_handler() 函式，並且傳入代表目前被按下的 div 元素所對應的 id 選擇器字串以方便取得其內容文字。

```
<script>
    function click_handler(id) {
        var color = $(id).text();
        $('#msg').text(color);
    }
</script>
```

首先調用 text() 取得使用者按下的 div 標籤其內容文字並儲存於變數 color，然後將這個變數當作參數傳入 text() 方法當中，改變 p 標籤的內容文字。調用 text() 方法所取回的是純文字的內容，如果要完整截取包含標籤等非純文字內容，則必須調用 html() 方法，考慮以下的配置：

```
<p id="msg"><b>HTML5</b></p>
```

這一行配置以 b 標籤呈現粗體效果，調用不同的方法存取其中的文字：

```
$('#msg').text()  // 回傳 HTML5
$('#msg').html()  // 回傳 <b>HTML5</b>
```

當你調用 text() 取得其內容文字時，會得到純文字內容 HTML5，而若是調用 html() 取得的將是包含 b 標籤的完整文字內容 <b>HTML5</b>。同理，當你傳入 text() 方法的字串參數無論內容為何，均會以純文字格式輸出，而 html() 則會解譯其中非純文字部分的內容。

```
$('#msg').text('<b>HTML5</b>')  // 輸出 <b>HTML5</b>
$('#msg').html('<b>HTML5</b>')  // 輸出粗體 HTML5 文字
```

第一行調用的 text 將 <b> 標籤當作一般文字輸出；而第二行則是解譯 <b>，因此會得到一個粗體的 HTML5 文字內容。

最後，調用 text() 或是 html() 方法時要特別注意，如果存取的標籤元素，其內容包含巢狀結構，則會將其子元素的內容文字一併取出，例如以下的配置：

```
<p id="msg">HTML5:<span>HTML5+JavaScript+CSS</span></p>
```

這一行 HTML 配置，於 p 標籤中包含了 span，調用 text() 將其取出如下：

```
$('#msg').text()  // 回傳 HTML5:HTML5+JavaScript+CSS
```

取出的內容將是包含了 span 標籤內的純文字。如果調用 html() 則會輸出完整的
HTML 標籤內容。

```
$('#msg').html()  // 回傳 HTML5:<span>HTML5+JavaScript+CSS</span>
```

text() 與 html() 是最單純的方法，如你所見，透過相關的設定可以輕易完成元素內
容文字的存取，接下來我們要進一步針對元素屬性的存取作討論。

11.6　存取元素屬性

JavaScript 允許你直接針對某個元素的屬性進行存取，例如網頁上配置的某個 img
標籤，可以透過 getAttribute() 方法取出其中的 src 屬性，或是調用 setAttribute() 進
行屬性的重設，而 jQuery 可以利用 att() 方法進行元素屬性的存取操作，假設有一
個標籤如下：

```
<img id="cimg"  />
```

以下為存取此標籤 src 屬性所需的語法：

```
$('#cimg').attr('src','images/myimg.jpg'); // 設定 src 屬性
var imgsrc = $('#cimg').attr('src');        // 取得 src 屬性
```

第一行取得 img 標籤的參照並調用 attr() 方法，設定其 src 屬性指定所要呈現的圖
片檔案，第二行取得 src 屬性。

範例 11-6　屬性設定

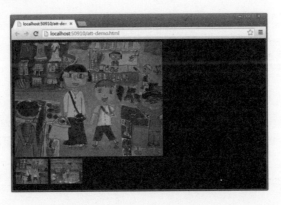

網頁中間是一張大圖片，下方有兩張具導覽功能的小圖片，點擊任何一張圖片可以切換所顯示的大張圖片。配置畫面所需的標籤如下：

```
<body style="background-color:black;">                    att-demo.html
      <div><img id="cimg"  /></div>
      <div>
      <img style="…" src="images/IMGP0811_l.jpg" width="100"
            onclick ="click_handler(this)" />
       <img style="…" src="images/IMGP0818_l.jpg" width="100"
            onclick ="click_handler(this)"  /></div>
</body>
```

第一個 img 標籤負責呈現大圖，其 id 屬性為 cimg；第二個以及第三個 img 標籤則設定 onclick 事件屬性以提供圖片導覽功能，當使用者按下圖片時，執行 click_handler() 函式，其內容如下：

```
function click_handler(o) {
      var s = $(o).attr('src');
      $('#cimg').attr('src', s);
}
```

參數 o 表示按下的按鈕，函式內的第一行調用 attr() ，取得其 src 屬性值，也就是圖片來源，第二行將其設定於畫面上以大圖呈現。而在網頁載入時，同時完成畫面上圖片的初始化設定，因此我們還需要以下的屬性設定：

```
$(document).ready(
      function () {
          $('#cimg').attr('src', 'images/IMGP0811_l.jpg');
          $('#cimg').attr('width', '460')
      }
);
```

用來呈現大圖的 img 標籤，透過 #cimg 選擇器取得其參照，然後調用 attr() 逐一設定其初始化狀態。

11.7　設定元素類別

HTML 元素的類別屬性，使用的是 class 關鍵字，與一般屬性不同的是，JavaScript 對其進行存取必須透過 className 這個屬性名稱，而在 jQuery 操作類別有專屬的方法，包含 addClass()、removeClass() 等等，這一節來看相關的用法。

同樣以 <img> 標籤元素作說明，你可以為一個 id 名稱為 cimg 的 <img> 標籤加入新的類別如下：

```
$('#cimg').addClass('csa') ;
```

當這一行執行完畢，csa 這個類別會被加入至 <img> 標籤，如果要將一個特別的類別從標籤移除，則調用 removeClass() 如下：

```
$('#cimg').removeClass('csa') ;
```

這一行將類別 csa 從 <img> 標籤中移除。

範例 11-7　設定類別

畫面截圖顯示一張圖片，下方的四個色塊表示框線的顏色，按一下特定的色塊，改變目前圖片的框線顏色。

```
                                                          class-demo.html
<div style="margin: 0 auto; width: 100%; text-align: center;">
      <img id="cimg" class="img_border_white" src="images/IMGP0811_l.jpg" />
</div>
<ul>
      <li style="background-color: silver;"
          onclick="click_handler(0)" ><b>white</b></li>
      <li style="background-color: red;"
          onclick="click_handler(1)"><b>red</b></li>
      <li style="background-color: blue;" onclick="click_
          handler(2)"><b>blue</b></li>
      <li style="background-color: green;" onclick="click_
          handler(3)"><b>green</b></li>
</ul>
```

首先配置一個 img 標籤，並且指定其 class 類別屬性與所要呈現的圖片來源。接下來的 li 標籤提供四個不同的色塊，每一個均註冊 click 事件以回應使用者按下色塊的操作。為了測試 class 的新增以及移除效果，建立四個不同的類別樣式如下：

```
.img_border_white { border: 8px solid white; }
.img_border_red { border: 8px solid red; }
.img_border_blue { border: 8px solid blue; }
.img_border_green { border: 8px solid green; }
```

其中分別設定不同顏色的 border 樣式，接下來定義 click_handler() 函式以回應使用者點擊色塊的操作。

```
var current = 0;
var c_index = [
     'img_border_white',
     'img_border_red',
     'img_border_blue',
     'img_border_green'];
function click_handler(c) {
     $('#cimg').removeClass(c_index[current]);
     $('#cimg').addClass(c_index[c]);
     current = c;
}
```

變數 current 記錄目前套用的類別名稱索引值，c_index 則儲存了四個可能的類別名稱以方便調用。

在 click_handler() 函式中，傳入的索引值表示要套用的新類別名稱在陣列 c_index 中的索引位置。首先移除目前套用的類別，然後加入觸發 click 事件的 li 標籤，其對應的色彩項目類別。

結合選擇器應用

jQuery 擴充了大量的選擇器，以支援更複雜的元素選取操作，而透過 addClass 與特定選擇器的應用，可以實現更豐富的效果。一個常見的應用是 :odd 與 :even，例如要為表格建立換行條紋樣式，可以選擇使用這兩個選擇器，前者表示選取奇數行，後者是偶數行，只要分別針對奇偶數行建立對應的樣式即可。

選擇器與動態設定類別應用

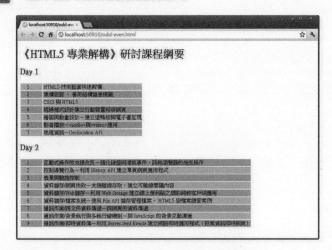

此範例展示一個典型的表格，其中套用了換行條紋樣式。

```
<table>                                               odd-even.html
    <tr>
        <td>
            1
        </td>
        <td>
            HTML5 技術藍圖快速解構
        </td></tr><tr>
        <td>
            2
        </td>
        <td>
            建構版面 – 善用結構語意標籤
        </td></tr><tr>
        ...
    </tr>
</table>
```

現在建立換行樣式所需的 CSS：

```
.oddRow
{
    background:silver ;
}
.evenRow
{
    background:lightgray ;
}
</style>
```

11-17

oddRow 類別將套用於奇數列，evenRow 類別將套用於偶數列，接下來撰寫需要的 jQuery 程式碼：

```
<script>
    $(document).ready(function () {
        $('tr:odd').addClass('oddRow');
        $('tr:even').addClass('evenRow');
    });
</script>
```

完成網頁載入後，第一行的 tr:odd 選擇器套用了 oddRow 類別，如此一來網頁中表格的奇數列均會以 oddRow 這個樣式呈現；第二行則是偶數列的套用。

切換類別

如果要執行的是切換類別的效果，而非單純的移走或是加入某個類別，考慮以下的元素類別設定：

```
$('#cimg').toggleClass('csa') ;
```

當 cimg 這個元素沒有 csa 此名稱的類別時，這一行程式碼會將 csa 類別加進去，反之，如果已經存在 csa 類別，則會被移除。

範例 11-9　　示範 toggleClass 方法

左邊畫面中的圖片第一次載入時，指定了邊框的樣式類別，如果在圖片上按一下，則會移除樣式類別。如右圖，其中的白色框線被移除，再按一下，則會重新加入樣式類別，回復邊框樣式。

於網頁中配置示範用的圖片 cimg，並預先指定其樣式類別 img_border_white 如下：

```
                                                     toggleClass-demo.html
<div style="margin: 0 auto; width: 100%; text-align: center;">
    <img id="cimg" class="img_border_white"
        src="images/IMGP0811_l.jpg"  onclick="click_handler()"  />
</div>
```

接下來建立 click_handler() 函式以回應 <img> 標籤的 click 事件，列舉如下：

```
function click_handler() {
    $('#cimg').toggleClass('img_border_white');
}
```

其中調用 toggleClass() 函式，進行類別 img_border_white 的切換，來達到新增 / 移除類別的效果。

回到上一節的範例 class-demo.html，利用 toggleClass() 調整新增 / 移除類別的程式碼，其中原來的 click_handler() 函式內容如下：

```
function click_handler(c) {
    $('#cimg').removeClass(c_index[current]);
    $('#cimg').addClass(c_index[c]);
    current = c;
}
```

以 toggleClass() 取代如下：

```
function click_handler(c) {
    $('#cimg').toggleClass(c_index[current]);
    $('#cimg').toggleClass(c_index[c]);
    current = c;
}
```

以上兩段程式碼的效果相同。

CSS 樣式項目存取

jQuery 針對 CSS 樣式的套用，亦提供了 css() 方法以支援程式碼的動態控制，透過此方法的調用，可以更進一步控制單一樣式的設定，語法如下：

```
$(d).css(name, value) ;
```

第一個參數為所要設定的樣式名稱，第二個參數 value 則是樣式值，例如：

```
$(d).css('width', '180px') ;
```

這一行程式碼會將 d 元素的寬度設定為 180px。

範例 11-10　存取 CSS 樣式項目

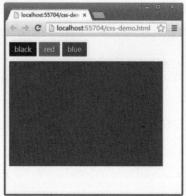

畫面上方的三個小型色塊，分別表示不同的顏色，按下任何一個色塊，下方的大方塊背景顏色會呈現對應的顏色。畫面的配置如下：

```
                                                                 css-demo.html
<ul style="overflow: hidden; margin: 0 0 6px 0; padding: 0;">
    <li onclick="change('black')" style="…">black</li>
    <li onclick="change('red')" style="…">red</li>
    <li onclick="change('blue')" style="…">blue</li>
</ul>
<div  id="area" style="…"></div>
```

當使用者按下任何一個按鈕，會執行以下的函式：

```
<script>
    function change(bcolor) {
        $('#area').css('background', bcolor);
    }
</script>
```

其中調用 css() 將 background 樣式設定為傳進來的對應顏色參數字串。如果有一組以上的樣式需要設定，可以透過以下的語法格式進行設定：

```
$(d).css({
    name1: value1,
    name2: value2,
    …
    namen: valuen});
```

以下是一組實際的設定範例：

```
$(d).css({
      width: '180px',
      height: '60px',
      background: 'black',
      margin: '6px' });
```

如你所見，這一段程式碼設定了四組不同的樣式，寫法類似標準的 CSS 樣式設定，只是以逗號（,）分隔樣式項目。

11.8　異動文件結構

jQuery 亦支援 HTML 文件節點的操作，包含插入、取代或是刪除等等，以下首先討論刪除的方法，假設網頁上配置一組元素如下：

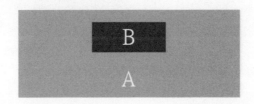

其中 B 是 A 的子元素，透過 A 物件調用 empty() 可以將其中的 B 刪除，如果調用另外一個刪除方法 remove() 則除了 B 之外，A 本身亦會被刪除。

▌插入與取代

你可以將一組新的內容，插入至指定的元素或是將其置換掉，相關的方法有兩組，分別針對目標元素進行正向與反向兩種操作，下表分類列舉其中的方法成員。

• 插入 / 取代

方法	說明
append()	將指定的內容當作參數傳入，插入指定目標元素的尾端。
prepend()	將指定的內容當作參數傳入，插入指定目標元素的開頭。
after()	將指定的內容當作參數傳入，插入指定目標元素的後方。
before()	將指定的內容當作參數傳入，插入指定目標元素的前方。
replaceWith()	將指定的內容當作參數傳入，取代指定目標的元素。

- **插入至 / 取代至**

方法	說明
appendTo()	以指定的目標元素當作參數傳入，將指定內容插入至其尾端。
prependTo()	以指定的目標元素當作參數傳入，將指定內容插入至其開頭。
insertAfter()	以指定的目標元素當作參數傳入，將指定內容插入至其後方。
insertBefore()	以指定的目標元素當作參數傳入，將指定內容插入至其前方。
replaceAll()	以指定的目標元素當作參數傳入，用指定內容將其完全取代。

以上兩組方法，功能恰好相反，均能進行元素的插入與取代，考慮以下圖示：

TE：目標元素
C：操作的新內容

以 append() 方法為例，執行以下的程式碼：

```
$(TE).append(c) ;
```

得到的效果如下左圖，若是原來的元素中已存在子元素，則新加入的內容會配置於所有元素的最下方，如下右圖：

另外一組方法 appendTo() 同樣可以達到上述的效果，語法如下：

```
$(c).appendTo(TE) ;
```

這兩組方法的意義相同，只是寫法相反，以下範例呈現前述表列第一組方法的所有效果。

示範文件異動

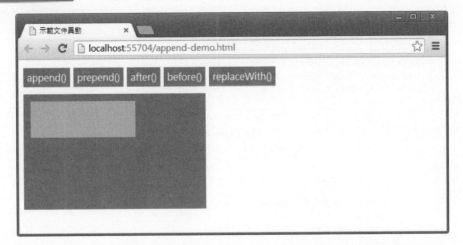

畫面中呈現一個大的深灰色區塊，其中包含一個小的淺灰色區塊，按下上方的任何一個方法按鈕，一個新的黑色方塊將會被依據按鈕的方法加入對應的位置，例如按下 append() 按鈕結果如下：

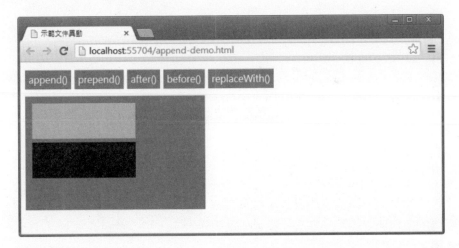

黑色方塊被加入至深灰色區塊的下方，讀者可以自行嘗試其它的按鈕，而最後一個按鈕 replaceWith() 按下後會取代原有的灰色區塊，測試方塊內容配置如下：

```
<div id="taget" style="…;">                          append-demo.html
    <div style="…">
    </div>
</div>
```

功能按鈕同上述的 css 示範說明，內容如下：

```
<ul style="…" >
    <li onclick="change('append')">append()</li>
    <li onclick="change('prepend')">prepend()</li>
    <li onclick="change('after')">after()</li>
    <li onclick="change('before')">before()</li>
    <li onclick="change('replaceWith')">rcplaceWith()</li>
</ul>
```

當使用者按下任一按鈕，執行以下的程式碼：

```
<script>
        function change(p) {
            $('#c').remove();
            var d = document.createElement('div');
            $(d).attr('id', 'c');
            $(d).css({ width: '180px', … });
            switch (p) {
                case 'append':
                    $('#target').append(d);
                    break;
                case 'prepend':
                    $('#target').prepend(d);
                    break;
                case 'after':
                    $('#target').after(d);
                    break;
                case 'before':
                    $('#target').before(d);
                    break;
                case 'replaceWith':
                    $('#target').replaceWith(d);
                    alert(' 目標元素已置換，請重新載入網頁測試 !');
                    break;
            }
        }
</script>
```

其中首先移除上一次插入的元素，然後建立一個新的 div 元素，再根據按下的按鈕回傳的參數決定調用的方法。讀者在這個範例中，可以看到調用不同方法呈現的效果。

另外一組方法，請讀者自行嘗試。

11.9　事件處理

jQuery 有一套完整的事件處理機制，相較於 JavaScript ，這套事件機制除了更容易使用之外，同時消除了各瀏覽器對事件支援的不一致性，透過 jQuery 註冊特定事件的專屬處理器，只需調用相關的方法即可，這一節來看 jQuery 針對事件支援的實作。以 click 事件為例，假設要為畫面上配置的所有 <div> 標籤註冊 click 事件處理器，所需的語法如下：

```
$('div').click(function(){
        // click 事件處理器 …
    });
```

此段程式碼調用 click()，並且於其中註冊 click 事件處理器，指定回應 click 事件所要執行的函式。這可以完成網頁上所有 div 標籤的事件處理器註冊程序。同樣的，你也可以指定任意選擇器，為特定網頁元素註冊相關的事件。

範例 11-12　事件示範

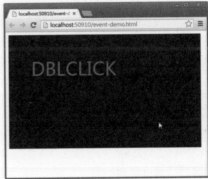

網頁上配置了一個 <div>，也就是畫面中的黑色區域，這個標籤註冊了 click 事件與 dblclick 事件。當使用者點擊 <div> 範圍區域時，顯示 click 訊息文字表示觸發了 click 事件，如果雙擊則會顯示 DBLCLICK 訊息文字，表示觸發 dblclick 事件。

```
                                                        event-demo.html
<div id="earea" style="background-color:black;…">
</div>
```

其中將 id 屬性設定為 earea，於網頁載入後，進行如下的事件註冊程序：

```
$(document).ready(
     function () {
          $('#earea').click(function(){ $('#earea').html('CLICK'); });
          $('#earea').dblclick(function(){ $('#earea').html('DBLCLICK'); });
     }
);
```

第一行完成 click 事件的註冊，第二行完成 dblclick 事件的註冊，分別設定 <div> 標籤的內容文字。

以上是 jQuery 的事件註冊程序，除了 click 與 dblclick 之外，其它所有的事件，jQuery 均有對應的方法可以調用，以下針對其中比較重要的進行說明。

▍事件引數－ Event 物件

jQuery 的事件機制，會統一在事件處理器調用的過程中，傳入其專屬的 Event 物件作為事件引數，此物件同樣承襲了 jQuery 的優點，為我們處理了瀏覽器間的差異，確保在不同瀏覽器裡面都能呈現一致的行為，同時完整定義所有事件引數的相關屬性項目成員，並額外擴充特定的方法成員以方便事件處理。下表列舉其中跨瀏覽器的標準實作屬性項目。

屬性	說明
target	表示觸發此事件的元素。
pageX / pageY	滑鼠座標。
which	觸發此事件所按下的鍵盤或是滑鼠按鈕。
metaKey	同原生物件的 metaKey ，若無此屬性，則同 ctrlKey 。

表列屬性可以直接透過事件引數進行存取，以下示範相關的說明。

範例 11-13 事件引數

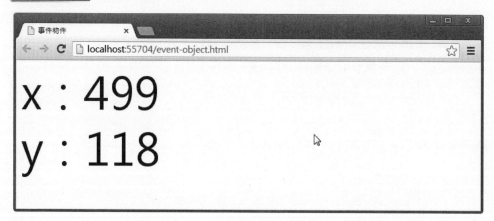

當使用者滑鼠游標於畫面上移動時，動態顯示游標所在位置的 x,y 座標值。

```
$(document).mousemove(function (e) {          event-object.html
    var msg = 'x：' + e.pageX + '<br/>' + 'y：' + e.pageY;
    $('body').html(msg);
});
```

其中註冊了 mousemove 事件，於每一次移動時，透過 e.pageX 與 e.pageY 屬性，取得目前的座標位置，並且將其顯示在畫面上，由於 mousemove 於滑鼠移動時連續被觸發，因此我們可以看到畫面上的數字動態改變。

▌氣泡與非氣泡滑鼠事件

滑鼠事件除了 click 與 dblclick 之外，其它的事件還有 mousedown 與 mouseup 等等，原理均相同，讀者請自行測試即可，這一節就其中一組氣泡與非氣泡事件進行說明。

當使用者的滑鼠在網頁上移動的時候，會觸發數種不同的事件，首先是 mousemove 事件，一旦滑鼠移動，此事件就會被觸發。若滑鼠進出目標區域時，會進一步觸發 mouseout 與 mouseover 事件，除此之外還有另外兩組早期由 IE 瀏覽器支援的事件－ mouseenter 與 mouseleave ，這兩組事件更容易辨識觸發時機，但瀏覽器的支援並不一致，jQuery 針對這兩組事件進行了實作，而透過 jQuery 註冊便能讓所有瀏覽器支援這兩個事件。

mouseenter 事件於滑鼠游標進入註冊此元素區域範圍時被觸發，效果同 mouseover ；而 mouseleave 則於滑鼠游標離開註冊此事件元素區域範圍時被觸發，效果同 mouseout。mouseenter/mouseleave 與 mouseover/mouseout 之間的主要差異，在於前者並非氣泡事件，可避免氣泡現象所導致的困擾，精確的捕捉滑鼠進入或離開註冊元素的時機。

考慮以下的圖示，其中的黑色方塊是一個 <div> 標籤，而內部灰色方塊則是另外一個巢狀式 <div> 標籤。

當我們在構成外部黑色方塊的 <div> 標籤中註冊 mouseover/mouseout 這一組事件，由於氣泡現象，滑鼠進入或是離開構成中間灰色區域的巢狀 <div> 元素同樣會觸發此註冊事件，這導致我們無法精準分辨事件的觸發來源標籤。要避免上述問題，只需註冊 mouseenter/mouseleave 這一組事件即可。

範例 11-14 滑鼠事件的氣泡傳播

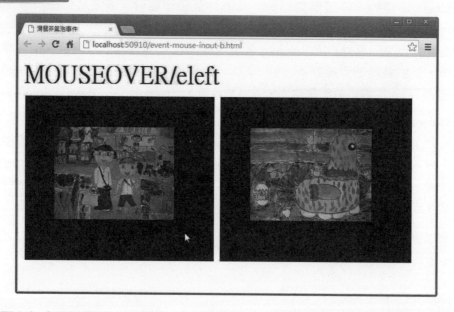

畫面上包含兩組圖片，分別嵌入左右兩個 <div> 標籤形成的黑色方塊中，當滑鼠游標進入不同的區域時，畫面最上方會顯示目前觸發的事件，以及觸發此事件的元素名稱，HTML 標籤內容如下：

```
                                                    event-mouse-inout-b.html
<div id="msg" style="…"></div>
<div>
     <div id="eleft" style="width: 380px; height: 320px; …">
          <img id="imga" src="images/IMGP0811_l.jpg"
               style="height: 180px; margin: 60px" />
     </div>
     <div id="eright" style=" width: 380px; height: 320px; …">
          <img id="imgb" src="images/IMGP0818_l.jpg"
               style="height: 180px; margin: 60px" />
     </div>
</div>
```

請特別注意 <div> 與 <img> 的 id 屬性，以下列舉註冊事件所需的程式碼：

```
<script>
     $(document).ready(
          function () {
               $('#eleft').mouseover(
                    function (e) {
                         $('#msg').html('MOUSEOVER' + '/' +
                              $(e.target).attr('id'))
                    }
               );
               $('#eright').mouseenter(
                    function (e) {
                         $('#msg').html('MOUSEENTER' + '/' +
                              $(e.target).attr('id'))
                    }
               );
          });
</script>
```

其中針對第一組 div 標籤註冊 mouseover 事件，而第二組 div 標籤註冊的則是 mouseenter 事件。

讀者請自行測試並檢視畫面上的輸出訊息，左邊的區塊由於 mouseover 是氣泡事件，因此滑鼠游標進入其中的圖片區域，同樣會觸發此事件；右邊區塊則只有進入黑色區域會觸發 mouseenter 事件。

bind() 與事件註冊

jQuery 可以透過 bind() 方法進行事件處理器的註冊工作，以 click 事件而言，考慮以下的註冊程式片段：

```
$('#msg').bind('click', sayHello);
```

這段程式碼為一個 id="msg" 的物件註冊 click 事件，sayHello 為註冊函式，這段 bind() 程式意義同下式：

```
$('#msg').click(sayHello);
```

無論調用何種方法註冊，都具有相同的效果。

範例 11-15 　示範 bind() 方法註冊事件

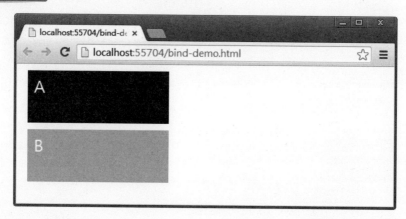

畫面上配置了兩個方塊，A 調用 bind() 註冊 click 事件，B 則調用 click()，按下任何一個方塊，均會顯示預先設定的訊息文字。方塊以 div 標籤定義，設定如下：

```
<div id="msga" style ="…">A</div>
<div id="msgb" style ="…">B</div>
```
bind-demo.html

針對此配置註冊對應的 click 事件如下：

```
<script>
    $('#msga').bind('click', fa);
    $('#msgb').click(fb);

    function fa() { alert('A'); };
    function fb() { alert('B'); };
</script>
```

如你所見，bind() 與 click() 意義相同，不過 bind() 支援更彈性的事件註冊功能，例如你可以透過 unbind() 執行事件註銷操作。 以上述為例，針對 $('#msga') 調用 unbind() 方法，即可註銷註冊的事件：

```
$('#msga').unbind() ;
```

要特別注意，調用 unbind() 會註銷所有以 bind() 註冊的事件，不過其它不是以 bind() 註冊的事件並沒有效果，如果僅是要針對某個特定的事件註銷，可以進一步指定事件的名稱，如下式：

```
$('#msga').unbind('click') ;
```

這一行程式碼註銷了由 bind() 註冊的 click 事件。

範例 11-16　　示範 unbind() 註銷事件註冊

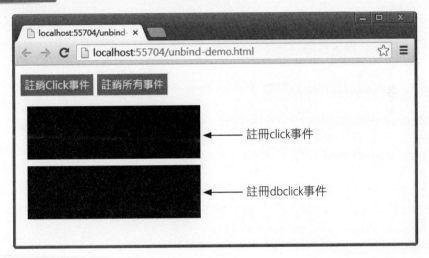

畫面中兩個黑色方塊，分別註冊了不同的事件，第一個方塊按一下會顯示訊息方框；第二個方塊連續點擊兩下則會改變背景顏色。左上方的功能按鈕，依其功能按下會註銷指定的事件。

```
unbind-demo.html
<ul style="overflow: hidden; margin: 0 0 6px 0; padding: 0;">
    <li onclick="unbindclick()">註銷 Click 事件 </li>
    <li onclick="unbindall()">註銷所有事件 </li>
</ul>
<div id="a"></div>
<div id="b"></div>
```

畫面上的按鈕由 <li> 配置，並且分別執行註銷事件的功能函式。

```
<script>
    var bg = 'silver';
    $('#a').bind('click', function () { alert('A') });
    $('#b').bind('dblclick', function () {
```

(續)

```
        bg == 'silver' ? bg = 'black' : bg = 'silver';
        $(this).css('background', bg);
    });
    function unbindclick() {
        alert(' 註銷 click 事件 ');
        $('div').unbind('click');
    }
    function unbindall() {
        alert(' 註銷所有事件 ');
        $('div').unbind();
    }
</script>
```

網頁載入完成之後，分別註冊 click 與 dbclick 事件。函式 unbindclick() 於使用者按下「註銷 Click 事件」按鈕時被執行；另外一個函式 unbindall() 則註銷所有事件。

▌ trigger() 與事件觸發

方法 trigger() 支援透過程式化的方式觸發某個特定事件，考慮以下的程式碼：

```
$('#msg').trigger('click');
```

其中針對 id="msg" 的物件觸發其註冊的 click 事件（如果有的話）。假設有一個 div 標籤設定 id="msga"，於其上註冊 click 事件如下：

```
$('#msga').click(sayHello);
```

當使用者按下 msga 區塊，會執行其中指定的 sayHello 函式。現在撰寫以下的程式碼：

```
$('#msga').trigger('click');
```

執行這一段程式碼，會觸發 msga 此 div 標籤預先註冊的 click 事件，因此執行 sayHello 函式。

範例 11-17 動態觸發事件

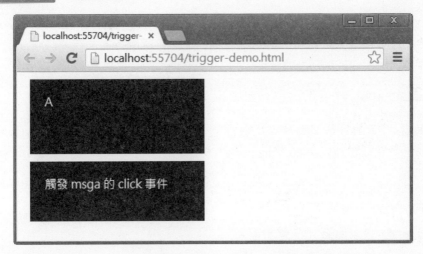

畫面上配置了兩個 div 標籤構成的區塊，點擊 A 會觸發 click 事件，然後顯示訊息；點擊第二個方塊 B，則會觸發 A 方塊的 click 事件並顯示相同的訊息。以下為配置的兩個方塊內容：

```
<div id="msga" style ="…">A</div>
<div id="msgb" style ="…">B</div>
```
trigger-demo.html

為其中的 msga 註冊 click 事件如下：

```
$('#msga').click(sayHello);
function sayHello(e) {
      alert('HELLO !' );
}
```

當使用者按下此區塊時，會觸發 click 事件，因此執行 sayHello()，並且顯示 HELLO 訊息。現在為另外一個 div 標籤構成的區塊註冊 click 事件如下：

```
$('#msgb').bind('click', tg);
function tg() {
      $('#msga').trigger('click');
}
```

此 click 事件的回應函式 tg 調用 trigger() 觸發 msga 的 click 事件。

透過 delegate() 註冊事件

方法 bind() 必須在指定的元素完成建立之後才能進行事件註冊，在 bind() 完成註冊之後新建立的元素，都沒有辦法享有相同的事件回應行為，在這些狀況下，可以使用 delegate() 方法來完成註冊。

```
$(document).delegate('div', 'click',function (event) { … });
```

其中針對 div 元素進行 click 事件的註冊，後續新增的 div 元素都會完成 click 的動態註冊。若要註銷 delegate() 註冊的事件，可以調用 undelegate()，考慮以下的程式碼：

```
$(document).undelegate('div','click');
```

其中註銷了上述註冊的 click 事件。

範例 11-18　示範 delegate() 動態註冊

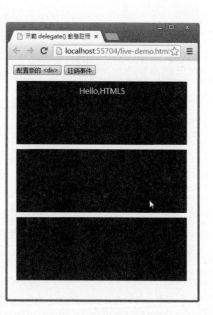

左圖是一開始網頁載入的畫面，其中的黑色方塊註冊了 click 事件，按一下會顯示一個訊息方塊，如果按一下左上角的「配置新的 <div>」按鈕，會嵌入一個新的黑色方塊，連續按下按鈕則會持續嵌入，每一個方塊均會動態註冊 click 事件。如果按下「註銷事件」，則會將所有方塊動態註冊的 click 事件註銷。

```
<body>                                              live-demo.html
    <button id="btna"> 配置新的 &lt;div&gt;</button>
    <button id="btnb"> 註銷事件 </button>
    <div id="a" style="…">Hello,HTML5</div>
    ...
</body>
```

網頁預先配置了兩組按鈕以及一個測試用的 div 元素。

```
<script>
    $('#btna').click(function () {
        var d = document.createElement('DIV');
        $(d).css({
            // 設定方塊樣式…
        });
        $('body').append(d);
    });
    $('#btnb').click(function () {
        $(document).undelegate('div', 'click');
        alert(' 註銷所有 <div> 事件 ');
    });
    $(document).delegate('div', 'click',
        function (event) { alert('Hello'); });
</script>
```

首先為畫面上的兩個按鈕註冊 click 事件，第一個按鈕建立新的 <div> 並進行 CSS
樣式設定，最後嵌入網頁中。第二個按鈕則是調用 undelegate() 將所有註冊的
click 事件註銷。

最後一段程式碼調用 delegate() ，為所有的 div 元素動態註冊 click 事件。

另外還有一個 live() 方法亦支援 delegate() 方法的註冊效果，不過在 1.9 版時，live()
從 jQuery 裡面被移除了，新版不再支援此方法，請勿再使用。

▎透過 on() 註冊

最後還要介紹一組 on() 方法，相較於上述的事件，這組方法直到 jQuery 1.7 才被導
入，這是新版 jQuery 最建議調用的事件註冊方法，調用方式同 bind() 。針對 on()
註冊的事件，可以透過 off() 註銷。考慮以下的程式片段，將其中調用 bind() 方法的
程式碼修改如下：

```
$('#msga').bind('click', fa);
$('#msga').on('click', fa);
```

第一行是原來調用 bind() 的程式碼，第二行則是調用 on() 方法，這兩行程式碼會得到相同的效果。

由於 on() 被用以取代原來的事件註冊方法，動態事件註冊 delegate() 同樣可以透過 on() 設定，考慮以下的 delegate 配置：

```
$(document).delegate('div', 'click', function (event) {
    // 事件處理程序
});
```

這是上述討論 delegate() 範例中的程式碼，現在透過 on 改寫如下：

```
$("document").on("click", "div", function(event){
    // 事件處理程序
});
```

如此一來可以得到相同的效果。

註銷 on() 註冊事件需引用 off()，最簡單的格式如下：

```
$("div").off()
```

這一行會註銷所有 div 上註冊的事件，如果要註銷 delegate() 註冊事件，所需的語法如下：

```
$("div").off( "click", "**" )
```

這一行會註銷 div 標籤所有註冊的 click 事件。

11.10　jQuery 動畫

jQuery 包裝了數種支援視覺效果的方法，包含 fadeout()、fadeln() 等等，透過簡單的調用即可為網頁建立出色的動畫，這裡先討論簡單的幾組動畫，包含顯示 / 隱藏切換，淡出 / 淡入等等，它們以不同的效果，隱藏或顯示調用相關方法的元素。

▌淡出與淡入（fadeln/fadeout/fadeTo）

我們可以動態透過 CSS 的 Opacity 屬性來完成物件的淡出 / 淡入效果，而 jQuery 的 fadeln() 與 fadeout() 支援相同的效果，假設你在網頁上配置一張圖片，並且將其命名為 cimg，考慮以下的程式碼：

```
$('#cimg').fadeIn();
$('#cimg').fadeOut();
```

第一行會逐步將 cimg 元素的 Opacity 屬性值從 0 調整至 1，讓圖片呈現淡入的效果，第二行則是反向呈現淡出效果。

範例 11-19 淡出與淡入

 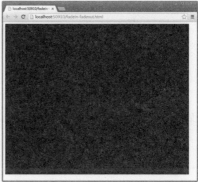

網頁初載入時，畫面上呈現一張圖片如左截圖，按一下圖片會以淡出的效果消失在畫面中，如右截圖。

```
<body>                                           fadein-fadeout.html
    <div id="imgarea"  style="width:610px;height:470px;…" >
     <img id="cimg" src="images/IMGP0811_l.jpg" />
    </div>
</body>
```

於 <div> 標籤區塊中，配置一個示範用的圖片，背景設定為黑色以方便測試，接下來建立所需的 jQuery 程式碼：

```
<script>
    var f = true;
    $(document).ready(function () {
        $('#imgarea').click(fadeinout);
    });
    function fadeinout() {
        if (f)
            $('#cimg').fadeOut();
        else
            $('#cimg').fadeIn();
        f = !f;
    }
</script>
```

網頁載入之後，首先於 <div> 區塊註冊 click 事件，當使用者點擊畫面上的黑色區域時，執行 fadeinout() ，其中檢視 f 變數，如果是 true ，則調用 fadeout() 執行淡出效果，否則執行淡入效果，最後切換 f 變數值。

你可以指定參數，單位是毫秒，調整動畫執行的時間，例如以下的設計：

```
$('#cimg').fadeIn(3000);
$('#cimg').fadeOut(300);
```

第一行以 3000 毫秒時間完成淡入的效果，第二行則是於 300 毫秒的時間區間內完成淡出效果。

在預設的情形下，jQuery 將以 400ms 的時間完成指定的動畫，除了指定數字，你也可以指定關鍵字，字串 fast 表示 200ms；如果是 slow ，則會以 600ms 的時間完成動畫效果，語法格式如下：

```
$('#cimg').fadeIn('fast');
$('#cimg').fadeOut('slow');
```

除此之外，如果想要進一步控制淡出淡入效果，可以調用另外一個 fadeTo() 函式，除了特效轉換時間，還可以指定最終的轉換透明度，例如以下的設定：

```
$('#cimg').fadeTo('fast', opacity);
```

其中的第二個參數 opacity 為指定的最終透明度。

範例 11-20　淡出與淡入的彈性設定

畫面上顯示一張測試 fadeTo 效果的圖片，點擊圖片會產生褪色的效果。以下為此範例的配置：

```
<img id="fadeImg"  src="images/j011.jpg"  />
```

`effect-fadeto-simple.html`

針對此 <img> 標籤，撰寫以下的程式碼：

```
<script>
    var opacity = 0.5;
    $('#fadeImg').click(function () {
        $(this).fadeTo('fast', opacity);
        });
</script>
```

其中於圖片 fadeImg 被點擊時，調用 fadeTo，將透明度調降至 0.5。而除了指定透明度，fadeTo() 另外亦接受回呼函式，如下式：

```
$('#fadeImg').fadeTo('fast', opacity, f);
```

其中第三個參數 f 為一回呼函式，當效果轉換完畢之後，這個函式會被執行。現在修改上述的範例，調整如下：

```
<script>
var opacity=1 ;
$('#fadeImg').click(function () {
    $(this).fadeTo('fast', opacity, function () {
      opacity -= 0.25;
      if (opacity < 0) opacity = 1;
        });
        });
</script>
```

這段程式碼設定了第三個回呼參數，每一次透明度調整完成之後，會將變數 opacity 的值減 0.25，然後判斷其是否小於 0，是的話將其重設為 1。如此一來，使用者每一次點擊圖片時，透明度會下降 0.25，直到圖片完全消失，最後再回復為不透明狀態。

隱藏與顯示（hide/show）

jQuery 定義了 hide() 方法支援隱藏效果，而顯示的效果則由 show() 方法支援，與 fadOut()、fadIn() 這一組動畫效果的差異為，在預設的情形下，hide() 方法會直接隱藏調用此方法的元素，而 show() 則直接呈現。

你同樣可以指定轉換效果的時間長度，原理同上述討論淡出淡入效果的方法，不過 hide() 方法會以逐步調整尺寸的方式來隱藏或顯示元素，而非透明度。

另外還有一個相關的方法 toggle()，此方法根據目前元素的可視狀態進行切換，如果元素是可視的，則將其切換至隱藏，反之亦同。

滑入與滑出（slideDown / sildeUp）

若是要以滑動的方式隱藏與重現物件，可選擇調用 slideUp() 與 slideDown()，以下的範例進行相關的示範。

範例 11-21 隱藏與顯示

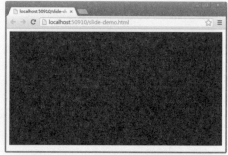

點擊畫面上的圖片，圖片會縮小然後消失，再點擊一次，則會重新出現然後放大至原來的尺寸。畫面的配置相當簡單，只有一張圖片，以下是相關的程式碼：

```
<script>                                          slide-demo.html
    var f = true;
    $(document).ready(function () {
        $('#imgarea').click(fadeinout);
    });
    function fadeinout() {
        if (f)
            $('#cimg').slideUp('slow');
        else
            $('#cimg').slideDown('slow');
        f = !f;
    }
</script>
```

其中於網頁載入完成後，調用 click() 註冊事件，回應使用者點擊圖片的操作，執行 fadeinout() 函式，根據目前的狀態，分別調用 slideUp() 或是 slideDown() 呈現動畫效果。

以上所討論的動畫方法，如果最後元素是隱藏的狀態，則其 CSS 的 display 樣式被設定為 none。

11.11　使用 jQuery Mobile

在 jQuery 的基礎上，jQuery Mobile 因應行動裝置開發需求被發展出來，透過預先定義的資料屬性設定，毋需撰寫程式碼，即可建立適用各種螢幕尺寸的行動裝置操作介面，對於沒有程式基礎的設計人員來說，是相當便利的工具，在完成 jQuery 的基礎討論之後，這一節我們持續討論 jQuery Mobile。

jQuery Mobile 需要搭配 jQuery 以及額外的 CSS 檔案，同樣的，你可以直接下載這些檔案安裝於專案裡，到 jQuery Mobile 下載網頁（ http://jquerymobile.com/download/ ）下載即可。

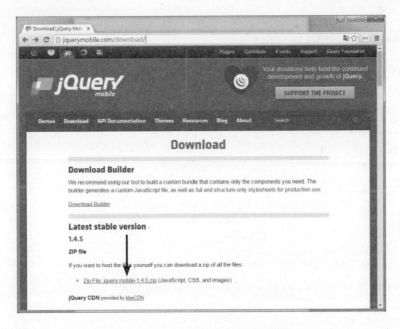

點擊「Zip File: jquery.mobile-1.4.5.zip」連結即可完成下載。

你也可以透過 CDN 的方式直接由 URL 提供所需的檔案，將網頁往下拉，其中配置了所需的語法如下：

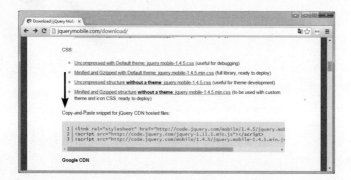

將標示為「Copy-and-Paste snippet for jQuery CDN hosted files:」的程式碼，複製貼到網頁的 head 區塊即可。

檔案至此已準備完成，接下來我們就可以開始設計行動裝置網頁了，底下以一個簡單的範例進行說明。

範例 11-22　示範 jQueryMobile

```html
<!DOCTYPE html>
<html>
<head>
<meta http-equiv="Content-Type" content="text/html; charset=utf-8"/>
    <title></title>
    <meta charset="utf-8" />
    <meta name="viewport"  content="width=device-width, initial-scale=1.0" />
    <link rel="stylesheet"
        href="http://code.jquery.com/mobile/1.4.5/
            jquery.mobile-1.4.5.min.css" />
    <script src="http://code.jquery.com/jquery-1.11.1.min.js"></script>
    <script src="http://code.jquery.com/mobile/1.4.5/
            jquery.mobile-1.4.5.min.js"></script>
</head>
<body>
    <div data-role="page">
        <ul data-role="listview">
            <li>
                <span onclick="alert('Web 前端開發完全入門 ');">
                    Web 前端開發
                </span>
            </li>
            <li>JavaScript</li>
            <li>jQuery</li>
            <li>jQuery Mobile</li>
        </ul>
    </div>
</body>
</html>
```

首先是 head 區塊，其中預先配置 jQuery Mobile 需要的檔案連結，你可以透過 CDN 或是指定檔案路徑的方式進行配置。

接下來於 body 區塊中配置 div 標籤，並插入一個 ul 標籤定義選單內容，這些是標準的 HTML 標籤，不過請特別注意這兩個標籤均設定了 data-role 屬性，當你將此屬性的屬性值設定為 page ，則 div 標籤的內容，會自動以行動裝置風格的頁面樣式呈現。同樣的，屬性值 listview 表示將以專屬的選單風格顯示 ul 標籤內容的清單項目。

page 與 listview 均是 jQuery Mobile 內建的 data-role 屬性值名稱。

現在開啟一般桌機瀏覽器檢視此網頁的配置，出現以下截圖畫面，選單以行動裝置專屬風格呈現，填滿網頁畫面區域。

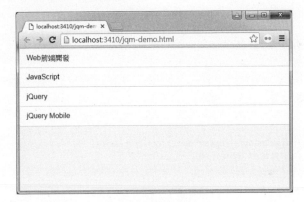

緊接著啟動行動裝置模擬器，檢視結果畫面如下：

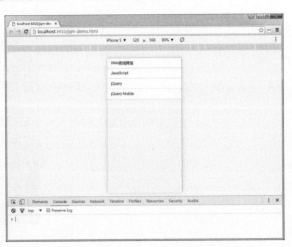

如你所見，經由 jQuery Mobile 設定，其中的清單設計已經自動模擬為行動裝置常見的樣式，當然這與真正的行動裝置 Web App 開發還有一些距離，不過是很重要的基礎。

11.12 分頁配置

jQueryMobile 透過大量自訂的 data-* 屬性，定義各種行動裝置網頁樣式，在上一個小節的範例中，我們已經看到了如何透過簡單的 data-role 屬性設定，由 jQuery Mobile 內建樣式自動為我們配置行動裝置專屬的樣式網頁。

最基本的 data-* 屬性即為 data-role，當你將其屬性值設定為 page ，表示要建立一個行動裝置專用的網頁區塊，而這個區塊會填滿行動裝置螢幕畫面，形成一組單一頁面，於網頁中配置一組如下的 div 標籤：

```
<div data-role="page" ></div>
```

其中設定了 data-role 屬性為 page ，如此一來此 div 區塊即形成一個行動裝置頁面，考慮以下的配置：

```
<body>
    <div data-role="page" style="background: black;
            font-size: 72pt; color: white;">
        Page Black
    </div>
</body>
```

為了方便識別，因此將其中 div 標籤的 background 屬性設為 black ，並且於其內容配置 Page Black 字串，現在於行動裝置瀏覽器檢視結果畫面如右：

利用 jQuery Mobile 建構行動裝置網頁與傳統網頁的最主要差異之一，便是其透過設定 data-role="page" 屬性定義一個頁面單位，以下進一步討論頁面的內容配置。

頁首 / 頁尾與內容

每一個行動裝置網頁都可以配置一個專屬的頁首與頁尾，需要的 data-role 屬性值為 header 與 footer，而頁面的主體內容則設定為 content，下表列舉這些屬性值的意義：

data-role 屬性	說明
page	表示一個獨立顯示的行動裝置網頁。
header	頁首。
content	內容。
footer	頁尾。

完成表列的屬性值配置，即可建立一個完整的行動裝置網頁，我們來看一個範例。

範例 11-23　頁首與頁尾設計

```
                                                          pagedemo.html
<body>
    <div data-role="page">
        <div data-role="header">
            <h1>
                Web 前端開發完全入門
            </h1>
        </div>
        <div data-role="content">
            <p>
                網頁由 HTML 所定義  …
            </p>
            <p>
                HTML、CSS 與 JavaScript 是構成 Web 前端應用程式  …
            </p>
            <p>
                歡迎參加我們最新的【Web 前端開發入門】技術研討課程。
            </p>
        </div>
        <div data-role="footer">
            康廷數位 版權所有
        </div>
    </div>
</body>
```

巢狀式 <div> 標籤依所要呈現的內容指定特定的 data-role 屬性值,最外層的是 page,這是一個頁面;接下來的三個 <div> 標籤,依序設定 header、content 以 及 footer,表示此頁的頁首、內容與頁尾。而在內容的部分,配置示範的文句內 容,最後得到以下的輸出畫面:

如你所見,這個頁面包含了頁首與頁尾,讀者可以自行比對其中的內容。

當網頁內容長度超過畫面能夠呈現的長度,即超過的內容與頁尾的部分,必須進 一步捲動才能出現。回到上述的 pagedemo.html 範例,於其中的 content 區塊配 置更多的內容,令其超出可以顯示的範圍。現在重新瀏覽此網頁,由於空間不夠 呈現所有內容,如果捲動畫面,則 header 與 footer 區域將會動態顯示,無法長駐 畫面。

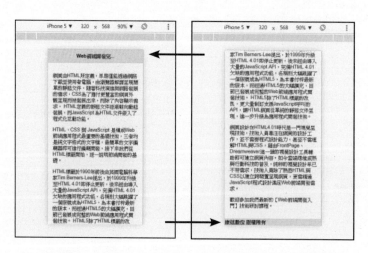

為了避免這種情形，我們可以進一步設定 data-posititon 屬性，指定此屬性值為 fixed，如下式：

```
data-position="fixed"
```

當你設定了這個屬性，此時頁首 / 頁尾的條狀區域將固定不再移動。重新調整上述範例的內容如下：

```
<body>                                          pagedemo.html
     <div data-role="page">
          <div data-role="header"    data-position="fixed">
               <h1>
                    Web 前端開發完全入門
               </h1>
          </div>
          <div data-role="content">
               ...
          </div>
          <div data-role="footer" data-position="fixed">
               康廷數位 版權所有
          </div>
     </div>
</body>
```

現在於 header 與 footer 兩個區域中，均設定 data-position="fixed"，重新瀏覽網頁，會得到以下的輸出結果：

現在無論如何捲動頁面，header 與 footer 均固定不再移動。

多頁實作

jQuery Mobile 的頁面展現原理與一般網頁存在一些差異，由於螢幕尺寸的關係，手機之類的行動裝置能顯示的網頁區域有限，jQuery Mobile 一次只會顯示一組 data-role 屬性標示為 page 的區塊，如果單一網頁上 data-role 屬性設定為 page 的區塊超過一個，將自動以此為單位切割成數個頁面，並且透過連結設定支援換頁瀏覽功能。以下透過實際的設定進行說明。

範例 11-24 示範多頁配置

```html
<body>                                                  pagesdemo.html
     <div data-role="page" id="a" style="background:black">
          <a href="#b"><span style="font-size:6em;">A</span> </a>
     </div>
     <div data-role="page" id="b" style="background:gray">
          <a href="#c"><span style="font-size:6em;">B</span> </a>
     </div>
     <div data-role="page" id="c" style="background:silver">
          <a href="#a"><span style="font-size:6em;">C</span> </a>
     </div>
</body>
```

body 內部包含了三個 div 區塊，每一個區塊均設定了其 data-role 屬性為 page，並且分別指定了 id 屬性以支援區塊識別。瀏覽這個網頁時，只會顯示第一個 div 標籤的內容，也就是 id 值等於 a 的區塊。為了方便識別，因此除了 data-role 屬性，這裡分別為每個 div 設定了 id 屬性，並且於其中配置了 <span> 顯示 A、B 與 C 三個不同的字母，同時以不同的區塊背景顏色作為識別。

由於一次只會顯示一個 page 設定，因此在個別 div 中，配置導覽用的超連結，指向下一個欲顯示的頁面。現在瀏覽此頁面，首先出現以下左邊截圖的單一頁面，按一下畫面上的英文字母，會自動跳至下一個 page 區塊的內容。

  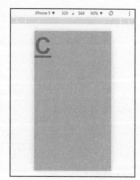

如你所見，持續按下頁面上的字母，網頁會在 A、B 與 C 三個區塊間轉換，而在 html 檔案中，這三塊區域均是同一個網頁的內容，而在 jQuery Mobile，我們將其視為虛擬頁面。

頁面切換效果

當多個虛擬頁面進行切換時，jQuery Mobile 會自動導入特定動畫效果以支援換頁的視覺變化，你可以透過 data-transition 屬性的設定，調整所使用的換頁動畫。以下列舉可用的屬性值：

屬性值	說明
slide	從右到左，或是從左到右的滑動動畫。
slideup	從下到上的動畫。
slidedown	從上到下的動畫。
slidefade	滑動合併淡出淡入動畫。
pop	以最小化的外觀於畫面中央出現，直到占滿螢幕。
fade	淡出淡入，新舊畫面交錯出現。
flip	模擬旋轉動畫。
flow	縮小畫面再滑出目前位置。
turn	由遠到近翻頁進入呈現。
none	不套用動畫。

屬性值的設定語法如下：

```
<a href="#b" data-transition="slide" ><span>A</span></a>
```

如你所見，data-transition 屬性必須在連結上作設定，如此一來，動畫會在此連結啟動時發生作用。

動態載入頁面

透過 jQuery Mobile 設定，行動裝置載入的頁面只是完整網頁的一部分，以設定 data-role="page" 的區塊為分頁單位呈現，它透過動態控制的方式，切換網頁區塊。回到上一個小節的範例，我們來看它的運作原理。當網頁開始顯示，切換至原始碼的部分：

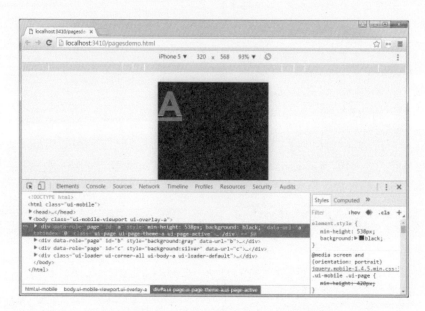

一開始網頁僅載入其中標示為 A 的區塊,與上述我們所設計的原始檔比較,你可以發現其中自動新增了額外的樣式,而最重要的,它設定了 class 這個屬性如下:

```
class="ui-page ui-page-theme-a ui-page-active"
```

除此之外,其它兩組 <div> 標籤則分別維持原來的設定,現在於 A 字母上面按一下,切換至 B 頁面,此時 A 這一組 <div> 標籤中的 class 屬性改變如下:

```
class="ui-page ui-page-theme-a"
```

其中的 ui-page-active 消失了,反觀 B 這一組 <div> 標籤如同 A,除了新增數組樣式,同時亦建立了 class 屬性,屬性值同一開始的 A。

```
class="ui-page ui-page-theme-a ui-page-active"
```

其中 ui-page-active 這一組類別表示目前作用的網頁區域,因此會顯示在畫面上。

如你所見,針對連結的操作,jQuery Mobile 經由動態設定 class 內容,調整所要呈現的網頁區塊,這是行動頁面運作的基本原理,開發人員並不需要為每一個頁面建立獨立的網頁檔案,只需將內容分配至不同的區塊,然後將此區塊的 data-role 屬性設定為 page 進行切割即可。

11.13 資料輸入控制項

jQuery Mobile 針對行動裝置螢幕的顯示需求，於網頁載入時重新描繪各種表單元素配置，以提供適合行動裝置觸控操作的控制項為例，這些控制項包含普遍使用於表單的按鈕、文字方塊等等，甚至還有清單以及導覽列等常見的功能元件均涵蓋在內，這一節我們針對 input 輸入控制項進行討論。

▌ 文字輸入

HTML5 支援數種不同型態的文字欄位，在行動裝置上，jQuery Mobile 針對各種型態的 input 重新設計，除了外觀的調整，一旦使用者操作這些控制項時，會有對應的虛擬鍵盤支援特定類型的資料輸入操作。

由於行動裝置螢幕比較小，因此通常以一個單行配置一個控制項，而為了方便檢視，我們可以進一步將個別控制項收納於控制項容器中，並且配置其專屬的 <label>，考慮以下的配置：

```
<div data-role="fieldcontain">
    <label for="username">帳號：</label>
    <input type="text" id="username" name="username" />
</div>
```

其中 div 元素設定了 data-role="fieldcontain" 以作為配置的控制器容器，並針對此 input 配置其對應的 label 元素，這一段標籤設定會呈現如下的行動裝置畫面：

其中顯示了一組搭配識別標籤的文字方塊，當點擊方塊內容時，下方會出現文字輸入鍵盤，而控制器容器則以水平線分隔。讀者可以自行嘗試配置其它種類的 input 標籤，如果是數字類型的欄位，例如 type="tel"（電話），則會出現數字鍵盤。

▎多行文字輸入 － textarea 標籤

如果要輸入一行以上的文字資料，則需配置 textarea 標籤，例如以下的設定：

```
<textarea></textarea>
```

這會在行動裝置上呈現一個兩行的文字方塊如下：

左截圖是預設載入的 textarea ，可以讓使用者輸入兩行文字，一旦輸入的文字超過兩行，則會自動擴展。

▎search 型態控制項

如果 input 元素設定為 type="search"，會在網頁上呈現一個搜尋輸入框，例如以下的程式碼：

```
<input type="search" />
```

這會出現類似如下圖外觀的控制項：

▍日期 / 時間輸入

而當你將 type 指定為日期型態，行動裝置會提供日期格式資料所需的輸入介面，考慮以下的設定：

```
<input type="date" />
```

這是一個 date 型態的輸入欄位，當使用者嘗試輸入時會切換至以下的功能畫面，選擇欲指定的日期即會自動完成日期格式的資料輸入，並切換回右截圖畫面。

要注意的是，每一種行動裝置支援的輸入介面均不相同，若是不支援此種型態的資料格式輸入，則會提供純文字格式的資料輸入介面。

滑桿－ range 輸入

對於特定範圍數字的輸入，可以指定 type="range" 如下：

```
<inputtype="range"min="1"max="100"value="60" />
```

這段標籤設定了 range 型態的 input，其中的 min 屬性表示允許輸入的數值範圍最小值為 1，最大值則由 max 屬性指定的 100，而 value 屬性表示一開始載入所要呈現的初始值，這裡設定為 60，最後在網頁上呈現如下的內容：

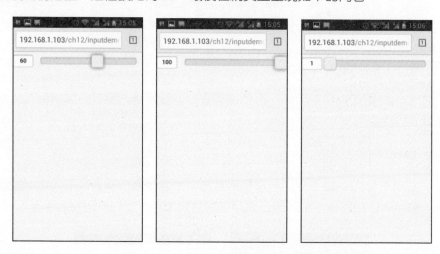

左截圖為一開始載入的畫面，其中的欄位值是 60，滑桿亦在 60 的位置，使用者可以直接操作滑桿改變欄位中的值，如中間的截圖，或是於欄位中輸入值，此時會顯示虛擬鍵盤以支援輸入，滑桿位置會同步變更，如中載圖。設定此種類型的控制項要注意，必須指定 min 與 max 屬性，滑桿有固定的數值範圍才會作用，由於上述標籤設定 min="1"，因此你可以看到右截圖中的滑桿移到最左邊的位置時，出現的值是 1。

單選按鈕與核取方塊

jQuery Mobile 提供適於行動裝置介面操作的 radio 型態 input 元素外觀，同時支援水平與垂直配置，考慮以下的配置：

```
<label for="js">HTML5-JavaScript 程式開發 </label>
<input type="radio" id="js" value="1" name="html5" />
<label for="css">HTML5-CSS3 樣式設計 </label>
<input type="radio" id="css" value="2" name="html5" />
<label for="html">HTML5-HTML 標籤 </label>
<input type="radio" id="html" value="3" name="html5"
        checked="checked" />
```

此段標籤配置了三組單選按鈕，其中每一組包含一個對應的 label 元素，同時設定相同的 name 屬性。以下為其結果畫面：

左截圖為上述標籤呈現的畫面，如你所見，每一個單選按鈕依賴 label 呈現其項目文字，相同 name 屬性的 input 則屬同一選項群組，其中只有一按鈕可以被選取，而 checked="checked" 設定表示預設為選取狀態。右截圖是將 radio 配置於 controlgroup 容器中，以呈現更為緊密的效果，以下為其設定：

```
<div data-role="controlgroup">
        <label for="js">HTML5-JavaScript 程式開發 </label>
        <input type="radio" id="js" value="1" name="html5" />
        <label for="css">HTML5-CSS3 樣式設計 </label>
        <input type="radio" id="css" value="2" name="html5" />
        <label for="html">HTML5-HTML 標籤 </label>
        <input type="radio" id="html" value="3" name="html5"
                checked="checked" />
</div>
```

以下建立另外一組 radio 控制項：

```
<div data-role="controlgroup" >
        <label for="js">HTML5-JavaScript 程式開發 </label>
        <input type="radio" id="js" value="1" name="html5" />
        <label for="css">HTML5-CSS3 樣式設計 </label>
        <input type="radio" id="css" value="2" name="html5" />
        <label for="html">HTML5-HTML 標籤 </label>
        <input type="radio" id="html" value="3" name="html5" checked="checked" />

        <label for="java">Java</label>
        <input type="radio" id="java" value="1" name="pg" />
        <label for="cs">C#</label>
        <input type="radio" id="cs" value="2" name="pg" />
        <label for="php">PHP</label>
        <input type="radio" id="php" value="3" name="pg" checked="checked" />
</div>
```

其中的 name 屬性分成兩類，一類是 html5，一類是 pg ，出現以下的結果畫面：

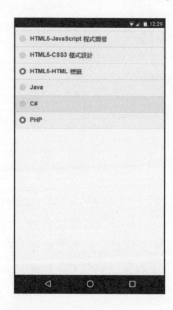

除了群組 radio 型態元素，還可以進一步設定 data-type="horizontal" ，如此會以水平方向配置，例如以下的設定：

```
<div data-role="controlgroup" data-type="horizontal">
```

下圖呈現此段標籤的設計：

這張截圖是在平板裝置水平配置呈現的輸出效果,而除了以水平方向配置,樣式亦從圓形選取按鈕調整為點擊式按鈕,被選取的按鈕會以不同的顏色表示。

checkbox 型態的 input 控制項除了支援多重核取之外,行為與 radio 完全相同,例如將上述的 radio 型態標籤設計調整為 check ,結果如下:

左截圖是預設的配置,右截圖則是水平配置,由於核取方塊支援多重選取,因此水平配置時,不同的按鈕亦能同時保持點擊的核取狀態。

11.14　行動裝置事件

jQuery Mobile 支援行動裝置專屬的事件偵測，本章最後一節，我們來看看相關的設定。

▌偵測手機旋轉方向

當使用者旋轉手機時，會觸發 orientationchange 事件，只要註冊此事件即可在使用者旋轉行動裝置時進行偵測，並根據旋轉的方向作出回應，JavaScript 所需的語法如下：

範例 11-25　偵測手機旋轉

```
<body>                                          Orientationchange.html
    <div data-role="page">
        <p id="msg" style="font-size:1.4em;"></p>
    </div>
    <script>
        window.addEventListener('orientationchange', function () {
            var a = window.orientation;
            if (Math.abs(a) == 90)
                document.getElementById('msg').innerHTML =
                ' 橫放 -window.orientation：' + window.orientation +
                '<br/> 螢幕尺寸（寬 / 高）:' +
                screen.width + '/' + screen.height;
            else
                document.getElementById('msg').innerHTML =
                ' 直放 -window.orientation：' + window.orientation +
                '<br/> 螢幕尺寸（寬 / 高）:' +
                screen.width + '/' + screen.height;
        }, false);
    </script>
</body>
```

其中註冊了 orientationchange 事件，並偵測 window.orientation ，若是絕對值為 90 則表示目前使用者旋轉裝置至水平配置，同時輸出螢幕寬度與高度資訊。

這個範例在行動裝置上檢視不會有任何輸出訊息，直到使用者第一次旋轉裝置方向被觸發，於其中輸出訊息如下：

左邊載圖是在 Android 手機上垂直旋轉手機的結果畫面，右截圖則是水平放置輸出畫面。

輸出結果在其它裝置會有不同的結果，例如會出現 -90 的數值，因此這個範例必須判斷絕對值。

以上是典型的 JavaScript 寫法，當我們導入 jQuery Mobile，可以透過 jQuery 語法進行 orientationchange 事件偵測，語法如下：

```
$(window).on('orientationchange', function (event) {
    // 回應使用者手機旋轉操作⋯
});
```

透過事件引數屬性 event.orientation 取得目前的方向，如果是水平橫向配置將回傳 landscape，垂直配置則回傳 portrait，現在重新調整上述的範例，改成 jQuery Mobile 版本。

```
$(window).on('orientationchange', function (event) {
        var a = event.orientation;
        if (a == 'landscape')
            $('#msg').html(
            ' 橫放 -window.orientation：' + a +
            '<br/> 螢幕尺寸（寬 / 高）:' +
            screen.width + '/' + screen.height + "<br/> jQuery Mobile");
        else
            $('#msg').html(
            ' 直放 -window.orientation：' + a +
            '<br/> 螢幕尺寸（寬 / 高）:' +
            screen.width + '/' + screen.height + "<br/> jQuery Mobile");
    });
```

與上述 JavaScript 的差異在於其中透過 on 註冊 orientationchange 事件，並且引用 orientation 取得目前的裝置配置方向。

如你所見，我們可以透過 jQuery Mobile 來取得相同的結果，不過在這裡 window. orientation 已經被統一了，得到的將是 portrait / landscape 這兩個可能的值。

▍左右滑動手勢

行動裝置上的左右滑動手勢相當常見，例如在多頁程式中，你可以偵測相關事件並觸發換頁操作，取代點擊換頁的效果。偵測左右滑動操作必須註冊 swipeleft/ swiperight 事件，語法如下：

```
$(page).on('swipeleft', function () {
    // 使用者從右滑至左
});
$(page).on('swipeleft', function () {
    // 使用者從左滑至右
});
```

只要於其中的 swipeleft 或是 swipeleft 事件處理器裡面，撰寫所要執行的程式碼，即可在使用者進行相關操作時，執行對應的動作。以換頁動作為例，以下的程式碼完成換頁的操作：

```
$.mobile.changePage($(page),{ transition: 'slide' });
```

其中調用 changePage() 方法，以支援換頁功能，第一個參數為下一個切換頁面，第二個參數則是轉場的效果，這裡指定 slide，頁面會從右邊滑進畫面直到完全置換目前的頁面，如果要讓頁面從螢幕左邊滑進來，則必須指定逆向參數。

```
$.mobile.changePage($(page),{transition:'slide',reverse:true });
```

以上的程式碼最後指定了 reverse:true，如此一來頁面的滑動變成逆向。

範例 11-26 示範頁面滑動效果

```
<body>                                                    swipdemo.html
    <div id="a" data-role="page"
        style="font-size:3em;background-color:black;color:white;" >
            HTML5
    </div>
    <div id="b" data-role="page"
        style="font-size:3em;background-color:gray;color:white;" >
```

(續)

```
        HTML
    </div>
    <div id="c" data-role="page"
        style="font-size:3em;background-color:silver;" >
            CSS</div>
    <div id="d" data-role="page"
        style="font-size:3em;background-color:ghostwhite;" >
            JavaScript
    </div>
    <script>
        $("#a").on('swipeleft', function () {
            $.mobile.changePage($('#b'), { transition: 'slide' });
        });
        $("#b").on('swipeleft', function () {
            $.mobile.changePage($('#c'), { transition: 'slide' });
        });
        $("#c").on('swipeleft', function () {
            $.mobile.changePage($('#d'), { transition: 'slide' });
        });
        $("#d").on('swiperight', function () {
            $.mobile.changePage($('#c'),
            { transition: 'slide', reverse: true });
        });
        $("#c").on('swiperight', function () {
            $.mobile.changePage($('#b'),
            { transition: 'slide', reverse: true });
        });
        $("#b").on('swiperight', function () {
            $.mobile.changePage($('#a'),
            { transition: 'slide', reverse: true });
        });
    </script>
</body>
```

其中配置了四組 div 標籤以建立測試所需的分頁,接下來的 script 程式碼,依序註冊每一頁的 swipeleft 與 swiperight 事件,並且指定逆向與順向滑動效果。

Summary

本章針對 jQuery 作了基本的討論,jQuery 簡化了 JavaScript 的程式撰寫,被大量運用在前端開發,儘管我們不需要 jQuery 依然可以完成任務,但瞭解並學會運用 jQuery 除了可以提升前端開發效率,也有助於理解其它前端開發工程師撰寫的程式碼。另一方面,最後亦針對行動裝置設計的 jQuery Mobile 進行討論,以實作範例示範內建樣式的設定,快速建立符合行動裝置展示的網頁介面。

完成 jQuery Mobile 的介紹,本書 Web 前端開發入門課程的內容也將告一段落,讀者在本書的基礎上,可以進一步透過網路與課程持續進修,以期成為一名真正合格的前端開發人員。

評量

1. 考慮以下的兩段程式碼，並請說明其意義。

```
var divs = jQuery('div')  ;
var divs = $('div')  ;
```

2. 請說明以下三種不同的 $() 意義。

```
$('name')
$('#name')
$('.name')
```

3. 請簡述 $().ready() 的意義。

4. 假設有一個函式 foo，我們打算在網頁載入完成後執行，請說明如何透過 ready 事件註冊進行引用。

5. 考慮以下的配置：

```
<p>AAA</P>
<p>BBB</P>
<p>CCC</P>
```

請透過以下的程式碼將 p 元素取出，並將其中的文字輸出。

```
var ps = $('p');
```

6. 考慮以下的配置：

```
<p id="message"><span style="color:blue">AAA</span></p>
```

現在透過不同的方法取出其中的文字內容如下：

```
console.log($('#message').text());
console.log($('#message').html());
```

請說明這兩行程式碼的輸出結果。

7. 考慮以下的圖片配置，請寫下程式利用 attr() 方法將其中的 width 屬性調整為 240。

```
<img src="aaa.jpg" width="100" />
```

8. 簡述以下三組方法的用途。

   addClass()　　removeClass()　　toggleClass()

9. 考慮以下的配置,請調用 css() 方法,調整 div 標籤,呈現一個寬 200px,高 200px 以及背景黑色、文字白色的矩形方塊。

   ```
   <div>Hello jQuery</div>
   ```

10. 簡述 remove() 與 empty() 方法對文件結構的影響。

11. 考慮以下的配置,請透過 click() 方法為此 div 元素進行 click 事件註冊,並在使用者按下時顯示「Hello jQuery!」訊息。

    ```
    <div   id="area"> … </div>
    ```

12. 承上題,利用 bind() 方法重新改寫一次。

13. 承上題,bind() 方法註冊事件相較於直接調用事件名稱方法(例如 click())彈性,請說明 unbind() 針對這兩種方式註冊的事件效果。

14. mouseout 與 mouseleave 事件均會在使用者滑鼠游標離開目標區域時觸發,請說明這兩者的差異。

15. 註冊事件有 bind()、delegate() 以及 on() 可以調用,簡述這三者的差異。

16. 考慮如下的 div 元素配置:

    ```
    <div data-role="page">
       // 行動裝置內容
    AAAA
    </div>
    <div data-role="page">
       // 行動裝置內容
    BBBB
    </div>
    ```

    請說明於瀏覽器檢視此段配置顯示的內容為何,並說明如此呈現的理由。

17. 請說明 data 自訂屬性,包含 page、content、header 與 footer 的意義為何?

18. 當分頁中配置了頁首與頁尾,而分頁的長度超過螢幕畫面高度時,使用者進行捲動操作時,頁首與頁尾的呈現效果為何,並請說明如何調整?

19. 請說明 data-fullscreen="true" 屬性的意義，並請說明此屬性需配置於何種區塊中，請說明之。

20. 承上題，data-fullscreen="true" 與 data-position="fixed" 屬性搭配，會產生何種效果，請說明之。

21. 請說明 orientationchange 事件的意義。

讀者服務

感謝您購買藍海文化圖書，如果您對本書或是藍海文化有任何的建議，都歡迎您利用以下方式與我們連絡，但若是與軟體有關的問題，請您向軟體廠商或代理商反映，以便迅速解決問題。

藍海文化網站：http://www.blueocean.com.tw

聯絡方式

客服信箱：order@blueocean.com.tw

傳真問題：請傳真到(02)2922-0464 讀者服務部收

如何購買藍海叢書

門市選購：

請至全國各大連鎖書局、電腦門市選購。

郵政劃撥：

請至郵局劃撥訂購，並於備註欄填寫購買書籍的書名、書號及數量。

帳號：42240554　戶名：藍海文化事業股份有限公司

採取劃撥訂購方式可享9折優惠，折扣後金額不滿1000元，需酌收運費80元。

工作天數（不含例假日）：劃撥訂購7～10天

（為確保您的權益，請於劃撥後將個人資料、訂購單及收據傳真至02-2922-0464）

瑕疵書籍更換

若於購買書籍後發現有破損、缺頁、裝訂錯誤之問題，請直接將書寄回，並註明您的姓名、連絡電話以及地址，藍海文化將盡速為您更換產品，並寄一本新書給您。

學校團購用書，請洽藍海文化全國服務團隊，專人將為您服務。

台北：新北市永和區秀朗路一段41號

電話：(02)2922-2396　傳真：(02)2922-0464

高雄：高雄市五福一路57號2樓之2

電話：(07)2236-780　傳真：(07)2264-697

234
新北市永和區秀朗路一段41號
藍海文化事業股份有限公司

市　　　　區　　　路　　巷　　段　　號　　樓
縣　　　　　　　　街

讀者回函卡

 藍海文化事業股份有限公司
Blue Ocean Educational Service INC

讀者回函

感謝您購買藍海文化出版的書籍，您的建議對我們十分重要！因為您的寶貴意見，能促使我們不斷進步，繼續出版更實用的書籍。麻煩您填妥以下資料，寄回本公司（正貼郵票），您將不定期收到最新的新書訊息！

購買書號：＿＿＿＿＿＿　書籍名稱：＿＿＿＿＿＿＿＿＿＿＿＿＿＿＿

● 讀者基本資料

姓名：＿＿＿＿＿＿＿＿＿　性別：□男　□女　　生日：　　年　　月　　日

電話：＿＿＿＿＿＿＿＿＿　電子郵件：＿＿＿＿＿＿＿＿＿＿＿＿＿＿＿

地址：＿＿＿＿＿＿＿＿＿＿＿＿＿＿＿＿＿＿＿＿＿＿＿＿＿＿＿＿＿＿

職業：□資訊相關　□金融業　□公家機關　□學生　□其他

學歷：□大學以上　□技職學院　□高中職　□其他

● 您對本書的看法

您從何處得知本書的訊息：□書店　□電腦　□賣場　□其他

您在何處購買本書：□書店　□電腦　□賣場　□郵購　□線上購書　□其他

您對本書的評價：

封面：□佳　□好　□尚可　□差　　　內容：□佳　□好　□尚可　□差

排版：□佳　□好　□尚可　□差　　　印刷：□佳　□好　□尚可　□差

其他建議：＿＿＿＿＿＿＿＿＿＿＿＿＿＿＿＿＿＿＿＿＿＿＿＿＿＿＿

● 給藍海文化的建議

您購買資訊書籍的考量因素（可複選）：

□內容豐富易讀　　□印刷品質佳　　□封面漂亮　□光碟附加價值　□價位合理　□出版社

□口碑　　　　　□親友老師推薦　□其他

您感興趣的資訊書籍類型（可複選）：

□程式語言　□多媒體影音　　□網頁設計　　□繪圖軟體　□3D動畫／設計　□作業系統

□資料庫　　□辦公室商務類　□考試證照類　□其他

您下次會不會再考慮購買藍海文化的書籍？□會　　□不會

為什麼？＿＿＿＿＿＿＿＿＿＿＿＿＿＿＿＿＿＿＿＿＿＿＿＿＿＿＿＿＿

是否願意收到藍海文化新書資訊或電子報？□願意　　□不願意

● 其他建議與看法

＿＿＿＿＿＿＿＿＿＿＿＿＿＿＿＿＿＿＿＿＿＿＿＿＿＿＿＿＿＿＿＿＿

＿＿＿＿＿＿＿＿＿＿＿＿＿＿＿＿＿＿＿＿＿＿＿＿＿＿＿＿＿＿＿＿＿

教學啟航　·　知識藍海

藍海文化

Blueocean

藍海文化

Blue
Ocean

www.blueocean.com.tw